生物监测

主　编　叶志钧　王固宁

副主编　蔡云梅　邹　颖　林书乐　高梦雅

参　编　任露陆　谢腾飞　熊　缨　陈习娟

　　　　巫培山　石燕丽　何玉影　余素华

主　审　梅承芳

北京理工大学出版社
BEIJING INSTITUTE OF TECHNOLOGY PRESS

内 容 简 介

本书为广东省佛山市南海区2023年职业教育重点规划教材，采用模块化项目式结构编写。全书分为三大模块，模块一为岗位通识，介绍岗位职业道德，结合职业能力的要求，引导积极的职业发展观，体现育人温度；模块二为岗位基础技术，包括生物监测标准与规范、染色和观察技术、无菌操作技术、微生物培养技术，以操作技能为本位，通过"做中学"，夯实技术基础；模块三为岗位专项技术，从卫生学指标监测、水污染生物监测、大气污染植物监测三个方面梳理典型工作任务，注重吸纳新知识、新标准、新方法，对接岗位与工作领域，体现育人精度。每个模块均以真实工作任务为导向，设有任务情景和任务要求，以相关知识的形式提供"应知""应会"的任务指导信息，通过任务实施和任务评价考察学习效果，突出本书的技术性和实用性。

本书可作为高职高专、职教本科环境类相关专业的教学用书，也可以作为大中专院校、生态环境企事业单位的岗位培训及职业资格考试的培训教材。

图书在版编目（CIP）数据

生物监测 / 叶志钧，王固宁主编 . -- 北京：北京理工大学出版社，2025.1.
ISBN 978-7-5763-4982-5

Ⅰ . X835

中国国家版本馆 CIP 数据核字第 2025Q8Q423 号

责任编辑：阎少华	文案编辑：阎少华
责任校对：周瑞红	责任印制：王美丽

出版发行 /	北京理工大学出版社有限责任公司
社　　址 /	北京市丰台区四合庄路 6 号
邮　　编 /	100070
电　　话 /	（010）68914026（教材售后服务热线）
	（010）63726648（课件资源服务热线）
网　　址 /	http：//www.bitpress.com.cn

版 印 次 /	2025 年 1 月第 1 版第 1 次印刷
印　　刷 /	河北鑫彩博图印刷有限公司
开　　本 /	787 mm × 1092 mm　1/16
印　　张 /	18
字　　数 /	375 千字
定　　价 /	76.00 元

前言

Foreword

本教材以习近平新时代中国特色社会主义思想为指导，贯彻落实党的二十大精神，针对高等教育的特点和人才培养的需求进行设计。融入素养教育元素，贯彻立德树人的根本任务，体现社会主义核心价值观和生态文明观。注重理实一体化，结合典型岗位工作情景，采用工作手册式形式，突出专业素质和能力的培养；注重产教融合，融入"1+X"污水处理职业技能等级证书，以及"1+X"粮农食品安全评价职业技能等级证书有关生物检测的技能点，提升岗位适应能力。

生态环境监测是生态环境保护的基础，是生态文明建设的重要支撑。生物监测是环境监测的重要手段之一，它利用生物个体、种群或群落对环境污染或变化所产生的反应来阐明环境污染状况。生物监测对环境污染毒性具有直接的指示作用，能综合反映环境因素的联合效应，在一定情况下甚至比理化监测更敏感。随着信息技术的不断发展，基因工程、DNA生物探针技术、免疫检测和生物传感及单细胞电泳等生物技术的不断革新，生物监测变得更加高效和精准，为推动生态环境监测工作提供有力支撑，为建设人与自然和谐共生的美丽中国贡献监测力量。

本教材由广东环境保护工程职业学院叶志钧、王固宁担任主编，由广东环境保护工程职业学院蔡云梅、邹颖、林书乐、高梦雅担任副主编，广东环境保护工程职业学院任露陆、广东生态工程职业学院谢腾飞、深圳信息职业技术学院熊缨、广东省佛山生态环境监测站陈习娟、广东省科学院测试分析研究所（中国广州分析测试中心）巫培山和石燕丽、东莞市东江检测有限公司何玉影和余素华参与本书编写。全书由广东省科学院微生物研究所正高级工程师梅承芳主审。具体编写分工为林书乐编写项目一；邹颖编写项目二和项目六的任务四~任务五；谢腾飞和任露陆编写项目三；蔡云梅和叶志钧编写项目四和项目五；叶志钧编写项目六的任务一，并负责全书的统稿；高梦雅编写项目六的任务二和任务六；巫培山和石燕丽编写项目六的任务三；何玉影和余素华编写项目六的任务七；王固宁编写项目七；熊缨和任露陆编写项目八；陈习娟编写任务情景并为本教材提供了丰富的案例、素材。

本书在编写过程中参考了大量的监测标准、技术规范、文献、著作和网络资料，并得到了同行的宝贵意见和相关资料，在此一并表示感谢。

由于编者水平有限，编写时间仓促，书中难免存在疏漏之处，敬请各位读者批评指正。

智慧职教MOOC-
生物监测

编　者

目录

Contents

1

模块三　岗位专项技术

模块一　岗位通识

项目一　生物监测概述

任务一　培育生态环境监测职业素养

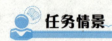 **任务情景**

为全面贯彻《中共中央 国务院关于深入打好污染防治攻坚战的意见》要求，深入落实《生态环境监测规划纲要(2020—2035年)》，生态环境部于2022年1月印发《"十四五"生态环境监测规划》，要求坚持不懈加强生态环境监测系统思想政治建设和行风建设，大力弘扬"依法监测、科学监测、诚信监测"的职业道德和行业文化，全面提升监测队伍政治素质和业务本领，打造生态环境保护铁军先锋队。生物监测工作要求从业人员须坚守诚信公正、责任担当和良好的职业素养，需要具备扎实的专业基础、熟练的操作技能及严谨的质量意识，以确保监测结果的科学性、公正性和可靠性。

小李是高职环境监测技术专业的学生，他希望将来能从事河流水生态监测中水生生物监测与评价工作，以及湖泊和水库水生态监测中水生生物监测与评价工作，他应该如何做才能达成目标呢？

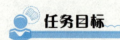 **任务要求**

帮助小李设计一份以生物监测与评价工作为目标的职业规划，根据相关岗位能力和职业道德要求，介绍职业发展规划、实现职业目标的具体行动和成果。

要求：

1. 体现职业发展规划的科学性和围绕实现职业目标的成长过程。

2. 拟定学习实践持续提升职业目标，评价其达成度及对综合素质和能力的影响。

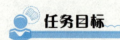 **任务目标**

知识目标

1. 理解职业能力要求。

2. 理解职业道德要求。

能力目标

1. 能规划生态环境监测相关岗位职业生涯。

2. 能根据职业目标拟订行动方案。

素质目标

1. 树立环境监测从业人员道德意识。

2. 培养环境监测从业人员职业规范。

 **相关知识**

一、职业道德要求

检验检测相关岗位工作人员应当遵守职业操守，规范日常行为，坚持做到依法遵规、公平公正、诚实守信、保守秘密、忠于职守、廉洁自律。根据《检验检测机构资质认定第 8 部分：检验检测机构从业人员行为要求》（DB61/T 1327.8—2023）的规定，相关岗位工作人员的行为要求如下。

1. 最高管理者

按规定的途径和程序取得资质认定证书；不得以欺骗、贿赂等不正当手段取得资质认定；不得进行虚假的自我声明和告知承诺；不得转让、出租、出借资质认定证书或者标志；不得伪造、变造、冒用资质认定证书或者标志；不得使用已经过期或者被撤销、注销的资质认定证书或者标志；不得伪造、抄袭管理评审资料；不得无正当理由不接受、不配合监督检查；不得迟报、谎报、瞒报、漏报年度报告、统计数据等相关信息；不得干预检验检测数据和结果。

2. 技术负责人

不得默许超出资质认定证书规定的检验检测能力范围出具检验检测报告；不得违规批准非标准方法的使用；不得违规分包；在开展内部质量控制活动中，不得有影响其真实性和有效性的行为；对能力验证或比对结果不满意或可疑的，及时组织原因分析并采取相应纠正措施；不得在能力验证或比对活动中，默许伪造数据、串通结果等行为。

3. 质量负责人

按计划组织实施内部审核；不得抄袭其他机构体系文件；不得编造虚假体系运行记录。

4. 业务受理人员

热心、耐心、细心、尽心进行业务受理；如实填写业务委托书；实事求是，不虚报、谎报检验检测能力；不得私自变更委托书。

5. 抽样/采样人员

按照各级政府有关监督抽查的规定、相关产品抽样/采样标准和监督抽查实施细则的相关规定，或客户委托抽样/采样的有关要求，开展抽样/采样工作；抽样/采样时应出示抽样/采样文件、表明身份；如遇受检企业无正当理由拒绝接受抽样/采样，按相关规定执行；当委托方或受检单位对抽样/采样程序有偏离的要求时，应予以详细记录，同时告知相关人员；按照标准和技术规范进行样品的保存、运输和交接；不得擅自改动抽样/采样计划，如实填写采样记录；不得擅自拆封、调换样品；不得擅自泄露抽样/采样信息。

6. 样品管理员

在样品的接收、流转时及时做好标识，明确样品信息，避免混淆，不得随意调换；确保样品存储条件满足要求并监控存储环境和样品状态，避免样品损坏；按规定对样品进行清退和处置，保存相关记录，不得随意销毁、处置。

7. 试剂管理员

定期检查试剂的保质期，及时清理过期的试剂；监控试剂的存储条件使之持续满足存储要求；对采购的试剂进行验收，确保满足检验检测需求；试剂发放时应详细记录试剂名称、规格、数量、领取人、领取时间等信息；易制毒试剂和剧毒试剂应严格执行双人双锁管理，审核领取用途，不得随意发放。

8. 设备操作人员

遵守设备操作规章、制度；不得擅离岗位、玩忽职守，操作未经授权设备；不得使用未经检定、校准、核查的设备、设施；不得使用可以实现非法修改、非法自动生成检验检测数据的仪器设备或者软件程序；不得未经授权擅自调整或改动设备的调整装置；不得主观臆造或者篡改设备使用记录。

9. 检验检测人员

依据相应的标准和技术规范开展检验检测工作；不得未经检验检测出具检验检测报告；不得伪造、变造原始数据、记录，应按照标准等规定采用原始数据、记录；不得减少、遗漏或者变更标准等规定的应当检验检测的项目，不改变关键检验检测条件；不得调换检验检测样品或者改变其原有状态进行检验检测；不得违反国家有关强制性规定的检验检测规程或者方法；不得随意销毁、遗弃或隐匿原始记录；应按照标准等规定传输、保存原始数据和报告。

10. 授权签字人

签字笔迹应清晰可辨；不得超出其技术能力范围签发检验检测报告；不得委托他人代签。

11. 提出意见和解释人员

与客户保持技术方面的良好沟通、客观准确地给予建议和指导；正确评价检验检测结果，并根据检验检测结果给出合理的意见和解释；与本机构检验检测人员进行良好沟通。

12. 档案管理员

按管理程序要求，收集、整理、存储、备份数据档案；不得随意删改、破坏、销毁数据档案；不得随意复制、出借数据档案；不得泄露数据档案信息。

13. 内部审核人员

应经专业培训，客观公正地开展内审工作；应具有团队协作精神，如实记录审核发现；不得伪造、抄袭内部审核资料；不得出具虚假或者不实的审核结论。

14. 质量监督员

按计划实施人员监督，如实填写监督记录；发现不符合之处时，应当场纠正，并向质量负责人或技术负责人报告。

二、生物监测职业能力

作为生物监测相关岗位工作人员，其职业能力要求包括但不限于：准确接收、分类和保存样品；选择合适的监测方法并进行样品预处理；具备正确分析和评价监测结果的能力；能够进行质控方案的实施和数据处理与评价；具备对仪器的维护和保养能力；能够准确编制监测报告并判断实验室是否具备相关监测业务能力；能够验证监测方法并评估试验条件，购置完善的仪器设备和试剂耗材；能够进行仪器设备和实验室管理。具体见表1-1。

表 1-1 生物监测相关岗位的职业能力要求

序号	工作过程	工作任务	职业能力
1	制订实施计划	监测方案设计	根据委托单位的监测要求，实地考察和资料收集，制订监测方案； 确定所需仪器设备、耗材、试剂等物资； 估算监测所需的人力、物力、财力成本
		进度管理	合理安排采样、分析、数据处理、报告撰写等各阶段的时间节点
		沟通协调	实验室各部门成员、管理层有效沟通，确保监测计划顺利进行； 与委托单位有效沟通，获得必要的许可、支持或反馈
2	采集样品	明确采样类型	根据任务要求，明确需要采集的样品类型
		规范采样	熟练掌握各类生物样品的采集技术； 熟练操作采样设备，能对设备进行组装、调试、维护； 正确使用防护装备； 应对突发情况，确保人身和设备安全
		样品处理与保存	对样品的现场预处理； 选择合适的储存容器和运输方式
		标识与记录	按照规定为每个样品赋予唯一标识； 准确记录采样时间、地点、方法、环境条件、采样者等信息

序号	工作过程	工作任务	职业能力
3	交接样品	接收样品	核对样品数量、状态、标识、交接单等信息； 规范填写样品接收单
		样品分类和保存	了解监测技术规范； 对单采样品和混合项目样品进行分类； 正确保存样品并做相关记录
4	检测样品	选定检测方法	查找并了解该检测项目现行有效的测定方法标准； 根据样品来源和特性，相关执行标准限值，以及现行有效的测定方法标准，结合实验室条件，确定合适的检测方法
		样品前处理	根据选定的监测方法标准，进行预处理，如研磨、提取、浓缩、分离、纯化等； 留样、保存、清理样品等
		分析检测	能够根据监测因子，正确清洗和灭菌器皿； 能够根据监测因子和方法标准，准备测试耗材； 能够规范应用常规微生物分析手段； 能够规范应用仪器
		检测结果的处理	正确填写分析检测的原始数据记录表； 正确计算检测结果
		仪器维护保养	判断仪器运行状况； 具备仪器日常维护保养能力
5	编制检测报告	结果汇总	根据任务类型，明确报告类型； 规范填写检测报告； 根据任务要求，分析与评价环境要素达标情况
		报告审核与签发	经过主管对报告进行技术审核，确认数据准确、结论合理、表述清晰，符合报告格式要求后，由授权人签发报告
6	质量控制	运行质量管理体系	熟悉并执行实验室质量管理体系，参与内部审核、管理评审等活动
		质量控制措施	实施样品空白、平行样、质控样、实验室间比对、能力验证等质量控制措施，监控检测过程的准确度、精密度
		质量记录与评估	定期对质量控制数据进行统计分析，评估检测方法、设备、人员的性能，识别质量问题，提出改进措施

序号	工作过程	工作任务	职业能力
7	实验室管理	设备管理	实验室设施的日常维护，设备的验收、定期校准、保养、维修，确保实验室环境安全、设备正常运行
		试剂与耗材管理	采购、库存、发放实验室所需的试剂、耗材，确保试剂的有效期、纯度，耗材的质量、数量满足检测需求
		人员管理	组织实验室人员进行业务培训、技术交流、安全教育，定期进行技能考核、能力验证，提升实验室整体技术水平
		安全管理	确保实验室用电、用水安全； 确保实验室试剂、药品的安全规范，防治生物性污染； 确保实验室设备安全

🧰 任务实施

一、操作准备

职业道德检测行业人员守则，生物监测相关标准和规范，职业规划相关书籍。

二、操作过程

职业生涯发展报告的撰写步骤见表1-2。

表 1-2　职业生涯发展报告的撰写步骤

序号	步骤	操作方法	说明
1	撰写职业分析	收集职业相关行业发展背景、职业发展路径、岗位要求等信息，然后归纳成文	体现职业素养的要求
2	撰写自我分析	从性格、兴趣爱好、能力、家庭背景、学校等维度运用 SWOT 分析方法开展分析	体现职业发展规划的科学性
3	撰写成长过程	介绍在校学习过程中实现职业目标所采取的具体行动和成果	围绕实现职业目标的成长过程
4	撰写提升计划	拟定学习实践持续提升职业目标，评价其达成度及对综合素质和能力的影响	
5	撰写总结	归纳报告内容	

三、注意事项

（1）报告要有逻辑，且逻辑自洽。

（2）插图要紧密围绕报告内容，而非材料堆砌。

结果报告

职业生涯发展报告模板，见表1-3。

表1-3　职业生涯发展报告模板

职业生涯发展报告				
姓名：	性别：	年龄：	籍贯：	专业：
学号：		联系电话：	所在院校：	联系地址：
一、职业分析			三、成长过程	
二、自我分析			四、提升计划	
1. 性格分析			五、总结	
2. 兴趣爱好分析				
3. 能力分析				
4. 家庭背景分析				
5. 学校分析				

结果评价

结果评价表，见表1-4。

表1-4　结果评价表

类别	内容	评分要点	配分	评分
职业素养 （20分）	职业目标 （20分）	职业目标体现积极正向的价值追求，能够将个人理想与国家需要、经济社会发展相结合	10	
		职业目标匹配个人价值观、能力优势、兴趣特点	5	
		准确认识目标职业在专业知识、通用素质、就业能力等方面的要求，科学分析个人现实情况与目标要求的差距，制订合理可行的计划	5	
职业能力 （80分）	行动成果 （40分）	成长行动符合目标职业在通用素质、就业能力、职业道德等方面的要求	10	
		成长行动对弥补个人不足的针对性较强	10	
		能够将专业知识应用于成长实践，提高通用素质和就业能力	10	
		成长行动内容丰富，取得阶段性成果	10	
	目标契合度 （30分）	行动成果与职业目标的契合程度	15	
		总结成长行动中存在的不足和原因，对成长计划进行自我评估和动态调整	15	
	实习意向 （10分）	获得用人单位发放实习意向的情况	10	

1. 下列关于生物监测职业能力要求的描述，正确的是（　　）。

A. 只需要具备选择合适的监测方法和进行样品预处理的能力

B. 需要准确接收、分类和保存样品，选择合适的监测方法，进行样品预处理，质控方案的实施和数据处理与评价

C. 只需要具备对仪器的维护和保养能力

D. 需要准确编制检测报告并判断实验室是否具备相关检测业务能力

2. 根据职业道德要求，以下行为中工作人员不应该做的是（　　）。

A. 使用已过期或被撤销、注销的资质认定证书或标志

B. 转让、出租、出借资质认定证书或标志

C. 迟报、谎报、瞒报年度报告、统计数据等相关信息

D. 配合监督检查并提供必要支持

3. 下列对于生物监测负责人的要求，正确的是（　　）。

A. 不得默许超出资质认定证书规定的检验检测能力范围出具检验检测报告

B. 不得以欺骗、贿赂等不正当手段取得资质认定

C. 不得进行虚假的自我声明和告知承诺

D. 不得主观臆造或者篡改设备使用记录

4. 下列对于试剂管理员的要求，说法错误的是（　　）。

A. 监控试剂的存储条件使之持续满足存储要求

B. 对采购的试剂进行验收，确保满足检验检测需求

C. 高压气体使用时需要双人双锁管理，审核领取用途

D. 定期检查试剂的保质期，及时清理过期的试剂

拓展阅读：江苏省环境
监测从业人员行为
准则(试行)(节选)

5. 下列关于内部审核人员的要求，描述错误的是（　　）。

A. 需要客观公正地开展内审工作

B. 不得伪造、抄袭内部审核资料

C. 需要出具虚假的审核结论

D. 应具有团队协作精神，如实记录审核发现

6. 请论述环境监测从业人员应具备哪些职业素养。

任务二　了解环境污染与生物监测

早在1909年，有德国学者对一些受有机物污染河流的生物分布情况进行了调查，发

现河流的不同污染带分别存在着表示这一污染带特性的生物。他们在此基础上提出了指示生物的概念。例如，水中存在着襀翅目、蜉蝣目稚虫或毛翅目幼虫，水质一般比较清洁；而颤蚓类大量存在或食蚜蝇幼虫出现时，水体一般是受到严重的有机物污染，这些生物犹如环境健康的"哨兵"，其生存状况与所处环境的污染状态紧密相关。当环境中存在特定污染物时，指示生物会因其生理特性、生态习性或生物积累作用显示出显著的响应，如数量减少、生长受阻、出现异常行为、体内污染物浓度升高或生物多样性下降等。通过监测和分析这些指示生物的响应特征，科学家能够间接推断出环境污染的存在、严重程度、来源及可能的生态后果，从而为环境污染的早期预警、污染源追踪、环境质量评价及污染治理措施的制订提供重要的依据。

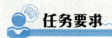 **任务要求**

查阅文献，结合生物监测技术举例说明生物监测与环境污染的关系，形成一份调研报告。

要求：

1. 根据生物监测的特点用例子说明其与环境污染的关系。

2. 体现新技术、新工艺、新方法、新材料等新的生物监测技术。

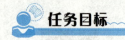 **任务目标**

知识目标

1. 理解生物监测的概念、特点和局限性。

2. 了解生物监测技术及其发展。

能力目标

1. 能识别环境污染对生物体的联合作用。

2. 能根据环境污染示例解释生物监测特点。

素质目标

1. 培养探索未知、开拓创新的精神。

2. 树立辩证唯物主义和历史唯物主义的科学世界观。

 **相关知识**

一、环境污染的生物特性

人类活动引起环境质量下降，有害于人类及其他生物正常生存和发展的现象称为环境污染。当环境中某种污染物的排放浓度或排放总量超过环境容量时，将破坏环境的自净能力，并对生存其中的生物产生危害。化学性环境污染对生物的影响具有以下特征。

(1)环境污染物的浓度较低，持续时间长，而且多种毒物同时存在，联合作用于生物体。

环境中经常同时出现多种化学物质的污染，这些物质对机体所产生的综合毒性作用，称为环境毒物的联合作用。联合作用有相加作用、协同作用、拮抗作用和独立作用等几种类型。

1)相加作用：两种以上毒物对机体的毒作用为单项物质毒性作用的总和。当某些毒物化学结构及性质相近，对机体作用部位一致，在机体内毒作用机理相似时，往往呈相加作用。例如氰化氢与丙烯腈是同系化合物，进入机体后都析出氰根，在体内产生相似的毒作用，两者共存时为相加作用。

2)协同作用：指多种环境污染物同时作用于生物机体所产生的毒性效应的强度远超过各自单独作用的总和。SO_2和飘尘具有协同效应，两者结合后成为酸性气溶胶，其入侵人体的能力大大增强，主要危害呼吸道的后半部，对人体危害作用增加了3~4倍。

3)拮抗作用：指两种或两种以上的污染物同时作用于一生物体时，所产生的毒性小于其中各污染物单独作用于生物体的毒性总和，即其危害程度较单独存在时减轻或消失的现象。就是说其中某一污染物成分能阻碍或减少生物体对其他污染物的吸收，或能促进生物体对其他毒物成分的降解、排泄或产生低毒性代谢物等，使混合物毒性降低。例如，甲基汞是造成水俣病的主要因素，当水中同时存在丰富的硒时，这两种物质化合后毒性显著降低，不致对人类产生严重影响；钙丰富的地区使镉污染的不良影响减轻；铝和硼多的地区氟的危害就减弱。

4)独立作用：毒物中各单项物质对机体的作用途径、方式和作用部位都不相同，毒作用的机理也不同时，各毒物对机体产生的作用为独立作用。

污染物可通过生物或理化作用在环境中发生迁移转化，从而改变原有的性状和浓度，对生物产生不同的危害。光化学烟雾就是多种污染物在环境中的迁移转化的结果。碳氢化合物包括烷烃、烯烃和芳烃等复杂多样的含碳和氢的化合物，主要来源于石油的不充分燃烧过程和蒸发过程，其中在汽车尾气占有相当的比重。排入大气中的氮氧化合物、碳氢化合物等在太阳紫外线的作用下发生光化学反应，生成浅蓝色的混合物称为光化学烟雾。光化学烟雾的表观特征是烟雾弥漫，大气能见度低。一般发生在大气相对湿度较低、气温为24~32 ℃的夏季晴天，多发生在中纬度（亚热带）汽车高度集中的城市，如蒙特利尔、渥太华、悉尼、东京等。夏季中午前后光线强时，是光化学烟雾形成可能性最大的时段。光化学烟雾成分复杂，主要成分是臭氧、过氧乙酰硝酸酯（PAN）、大气自由基及醛、酮等光化学氧化剂。光化学烟雾的危害非常大，烟雾中的甲醛、丙烯醛、PAN、O_3等可刺激人眼和上呼吸道，诱发各种炎症。臭氧浓度超过嗅觉阈值（0.01~0.015 ppm）时，会导致人哮喘。臭氧还能伤害植物，使叶片上出现褐色斑点。PAN则能使叶背面呈银灰色或古铜色，影响植物的生长，降低抵抗害虫的能力。

SO_2在大气中不稳定，在相对湿度较大且有催化剂存在时，发生催化氧化，转化为SO_3，进而生成毒性比SO_2大10倍的硫酸或硫酸盐。SO_2是酸雨形成的主要因素之一，酸雨降落到水环境中会引起水体酸化，敏感的两栖类及幼鱼首先受害，水生生态系统遭受破坏；酸雨降落到土壤环境中会引起土壤酸化，导致土壤微生物群落的灭绝。

(2)污染物通过生物富集和放大，扩大危害的范围和程度。

污染物进入生物体的途径主要有三条：一是通过呼吸系统吸入；二是通过消化系统食入；三是通过皮肤接触侵入。环境污染物通过大气、水、土壤和食物等多途径进入生物体内产生长期影响，并通过生物富集作用和生物放大作用扩大其危害的范围与程度。

1)生物富集作用(Bioconcentration)。生物富集作用又称为生物浓缩，是生物有机体或处于同一营养级上的许多生物种群，从周围环境中有选择地吸收某种元素或难分解化合物，使生物有机体内该物质的浓度超过环境中的浓度的现象。

2)生物放大作用。生物放大作用则与食物链相联系，某种污染物在生物体内的浓度随着食物链上营养级的升高而不断增大的现象。即使是低浓度的污染物进入环境中，也会通过生物放大作用对高营养级的生物造成危害。如自然界中一种有害的化学物质被草吸收，虽然浓度很低，但以吃草为生的兔子吃了这种草，而这种有害物质很难排出体外，便逐渐在兔子体内积累。而老鹰以吃兔子为生，于是有害的化学物质便会在老鹰体内进一步积累。污染物是否沿着食物链积累形成生物放大作用取决于三个条件：一是污染物在环境中必须是比较稳定的、难降解的；二是污染物容易被生物吸收的；三是污染物不易被生物代谢过程所分解的。

二、生物监测概念

生物是环境的产物。生物的生存依赖环境，同时反过来也作用于环境。当环境质量发生变化时，生存于其中的生物必然也会产生相应的变化。生物监测是利用生物个体、种群或群落对环境污染或变化所产生的反应阐明环境污染状况，从生物学角度为环境质量的监测和评价提供依据。凡是对环境污染或环境变化敏感的生物种类都可作为监测生物。如地衣、苔藓和一些敏感的种子植物可监测大气污染；一些藻类、浮游动物、大型底栖无脊椎动物和一些鱼类，可监测水体污染，土壤螨类和藻类可监测土壤污染。生物对各种污染物发出的反应，包括受害症状、生长发育受阻、生理机能改变、形态解剖学的变化及种群结构和数量变化等，也包括污染物质在生物体内的富集。通过这些生物反应的具体表现，可判断污染物的种类，而通过这些反应的受害程度，可估测污染的等级。

(1)以生物的生长环境为根据进行监测：可以将生物监测方法划分为主动生物监测及被动生物监测。主动生物监测主要是将生物体在控制条件下转移到监测点，从而开展各种参数测试。被动生物监测主要是通过对污染环境中天然存在的生物个体和群落的反映对环境状况进行评价。

(2)以生物的分类为根据进行监测：通常可以将生物分类监测划分为微生物监测、植物监测及动物监测。生物监测良好的指示剂就是各种环境介质中的生物，如指示植物、蚯蚓及鱼类；微生物监测主要是通过对微生物群落在环境中的功能和变化进行监测，从而将环境污染状况反映出来。

(3)以生物所处的主要环境介质为根据进行监测：将生物监测划分为土壤污染、水体污染及大气污染的生物监测，植物是监测大气污染的主要生物；叶绿素 a 测定法及生物群落法是对水体生物进行监测的主要方法；酶活性的测定、土壤微生物、指示植物和动物监测是主要的土壤监测方法。

（4）以生物学层次为根据进行监测：可以将生物监测划分为行为测试、生物测试、生态监测等方法。

从环境角度看，生物监测的范畴应包括大气污染生物监测、水体污染生物监测、土壤污染生物监测和食品污染生物监测；从污染源角度看，生物监测的范畴应包括物理、化学污染的生物监测和对生物污染（Biological Pollution）的监测；从监测手段看，生物监测的范畴包括生物材料监测、指示生物（Indicator Organism）的研究和生物监测器（Biomonitor）的应用、群落结构调查、生物污染源监测和生物测试（Bioassay）。

生态系统是生物监测的理论基础，它具有维持一定地区的系统结构和功能的固有特性。环境污染必然影响生态系统固有结构和功能的变化，生物监测可以反映这种环境污染的生态效应，为环境控制与管理提供生物能动的反映信息。

三、生物监测的特点

环境监测可分为理化监测和生物监测两大类。理化监测是采用各种仪器和化学分析的手段，直接测定环境中污染物的浓度。这类监测技术发展很快，其优点是比较快速、灵敏度高，不但能确定污染物的种类，还能精确测出其含量，并能进行自动化和连续性的监测。但理化监测仍有许多的不足之处：除一些常规性的参数（如 pH 值、温度、溶解氧、电导率）外，大多数物质的测定是间断进行的，而且测定结果只代表采样当时或瞬时物质含量，这些有限的理化参数并不能说明污染物对生态系统的危害程度，也不足以反映环境已经发生的变化。污染物对环境的影响可以通过生物反映出来，于是随着环境科学的发展，就产生了生物监测这门分支学科。而生物监测与理化监测相比，则具有以下特点。

1. 综合性

影响环境质量的污染物成分非常复杂，理化监测只能检测出各种成分的类别和含量，但不能说明它们对生物体产生的影响。因为各种污染物共同作用时，会产生协同、相加或拮抗等联合作用，使生物和人体的受害程度较单污染因子的作用加重或减轻。例如，测定出水中铬的含量是 0.001 mg/L，它单独存在时对生物没有毒性，但是如果水体中还同时存在砷、汞时，它们之间就会产生协同作用，使铬的毒性加大。而 SO_2 和 NH_3 在一起就会产生拮抗作用，毒性比各自单独存在时小。生物接受的是环境中各种污染因子的综合作用，所以，生物监测能更真实而直接地反映环境污染的客观状况，生物监测的这种综合性和真实性是任何化学监测均无法比拟的。

2. 长期性

环境中污染物的浓度并不是恒定的，其浓度会随时间或其他环境条件的变化而发生改变。传统理化监测的结果只能代表采样前后该环境的情况，不能反映环境的变化及污染物对生物体造成危害的长期效应。而一种生物如果长期生活在该环境内，环境的变化都汇集在生物体内，它能把前几年，甚至几十年的情况都反映出来。例如，利用树木的年轮可以监测出一个地区几年或几十年前的污染情况。另外，在低浓度污染物的长期作用下，生物也可以产生累积性的伤害症状，能反映出较长一段时间内环境污染的水平。还有一些化学性质比较稳定的污染物，排放到环境中后，对生物会产生远期影响，也只有通过生物监测才能进行评价。

3. 灵敏性

有些生物对污染物的反应非常敏感，某些情况下，甚至用精密仪器都不能检测出的某些微量污染物对生物确有严重的危害，通过生物监则就可以清楚地反映出来。例如，浓度低达 $0.29\ \mu g/L$ 的有机磷农药马拉硫磷，在 48 h 内可以使一种名为隆腺溞的浮游生物死亡。又如，鱼脑中的乙酰胆碱酯酶对有机磷农药非常敏感，在有机磷农药的浓度为 $10^{-6}\sim10^{-5}\ mg/L$ 时，乙酰胆碱酯酶的活性就会受到抑制，使鱼类出现中毒现象。人对 SO_2 的嗅觉阈值为 $1\sim5$ ppm，在 $10\sim20$ ppm SO_2 的作用下，才会引起咳嗽和流泪，可是一些敏感植物如紫花苜蓿，在 SO_2 浓度超过 0.3 ppm，接触一定时间后，便会产生受害症状；一种称为"白雪公主"的唐菖蒲品种，在 0.01 ppmHF 的作用下接触 20 h 便会产生症状；香石竹和番茄在 $0.05\sim0.10$ ppmC_2H_4 的作用下，暴露几个小时其花萼即会发生异常现象。

4. 富集性

在生物的新陈代谢过程中，需要不断从环境中摄取所需的物质，以供生长。生物体还能有选择地吸收环境中的某种元素或物质，使其在生物体中的浓度大大超过环境中的浓度，这种现象称为生物富集。并且这种富集性，有时会随生物在食物链中所处营养级的升高而增大，这种现象称为生物放大现象。如在日本镉污染地区，稻米平均含镉量约为 1 mg/kg，而该地区鱼类肝脏中镉的含量竟高达 420 mg/kg。以上过程用常规的理化监测手段是不能得出结果的，只有通过生物监测的手段，通过对食物链上各营养级的生物进行分析，才能得出全面而准确的评价。

此外，某些生物监测的方法不需要更多的仪器，不需要复杂的分析方法，与化学监测相比更容易掌握，有利于开展群众性的监测和预警。

四、生物监测的应用

1. 在土壤污染监测中的应用

利用生物对土壤环境进行污染监测的主要原理为通过密切观察土壤中各种有机生物体经过污染物污染后的各种身体与生存反应进而评估土壤环境污染程度，并以此制订相应的改善措施。针对生物体内分子成分，污染物会导致酶活性降低或丧失，对 DNA、蛋白质等合成具有抑制作用；针对生物体细胞，可有效改变细胞结构与功能，会导致植物与微生物发育受阻等；针对种群性微生物，易导致种群数量、种群多样性及种群优势性等均发生显著改变。因此，可以利用植物、动物和微生物三个维度评价土壤污染。

（1）土壤环境污染的植物监测。利用植物对土壤环境污染进行监测时，可从植物形态、生态习性及植物内部污染物含量三个方面评估土壤环境污染程度。首先，利用植物形态对土壤环境污染进行监测时可发现：当土壤中铜(Cu)的含量较高时，罂粟植株的生长无法达到预定高度；当镍(Ni)的含量较高时，白头翁的花瓣颜色通常会由紫色变为无色；当锰(Mn)、硫(S)、铁(Fe)的含量超过一定标准时，石竹会由红色变为深紫色、紫菀会由玫瑰色变为无色、八仙花会由玫瑰色变为天蓝色。其次，利用植物生态习性对土壤环境污染进行监测时可发现：当土壤中的汞(Hg)元素含量较高时，萱麻通常会生长异常茂盛；当土壤中的钆(Gd)元素含量较高时，早熟禾、蚊母草、北美车前及裸柱菊的生长存活率会显著提升；当土壤中的铜(Cu)含量较高时，北美独行菜及裸柱菊、早熟禾的存活率同样会显著提升。最后，利用植物体内污染物含量对土壤环境污染进行监测时可发现：苔藓中铅(Pb)元素的含量与土壤中污染程度呈正相关；萝卜中镉(Cd)的含量可有效反映土壤中镉元素的污染程度。

(2)土壤环境污染的动物监测。土壤中的动物对改善土壤结构、促进植物演替、促进有机物质分解及养分循环等均具有显著作用，其对土壤生态环境具有一定反应与促进作用，进而可将其用于土壤环境污染的生态指标反映。常见的动物监测现象主要有：利用蚂蚱可进行土壤中铅(Pb)、镉(Cd)等元素的污染反应；利用螨类、弹尾目及蚯蚓等可进行健康土壤指标监测；利用螨种群数量、孳生密度等可有效反映土壤中铬(Cr)元素的污染程度等。

(3)土壤环境污染的微生物监测。利用微生物对土壤污染环境进行监测时，主要通过微生物种群的结构变化与功能变化两种方式反映土壤环境的污染状况。首先，利用微生物种群结构变化对土壤环境污染状况进行监测时可发现，土壤中的金属污染物质对真菌、细菌及放线菌的数量起显著影响作用；土壤中的甲胺磷物质对固氮菌群、细菌群、放线菌群等常规生长具有显著抑制作用，同时，对真菌具有一定的刺激性反应；草甘膦可显著降低土壤中各微生物种群的数量，且其含量越高，作用性越强；常见的农用物品及化学物品不仅会严重降低土壤中微生物种群的多样性水平，还对相关微生物种群的DNA序列产生一定干扰作用，促使其发展异常；土壤中甲基对硫磷物质不仅对微生物种群及微生物数量等产生显著的影响，还可有效影响各微生物的培养时间等。其次，利用微生物功能变化对土壤环境污染状况进行监测时可发现，甲胺磷物质可有效降低土壤微生物中磷酸酶与脱氢酶活性，且其作用时间、作用强度等均较为显著；甲基对硫磷可有效降低土壤中微生物呼吸功能，进而促使土壤营养价值显著降低。

2. 在水体污染监测中的应用

生物监测技术凭借生物学效应，分析水环境内各类生物体的症状及其对水环境的敏感性，评价水污染情况，确定水污染类型。不同生物监测技术所反映的生物水平有所不同，具体情况见表1-5。

表1-5 不同生物水平的生物监测技术汇总

序号	不同生物水平	生物监测技术
1	分子水平	DNA损伤监测、各种酶类活性的变化监测
2	细胞水平	各种细胞器的变化或损伤监测

序号	不同生物水平	生物监测技术
3	组织器官水平	生物生长发育畸形监测、各种生理变化监测
4	个体水平	个体生长变化监测、个体繁殖监测、个体存活率监测和行为变化监测
5	种群、群落、生态系统水平	群落结构与多样性监测、群落稳定性与结构变化监测

(1)微生物群落监测技术。通常，水体中分布着大量的原生动物、细菌、藻类等，为微生物的繁殖提供了良好的外部环境。若水环境出现污染，将影响微生物的繁殖。因此，微生物群落监测技术在水环境监测中得到广泛应用，通过对水环境内各类微生物物种频率或相对数量的监测，即可对水环境污染程度进行评价。在特定条件下，该技术可辅助监测人员对水环境在未来一定时间内的变化进行预测。随着生物监测技术体系的逐渐完善，生物群落监测技术应用前景更加广阔。例如，在海水环境监测中，人们可以应用微生物群落监测技术，并配制瓶装聚氨酯泡沫塑料块等材料，有效消除海洋环流、潮汐对监测精度的影响。

(2)生物行为反应监测技术。生物行为反应监测技术是根据特定生物在水环境中的行为反应，评价水环境污染程度和类别，锁定水体污染范围。在水环境中，污染物浓度超过一定指标时，部分生物将在短时间内作出行为反应。以斑马鱼为例，它是一种对水质极为敏感的热带淡水鱼，若水环境出现严重污染，它将快速作出激烈的行为反应，如鱼鳃无规律加快呼吸、异常活动或死亡现象。斑马鱼反应越激烈，则水环境污染越严重。目前，斑马鱼是监测水环境污染的重要指示生物。

(3)发光细菌监测技术。发光细菌监测技术是指部分细菌具有生物发光特性，由分子氧作用，胞内荧光酶催化，将还原态的黄素单核苷酸氧化为长链脂肪酸，并释放出适当强度和波长的蓝绿光。发光细菌具有独特的生理特性，可以用于测定水环境中的污染物。水环境污染物浓度出现变化，将导致发光细胞的发光强度出现变化，人们可以将发光细胞的发光强度作为指标，有效监测水环境污染。目前，发光细菌监测技术主要用于监测水体的重金属浓度与有机物浓度，其具有操作简单、结果准确、灵敏度高等技术优势。当前，人们要构建水环境污染物遗传毒性快速监测体系，以便快速、精确获取水环境综合毒性评价结果。

(4)动物监测技术。在对水环境污染进行监测时，一些动物也能发挥良好的作用，如在监测过程中可以根据两栖动物和底栖动物在水体中的生存情况进行水体毒性的判断。当水环境中这些动物的数量或者种群较少、消失时，就能依据这些情况对水质进行判断。BI指数、Saprobic指数等都可以对水质进行评价，目前在发达国家对这些方法的应用较为成熟，但我国对这方面的研究相对较少。

(5)生物传感器监测技术。生物传感器监测技术通过配置适当型号的生物传感器，将生物敏感度转换为电信号实施监测。传感器将生物材料感受到的有规律的信息转换为人们可理解的信息，最终为水环境质量判定提供依据。与其他生物监测技术相比，生物传感器监测技术具有准确度高、专一性强、分析快等优势，常用的生物传感器可分为

BOD 传感器、DNA 传感器及微生物传感器等。以 BOD 传感器为例，其将生化需氧量作为水环境评价的主要指标，结合实际情况，灵活运用瓦勃呼吸法、库仑滴定法等测定方法，监测溶解氧的浓度，从而判定水质情况。

（6）生物酶技术。生物酶技术常用的有生物酶抑制技术和生物酶免疫技术。生物酶抑制技术是利用环境污染物，如农药、重金属等在体外对特定酶具有抑制作用的原理，加入该酶催化的底物（显色剂），显色剂是否显色及显色程度反映了酶是否受抑制及抑制的程度，以此来监测环境污染物是否存在及含量的多少。生物酶免疫是将免疫技术与现代测试手段相结合，把抗原抗体的免疫反应和酶的高效催化作用原理有机地结合起来的一种超微量的测定技术，并可以定量检测，常用的方法主要包括双抗体夹心法、竞争法、间接法等。其核心技术是抗原抗体的特异性反应，酶结合于相应抗原或抗体后，加入的底物会有颜色反应，采用现代光学分析仪器对受检样品中的酶标免疫反应的试验结果进行光度测定。生物酶技术具有简单、快速、稳定、灵敏、特异、高通量等特点，因此被广泛应用于环境监测等领域。

（7）PCR 技术。聚合酶链式反应技术（PCR）是现代分子生物学的基础试验工具，是在体外合成特异性 DNA 片段的方法，可以快速扩增目的基因 DNA 或 RNA 片段，是对基因克隆、分子杂交和序列分析等分子生物学方法的丰富与发展，在生物学研究领域已应用成熟，并衍生出诸多不同种类，如逆转录、定量、多重、竞争、巢式、嵌套等。PCR 技术具有高度的敏感性和一致性，在环境监测中，其主要用于追踪特定群体和特定的细菌，从而捕捉并判定环境中的污染物。

3. 在大气污染监测中的应用

大气污染生物监测是指利用生物对大气污染物的反应，监测有害气体的成分和含量以了解大气的环境质量状况。大气污染的生物监测包括动物监测和植物监测。动物监测由于动物对于环境的特性和管理困难，目前还难以形成一整套完整的监测方法。而相反由于植物的位置固定、管理方便而且对于大气污染敏感等一系列的特点，大气污染的植物监测被广泛应用。

植物受到污染以后，常常会在叶片上出现肉眼可见的伤斑，即可见的症状。不同的污染物质和浓度所产生的症状及程度各不同。污染物对植物内部生理代谢活动产生影响并进一步影响植物的生长和发育，使植物的生长量减少、植株矮化、叶面积变小、叶片早落及会产生落花落果现象等。而且，植物吸收污染物以后，内部某些成分的含量也会发生变化。因此，根据植物对大气污染的生物反应，可以监测大气环境的污染状况。

五、生物监测的发展

环境生物监测是随着环境生物学的发展而产生的一门新兴学科。生物监测工作从 20 世纪初就在一些国家开展起来，1909 年 Kolwitz 和 Marson 提出了污水生物系统，为运用指示生物评价水体污染和水体自净状况奠定了基础，而且至今仍在欧洲大陆各国和其他国家应用。自 20 世纪 70 年代以来，以水体污染和水生生物之间的关系为重点，广泛深入地开展调查研究，使水污染的环境生物监测成为一个活跃的研究领域，研究出了很多新的监测方法，如植物细胞微核技术、Ames 试验等。1977 年美国材料试验学会（ASTM）就利用各类水生生物进行监测和生物测试技术方面的研究，专门出版了《水和废水质量的生物监测会议论文集》，概括了这方面的研究成果和进展。国外还进行了熏气室试验、自动生物监测及大气污染生物监测等多方面的研究，特别是通过对植物与大气污染的研究，筛选出一批敏感的指示植物和抗性强的耐污染植物，对利用植物监测大气污染具有重要的理论与实践意义。

我国从 20 世纪 70 年代起开始生物监测工作，在运用藻类、原生动物、底栖无脊椎动物等指示水体污染状况方面研究较多并取得了一些研究成果。1984 年原国家环保局首次召开了第一次环境生物监测工作会议，1986 年颁布了《生物监测技术规范（水环境部分）》。1989 年编写和出版了《水和废水监测分析方法》，其中涉及"水生生物检测分析方法"，1993 年又编写出版了《水生生物监测手册》，并在这个时期初次建立起国家水生生物监测网，开始在全国范围内开展例行的生物监测工作。2002 年出版发行了《水和废水监测分析方法（第四版）》，此外，20 世纪 90 年代还颁布了一些生物监测的国家标准，如《水质 微型生物群落监测 PFU 法》（GB/T 12990—1991）、《水质 物质对蚤类（大型蚤）急性毒性测定方法》（GB/T 13266—1991）、《水质 物质对淡水鱼（斑马鱼）急性毒性测定方法》（GB/T 13267—1991）、《水质 急性毒性的测定 发光细菌法》（GB/T 15441—1995）等。为了满足国内日益增长的流域水生态环境监测评价需求，2020 年生态环境部发布我国首个关于地表水体中营养物的生态环境基准——《湖泊营养物基准——中东部湖区（总磷、总氮、叶绿素 a）》（2020 年版），2023 年印发《水生态监测技术指南 河流水生生物监测与评价（试行）》（HJ 1295—2023）和《水生态监测技术指南 湖泊和水库水生生物监测与评价（试行）》（HJ 1296—2023）两项标准，首次从国家层面对水生态监测技术提出规范性要求，完善了水生生物监测方法体系。

近年来，《水质 总大肠菌群和粪大肠菌群的测定 纸片快速法》（HJ 755—2015）、《水质 蛔虫卵的测定 沉淀集卵法》（HJ 775—2015）、《水质 粪大肠菌群的测定 多管发酵法》（HJ 347.2—2018）、《水质 细菌总数的测定 平皿计数法》（HJ 1000—2018）、《水质 总大肠菌群、粪大肠菌群和大肠埃希氏菌的测定 酶底物法》（HJ 1001—2018）等行业标准的印发，使微生物指标在水环境质量监测及室内空气质量监测中得到广泛应用。

六、生物监测的局限性

1. 生物监测指标体系尚未形成

我国生物监测技术起步比较晚，虽然在一些重要环节设置了相应的指标，如许可证发放、排污收费和环境质量定量考核等，但是尚未形成法定化的生物监测指标体系。也就意味着，不能合法地应用一些生物监测指标监测环境污染。

2. 生物监测过于复杂

一方面，不同生物的生长习性、分布范围存在明显差异，对各类污染物的反应也有所不同，导致难以有效保证环境监测结果的真实性、准确性；另一方面，当生态系统较为复杂、各类污染物浓度较低时，指示物种难以在短时间内产生明显的生物行为，导致生物学效应不明显，监测结果与实际情况有所出入。此外，指示物种与人类在生态系统与分子结构上存在较大差异，难以构建与人类毒性水平相适应的以指示物种为对象的环境监测标准。

🧰 任务实施

一、操作准备

生物监测标准和规范，环境污染相关史料和书籍。

二、操作过程

调研步骤，见表 1-6。

表 1-6　调研步骤

序号	步骤	操作方法	说明
1	检索文献	检索文献，选择一种生物监测物种，记录其监测的污染物，并说明原理	
2	查询案例	网络查询该物种监测污染物的案例，说明监测的实施过程	
3	总结	说明生物监测与环境污染的关系	

🧰 结果报告

调研报告，见表 1-7。

表 1-7　调研报告

指示物种	
监测污染物	
原理	
案例	
总结	
报告人：	报告日期：

🧰 结果评价

结果评价表，见表 1-8。

表 1-8　结果评价表

类别	内容	评分要点	配分	评分
职业素养 （30分）	纪律情况 （10分）	不迟到，不早退	2	
		着装符合要求	2	
		上课资料带齐	3	
		遵守课堂秩序	3	
	道德素质 （10分）	爱岗敬业	3	
		实事求是	3	
		不怕困难，认真总结经验	4	
	职业素质 （10分）	团队合作	2	
		认真思考	4	
		沟通顺畅	4	
职业能力 （70分）	任务准备 （5分）	设备准备齐全	2	
		提前预习	3	
	实施过程 （30分）	正确运用检索工具	6	
		正确参考学术论文	6	
		正确参考监测标准	6	
		正确参考技术规范	6	
		正确进行调研总结	6	
	任务结束 （5分）	收拾设施	2	
		按时提交报告	3	
	质量评价 （30分）	完整完成调研报告	6	
		依据充分	6	
		数据可靠	6	
		报告整洁	6	
		书写规范	6	

任务测验

1. 生物监测是利用（　　）对环境污染或变化所产生的反应阐明环境污染状况。

A. 人类行为

B. 生物个体、种群或群落

C. 化学物质

D. 物理因素

2. 下列不属于环境生物监测范畴的是（　　）。

A. 大气污染生物监测

B. 水体污染生物监测

C. 土壤污染生物监测

D. 食品污染生物监测

3. 在土壤污染监测中，可以利用（　　　）三个维度进行土壤污染评价。

A. 植物形态、生态习性及植物内部污染物含量

B. 动物形态、生态习性及动物内部污染物含量

C. 微生物形态、生态习性及微生物内部污染物含量

D. 昆虫形态、生态习性及昆虫内部污染物含量

4. 下列能体现生物监测灵敏性的是（　　　）。

A. 草甘膦可显著降低土壤中各微生物种群的数量

B. 利用树木的年轮可以监测出一个地区几年或几十年前的污染情况

C. 钙丰富的地区使镉污染的不良影响减轻

D. 紫花苜蓿在 SO_2 浓度超过 0.3 ppm，接触一定时间后，便会产生受害症状

拓展阅读：生物传感器
监测水环境污染

5. 生物监测的概念是什么？

6. 生物监测的特点有哪些？请举例说明。

7. 常见的联合作用包括哪几类？请分类说明。

8. 污染物进入生物体的途径有哪些？

模块二　岗位基础技术

项目二　生物监测标准与规范

任务一　了解生物监测标准

任务情景

党的二十大报告明确了美丽中国建设的时间表和路线图，绘就了建设人与自然和谐共生现代化的绿色画卷。生态环境监测是生态环境保护的基础，是生态文明建设的重要支撑。深入了解现代化生态环境监测体系，掌握生物监测与评价标准，是开展生物监测工作的重要前提。

任务要求

从卫生学指标、生物群落指标、生物毒性指标分类汇总我国现有的生物监测方法标准，并形成一份汇总报告。

要求：

1. 查阅生物监测标准规范、技术指南等文件，进行分类汇总。
2. 体现新技术、新标准、新规范，便于在后续监测工作中查阅对照。

任务目标

知识目标

1. 了解生物监测环境管理及评价现状。
2. 掌握生物监测与评价技术标准。

能力目标

1. 能正确使用环境监测及评价标准。
2. 能体现新技术、新标准。

素质目标

1. 形成遵循标准和规范意识。
2. 培养爱岗敬业、尽职尽责的意识。
3. 培养科学监测的精神。

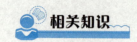相关知识

1991 年原国家环境保护局颁布了《环境质量报告书编写技术规定(暂行)》,开启了生物监测环境管理的步伐,随后逐步建立基于卫生学(细菌总数、总大肠菌群数等)、生物群落(浮游植物、底栖动物、叶绿素 a、污染指示生物等)、生物毒性(鱼类、藻类、发光菌急性毒性等)的生物监测与评价技术标准。

一、卫生学指标

1. 水环境

我国已颁布的水环境质量标准中(如地表水环境质量标准、地下水质量标准、海水水质标准、渔业水质标准、农田灌溉水质标准等)规定了菌落总数、总大肠菌群、粪大肠菌群、蛔虫卵数等生物相关项目的标准限值(表 2-1 和表 2-2)。

表 2-1　地表水、地下水和海水水质生物指标及要求

序号	项目			分类				
	标准名称	指标	计量单位	Ⅰ类	Ⅱ类	Ⅲ类	Ⅳ类	Ⅴ类
1	地表水环境质量标准	粪大肠菌群	个/L	≤200	≤2 000	≤10 000	≤20 000	≤40 000
2	地下水质量标准	总大肠菌群	MPN/100 mL 或 CFU/100 mL	≤3.0	≤3.0	≤3.0	≤100	>100
		菌落总数	CFU/mL	≤100	≤100	≤100	≤1 000	>1 000
3	海水水质标准	大肠菌群	个/L	≤1 000 (供人生食的贝类养殖水质≤700)			—	—
		粪大肠菌群	个/L	≤2 000 (供人生食的贝类养殖水质≤1 400)			—	—
注:地表水、地下水和海水的分类依据各自标准规定								

表 2-2　渔业和农田灌溉水水质生物指标及要求

序号	标准名称	指标	计量单位	要求
1	渔业水质标准	总大肠菌群	个/L	≤5 000(贝类养殖水质不超过 500)
2	农田灌溉水质标准	粪大肠菌群	MPN/L	≤40 000[a] ≤20 000[b] ≤10 000[c]
		蛔虫卵数	个/10L	≤20[a,b] ≤20[c]
a 水田作物、旱地作物灌溉水;				
b 加工、烹调及去皮蔬菜灌溉水;				
c 生食类蔬菜、瓜类和草本水果灌溉水				

《生活饮用水卫生标准》(GB 5749—2022)规定了生活饮用水水质要求、水源水质要求、集中式供水单位卫生要求、二次供水卫生要求和涉及饮用水卫生安全的产品卫生要求，在微生物指标上不应含有病原微生物(表2-3)。

表 2-3　生活饮用水水质生物指标及要求

序号	指标	计量单位	要求
1	总大肠菌群	MPN/100 mL 或 CFU/100 mL	不应检出
2	大肠埃希氏菌	MPN/100 mL 或 CFU/100 mL	不应检出
3	菌落总数	MPN/mL 或 CFU/mL	<100
4	贾第鞭毛虫	个/10L	<1
5	隐孢子虫	个/10L	<1
6	微囊藻毒素－LR (藻类暴发情况发生时)	mg/L	<0.001

2. 空气环境

《室内空气中细菌总数卫生标准》(GB/T 17093—1997)是早期国家室内空气污染物卫生标准之一，以国内多年科研和现场调查成果为基础，结合国情制定出室内空气中细菌总数标准值。《室内空气质量标准》(GB/T 18883—2022)适用于住宅和办公建筑物等室内环境，规定了室内空气质量的生物性指标及要求(表2-4)。《公共场所集中空调通风系统卫生规范》(WS 10013—2023)规定了公共场所集中空调通风系统的卫生要求(表2-5)。

表 2-4　空气环境生物性指标及要求

序号	标准名称	指标	计量单位	要求
1	室内空气质量标准	细菌总数	CFU/m³	≤1 500
2	室内空气中细菌总数卫生标准	细菌总数	CFU/m³	≤4 000
			CFU/皿	≤45

表 2-5　公共场所集中空调送风质量生物指标及要求

序号	指标	计量单位	要求
1	细菌总数	CFU/m³	≤500
2	真菌总数	CFU/m³	≤500
3	β-溶血性链球菌	CFU/m³	不应检出
4	嗜肺军团菌	CFU/m³	不应检出

二、生物群落指标

生态环境部《生态环境监测规划纲要(2020—2035年)》提出"地表水监测要逐步实现水质监测向水生态监测的系统转变,建立以流域为单元的水生态监测指标体系和评价体系"。2023年生态环境部印发《水生态监测技术指南 河流水生生物监测与评价(试行)》(HJ 1295—2023)和《水生态监测技术指南 湖泊和水库水生生物监测与评价(试行)》(HJ 1296—2023),两项标准均是首次发布,也是我国首次从国家层面对水生态监测技术作出的规范性文件,对浮游植物、浮游动物、水生植物、大型底栖无脊椎动物、鱼类等水生生物的监测和评价方法等技术内容进行了规定。湖泊和水库常用水生生物评价方法的适用性见表2-6。

表2-6 湖泊和水库常用水生生物评价方法的适用性

序号	评价方法	适用性	生物群类
1	生物完整性指数(IBI)	利用水生生物定性、定量监测数据,从生物完整性角度开展评价。适用于所有类型湖库	底栖动物、浮游植物、浮游动物、大型水生植物、鱼类
2	香农-维纳多样性指数(H)	利用水生生物定量监测数据,从物种多样性角度开展评价。适用于所有类型湖库	底栖动物、浮游植物、浮游动物、大型水生植物、鱼类
3	均匀度指数(J)	利用水生生物定量监测数据,从物种多样性角度开展评价。适用于所有类型湖库	底栖动物、浮游植物、浮游动物、大型水生植物、鱼类
4	生物指数(BI)	利用底栖动物定量监测数据和各分类单元耐污值数据,依据不同底栖动物类群对污染的耐受性或敏感性差异开展评价。适用于浅水湖泊、湖库浅水区	底栖动物
5	生物监测工作组记分(BMWP)	利用底栖动物的定性监测数据,依据不同底栖动物类群对污染的耐受性或敏感性差异开展评价。适用于浅水湖泊、湖库浅水区	底栖动物
6	群落或种群特征参数	依据生物群落或种群特征参数,基于监测现状值与期望值差异的方法开展评价,如土著物种的分类单元数、指示类群结构组成等	底栖动物、浮游植物、浮游动物、大型水生植物、鱼类

2020年12月30日,生态环境部发布我国首个关于地表水体中营养物的生态环境基准——《湖泊营养物基准—中东部湖区(总磷、总氮、叶绿素a)》(2020年版),采用了总磷、总氮和叶绿素a作为中东部湖区营养物基准指标,即当任一时段湖泊总磷、总氮和叶绿素a监测代表值满足基准值时(表2-7),藻类生长不会危及水体功能。

表2-7 中东部湖区湖泊营养物基准

营养物	总磷基准/(mg·L^{-1})	总氮基准/(mg·L^{-1})	叶绿素a基准/(μg·L^{-1})
基准	0.029	0.58	3.4

各地在推动水华评价和水环境保护工作中积极探索，2020 年广东省发布地方标准《水华程度分级与监测技术规程》(DB44/T 2261—2020)规定了常见藻类蓝藻、硅藻和甲藻水华的程度判别、分级，以及监测的内容和方法。该标准将水华分成 5 个等级，即 Ⅰ级(无水华)、Ⅱ级(无明显水华)、Ⅲ级(轻度水华)、Ⅳ级(中度水华)、Ⅴ级(重度水华)。水华常见门类蓝藻、甲藻和硅藻水华等级划分见表 2-8 和表 2-9。

表 2-8　蓝藻水华程度等级

水华程度等级	蓝藻密度 $D/(cells \cdot L^{-1})$	叶绿素 a 浓度 $C/(\mu g \cdot L^{-1})$
Ⅰ级	$0 < D < 2 \times 10^6$	$C < 10$
Ⅱ级	$2 \times 10^6 < D < 1 \times 10^7$	$10 < C < 15$
Ⅲ级	$1 \times 10^7 < D < 5 \times 10^7$	$15 < C < 50$
Ⅳ级	$5 \times 10^7 < D < 1 \times 10^8$	$50 < C < 100$
Ⅴ级	$D > 1 \times 10^8$	$C > 100$

表 2-9　甲藻、硅藻水华程度等级

水华程度等级	甲藻/硅藻密度 $D/(cells \cdot L^{-1})$	叶绿素 a 浓度 $C/(\mu g \cdot L^{-1})$
Ⅰ级	$0 < D < 1 \times 10^6$	$C < 10$
Ⅱ级	$1 \times 10^6 < D < 5 \times 10^6$	$10 < C < 50$
Ⅲ级	$5 \times 10^6 < D < 1 \times 10^7$	$50 < C < 100$
Ⅳ级	$1 \times 10^7 < D < 5 \times 10^7$	$100 < C < 150$
Ⅴ级	$D > 5 \times 10^7$	$C > 150$

三、生物毒性指标

我国在 2008 年颁布的《发酵类制药工业水污染物排放标准》(GB 21903—2008)、《化学合成类制药工业水污染物排放标准》(GB 21904—2008)、《提取类制药工业水污染物排放标准》(GB 21905—2008)、《中药类制药工业水污染物排放标准》(GB 21906—2008)、《生物工程类制药工业水污染物排放标准》(GB 21907—2008)、《混装制剂类制药工业水污染物排放标准》(GB 21908—2008)等制药工业系列排放标准首次引入了综合毒性指标，要求相应的企业水污染排放物的发光细菌急性毒性限值($HgCl_2$ 毒性当量)为 0.07 mg/L。

2015 年发布的《城镇污水处理厂污染物排放标准》(征求意见稿)和 2022 年颁布的《农药工业水污染物排放标准》(二次征求意见稿)中，对城镇污水和农药工业水污染物排放限值均引入了综合毒性指标(表 2-10)。

2015 年国家海洋局发布《污水生物毒性监测技术规程 发光细菌急性毒性测试—费歇尔弧菌法》，对样品毒性水平的表征方法采用费歇尔弧菌法检测结果中的 15 min 发光抑制率 H 进行评价。根据 H 大小将水质生物毒性等级分为 3 级：低度毒性风险、中度毒性风险、高度毒性风险，见表 2-11。

表 2-10　城镇污水和农药工业水污染物综合毒性限值

序号	标准名称	指标	计量单位	排放限值
1	城镇污水处理厂污染物排放标准(征求意见稿)	鱼卵毒性	mg/L	2
		蚤类毒性		8
		藻类毒性		16
		发光细菌毒性		32
2	农药工业水污染物排放标准(二次征求意见稿)	斑马鱼卵急性毒性		6

表 2-11　污水样品毒性风险等级评价方法

毒性等级	H	毒性风险等级
Ⅰ	＜30％	低度毒性风险
Ⅱ	30％≤H＜80％	中度毒性风险
Ⅲ	≥80％	高度毒性风险

🧰 任务实施

一、操作准备

生物监测国标，生物监测行标，生物监测相关技术规范。

二、操作过程

调查步骤，见表 2-12。

表 2-12　调查步骤

序号	步骤	操作方法	说明
1	检索标准	检索文献，查找常用生物指标的最新监测标准	
2	归纳汇总	分别从卫生学、生物群落、生物毒性三个方面分类归纳和整理，形成汇总表	
3	总结报告	撰写汇总报告	

🧰 结果报告

监测标准汇总报告，见表 2-13。

表 2-13　监测标准汇总报告

调查手段				
调查计划				
监测标准	卫生学指标			
	序号	监测项目	方法标准名称	方法标准编号
	生物群落指标			
	序号	监测项目	方法标准名称	方法标准编号
	生物毒性指标			
	序号	监测项目	方法标准名称	方法标准编号
问题记录				
调查总结				
报告人：			报告日期：	

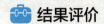**结果评价**

结果评价表，见表 2-14。

表 2-14　结果评价表

类别	内容	评分要点	配分	评分
职业素养 （30分）	纪律情况 （10分）	不迟到，不早退	2	
		着装符合要求	2	
		上课资料带齐	3	
		遵守课堂秩序	3	
	道德素质 （10分）	爱岗敬业	3	
		实事求是	3	
		不怕困难，认真总结经验	4	
	职业素质 （10分）	团队合作	2	
		认真思考	4	
		沟通顺畅	4	
职业能力 （70分）	任务准备 （5分）	设备准备齐全	2	
		提前预习	3	
	实施过程 （30分）	正确运用检索工具	6	
		正确参考学术论文	6	
		正确参考监测标准	6	
		正确参考技术规范	6	
		正确进行调研总结	6	
	任务结束 （5分）	收拾设施	2	
		按时提交报告	3	
	质量评价 （30分）	完整完成调研报告	6	
		依据充分	6	
		数据可靠	6	
		报告整洁	6	
		书写规范	6	

任务测验

1. 以下属于地表水环境质量监测指标的是（　　　）。

A. 菌落总数　　　　　　　　　　　B. 总大肠菌群

C. 粪大肠菌群　　　　　　　　　　D. 大肠埃希氏菌

2. 生活饮用水水质应符合(　　)，保证用户饮用安全。

A. 生活饮用水中不应含有病原微生物

B. 生活饮用水中化学物质不应危害人体健康

C. 生活饮用水中放射性物质不应危害人体健康

D. 生活饮用水应经消毒处理

3.《水华程度分级与监测技术规程》(DB44/T 2261—2020)规定的Ⅰ级水华程度属于(　　)。

A. 无水华　　　　　　B. 轻度水华　　　　　C. 中度水华　　　　　D. 重度水华

4. 室内空气质量标准中测定细菌总数的推荐方法是(　　)。

A. 沉降法　　　　　　　　　　　　　B. 撞击法

C. 多管发酵法　　　　　　　　　　　D. 分光光度法

拓展阅读：污水生物毒性检测的几种方法

5. 不属于水污染物综合毒性指标的是(　　)。

A. 鱼卵毒性　　　　　　　　　　　　B. 蚤类毒性

C. 藻类毒性　　　　　　　　　　　　D. 以上都属于

6. 简述生物监测环境管理与评价标准的作用。

7. 生活饮用水卫生标准中细菌总数的限值是多少？如何用细菌总数评价水体卫生程度？

任务二　了解生物监测技术规范

任务情景

2024年3月生态环境部发布《关于加快建立现代化生态环境监测体系的实施意见》(以下简称《意见》)，加速推进生态环境监测的数智化转型，到2035年，基本建成现代化生态环境监测体系。《意见》明确在数据质量方面，覆盖全部监测活动的"人机料法环测"全过程质量管理体系基本建立，全国环境质量监测数据真、准、全得到有效保障。环境监测技术规范是用于评估和监测环境质量的技术方案与操作规范。环境监测技术规范是确保监测数据准确、可靠、可比性和可追溯性的重要依据，也是保证监测结果真实可信的基础，对于保护环境、预防环境污染具有重要的意义。同时，环境监测技术规范也需要根据具体的监测对象和监测要求进行制定，以适应不同环境监测的需要。因此，从业人员在监测过程中，通过质量保证和质量控制保证监测过程处于受控状态，确保监测工作的完整性，监测流程的规范性，监测结果的准确性，监测数据的真实性。

任务要求

根据最新监测标准、技术规范等文件，从采样和试验分析的角度讨论如何保证生物监测结果可靠性，形成一份总结报告。

要求：

1. 查阅生物监测标准规范、技术指南等文件，资料齐全。
2. 突出生物监测采样和实验室分析质量保证与质量控制过程。

任务目标

知识目标

1. 掌握生物监测样品采集、保存规范。
2. 掌握微生物监测质量保证与质量控制技术要求。

能力目标

1. 能够规范地进行生物监测项目采样。
2. 能够在生物监测项目中采取合适的质量控制手段。

素质目标

1. 形成遵守标准和规范的意识。
2. 培养爱岗敬业、严谨认真、实事求是的精神。

相关知识

一、采样技术规范

1. 采样前准备

(1)采样计划。在制订采样计划前，采样负责人应明确监测任务、目的和要求，了解监测断面周围情况，熟悉采样方法、水样容器洗涤和样品保存技术。有现场测定项目时，还应掌握有关现场测定技术。

采样计划应包括监测断面(采样垂线和采样点)、监测项目和数量、采样质量保证措施、采样时间和路线、采样人员和分工、采样器具和交通工具，以及现场测定项目和安全保证等。

(2)采样器材准备。采样器材主要是采样器具、样品容器和其他所需辅助设备。应按照监测项目所采用的分析方法的要求，准备合适的采样器材。

1)采样器具。对于生物特性样品，如浮游植物样品，使用容积为1~3 L的瓶子或塑料桶，或颠倒式采水器、排空式采水器等进行采集；采集浮游动物样品时，还可以用计量浮游生物的尼龙网；采集底栖生物时，可以使用手抄网、采泥器、人工基质等。集鱼类采用活动的或不活动的两种方法。活动的采样方法包括使用拉网、拖网、电子捕鱼法、化学药品及鱼钩和钩绳；不活动的采样方法包括陷捕法(如刺网、细网)和诱捕法(如拦网、陷阱网等)。

对于微生物水样样品，采样设备主要有灭菌玻璃瓶或塑料瓶。在湖泊、水库的水面以下较深的地点采样时，可使用深水采样装置。对于微生物大气样品，常采用撞击式空气微生物采样器，采样流量于每次采样之前进行流量校正。所有使用的仪器包括泵及其配套设备，必须完全不受污染，并且设备本身也不可引入新的微生物。

2）样品容器。采集生物特性水样样品的容器，最理想的是广口瓶。广口瓶的瓶口直径最好是接近广口瓶体直径，瓶的材质为塑料的或玻璃的。测定微生物指标的水样应使用玻璃材质的采样容器，也可以使用符合要求的一次性采样袋或采样瓶。

用于微生物分析的容器洗涤，将容器用自来水和洗涤剂洗涤，并用自来水彻底冲洗后用质量分数为 10% 的硝酸（或盐酸）浸泡 8 h 以上，然后依次用自来水和纯净水洗净。用于微生物分析的容器灭菌。容器灭菌可采用干热灭菌或高压蒸汽灭菌两种方式。干热灭菌要求 160 ℃下维持 2 h；高压蒸汽灭菌要求 121 ℃下维持 15 min，高压蒸汽灭菌后的容器如不立即使用，应置于 60 ℃烘箱内将瓶内冷凝水烘干。灭菌后的容器应在 2 周内使用。

3）辅助用品。准备现场采样所需的固定剂、抗干扰剂、样品箱、低温保存箱，以及记录表格、标签、安全防护用品等辅助用品。

采集浮游生物和底栖生物样品时，常用鲁哥氏液、福尔马林、70%乙醇溶液等作为固定剂；采集叶绿素 a 样品时，用 1%碳酸镁悬浮液作为稳定剂；采集微生物样品时，用 0.10 g/mL 的 $Na_2S_2O_3$ 溶液或 0.15 g/mL 乙二胺四乙酸二钠盐（EDTA-Na_2）溶液作为除氯或除重金属的抗干扰剂。

2. 样品采集

采样前要认真检查采样器具、样品容器及其瓶塞（盖），及时维修并更换采样工具中的破损和不牢固的部件。样品容器确保已盖好，减少污染的机会并安全存放。

水样样品采样时，应去除水面的杂物、垃圾等漂浮物，不可搅动水底部的沉积物。在同一监测断面分层采样时，应自上而下进行，避免不同层次水体混扰。采集几类检测指标的水样时，应先采集供微生物指标检测的水样。

微生物指标采样时，应做好个人防护，采取无菌操作直接采集，不应用水样荡洗已灭菌的采样瓶或采样袋，并避免手指和其他物品对瓶口或袋口的沾污。采集地表水、废水样品及一定深度的样品时，也可使用灭菌过的专用采样装置采样。

大型底栖无脊椎动物与生境、水质或其他生物类群样品同步采样时，一般情况下，最后采集大型底栖无脊椎动物样品。在水质样品采集前，每次校准溶解氧（DO）、pH 值和电导率等指标；若一天内多次采样，在采集第一个样品前校准一次溶解氧（DO）、pH值和电导率等指标，确保仪器使用的准确和安全。

采样完成后应在每个样品容器上贴上标签。标签内容包括样品编号或名称、采样日期和时间、监测项目名称等，同步填写现场记录。

采样结束后，核对监测方案、现场记录与实际样品数，如有错误或遗漏，应立即补采或重采。如采样现场未按监测方案采集到样品，应详细记录实际情况。

3. 样品保存

样品采集后应尽快送实验室分析，并根据监测项目所采用分析方法的要求确定样品的保存方法，确保样品在规定的保存期限内分析测试。微生物样品采样后一般应在 2 h 内检测，否则应在 10 ℃以下冷藏但不得超过 6 h。实验室接样后，不能立即开展检测，应将样品于 4 ℃以下冷藏并在 2 h 内检测。

4. 采样安全

现场监测人员须考虑相应的安全预防措施。在采样过程中采取必要的防护措施。监测人员应身体健康，适应工作要求，现场采样时至少两人同时在场。

监测过程中应配备必要的防护设备、急救用品。现场采样时，若采样位置附近有腐蚀性、高温、有毒、挥发性、可燃性物质，须穿戴防护用具。现场监测人员要特别注意安全，避免滑倒落水，必要时应穿戴救生衣。

5. 样品运输与交接

水样运输前，应将样品瓶的外（内）盖盖紧，需要冷藏保存的样品应按照标准分析方法要求保存，并在运输过程中确保冷藏效果。装箱时应用减振材料分隔固定样品瓶，以防止破损。水样采集后应尽快送往实验室，根据采样点的地理位置和各监测项目标准分析方法允许的保存时间，规划采样送样时间，选用适当的运输方式，以防止延误。样品在运输过程中应采取措施避免沾污、损失和丢失。

现场监测人员与实验室接样人员进行样品交接时，须清点和检查样品，并在交接记录上签字。样品交接记录内容包括交接样品的日期和时间、样品数量和性状、测定项目、保存方式、交样人、接样人等。

二、分析方法

按照相关标准或技术规范要求，选择能满足监测工作需求和质量要求的方法实施监测活动。原则上优先选择国家环境保护标准、其他国家标准和其他行业标准，也可采用国际标准和国外标准，或者公认权威的监测分析方法，所选用的方法应通过试验验证，并形成满足方法检出限、精密度和准确度等质量控制要求的相关记录。对于环境质量监测项目，优先选用环境质量标准中规定的标准分析方法；污染源项目优先选用污染物排放（控制）标准中规定的标准方法。水生生物群落监测按照各类群监测方法的技术要求、步骤开展监测鉴定活动，鉴定优先采用技术要求推荐书目或本地区已建立的参考图谱和标本库。

对超出预定范围使用的标准方法、自行扩充和修改过的标准方法应通过试验进行确认，以证明该方法适用于预期的用途，并形成方法确认报告。确认内容包括样品采集、处置和运输程序，方法检出限，测定范围，精密度，准确度，方法的选择性和抗干扰能力等。

三、数据记录规范

1. 记录规范

实验室分析原始记录包括标准溶液配制及标定记录、仪器工作参数、校准曲线记录、各监测项目分析测试原始记录、内部质量控制记录等。实验室可根据需要自行设计各类分析原始记录表。

分析原始记录应包含足够的信息，以便在可能情况下找出影响不确定度的因素，并使实验室分析工作在最接近原来条件下能够复现。

原始记录表格应有统一编号，个人不得擅自销毁或损坏，使用完成按期归档保存。

原始记录应现场及时记录，不得事后以回忆方式填写或转誊。

原始记录可采取纸质或电子介质的方式。采用电子介质方式记录时，存储的原始记录应采取适当措施备份保存，保证可追溯和可读取，防止记录丢失、失效或篡改。

纸质原始记录使用墨水笔或中性笔书写，应做到字迹端正、清晰。如原始记录上数据有误需要改正时，应在错误的数据上划以斜线，再将正确数字补写在其上方，并在右下方签名(或盖章)。不得在原始记录上涂改或撕页。如原始记录下方内容为空白，需记录"以下空白"。原始记录不能在非监测场合随身携带，也不能随意复制、外借。

原始记录须有监测人员、校核人员签名，分析原始记录须有分析人员、校核人员和审核人员签名，并随监测结果同时报出。

监测人员负责填写原始记录；校核人员应检查数据记录是否完整、抄写或录入计算机时是否有误、数据是否异常等，并应考虑监测方法、监测条件、数据的有效位数、数据计算和处理过程、法定计量单位和质量控制数据等因素；审核人员应对数据的准确性、逻辑性、可比性和合理性进行审核，重点考虑监测点位，监测工况，与历史数据的比较，总量与分量的逻辑关系，同一监测点位的同一监测因子，连续多次监测结果之间的变化趋势，同一监测点位、同一时间(段)的样品，有关联的监测因子分析结果的相关性和合理性等因素。

2. 有效数字

分析结果的表示按照分析方法中的要求执行，有效数字所能达到的小数点后位数，应与分析方法检出限的保持一致；分析结果的有效数字一般不超过 3 位。对检定合格的计量器具，有效位数可以记录到最小分度值，最多保留一位不确定数字(估计值)。

微生物试验测定结果一般保留至整数位，最多保留两位有效数字，大于或等于 100 时以科学计数法表示。

3. 结果表示方法

监测结果的表示应根据相关分析方法等要求来确定，并采用中华人民共和国法定计量单位。当测定结果高于分析方法检出限时，报实际测定结果值。当测定结果低于分析方法检出限时，报使用的"方法检出限"，加标志位"L"表示，或用"ND"表示，并注明"ND"表示未检出，同时给出方法检出限值。需要时，应给出监测结果的不确定度范围。

四、质量控制

1. 采样质控要求

按选用的标准分析方法要求采集质量控制样品。环境质量监测采样器具和污染源监测采样器具应分架存放，不得混用。采样前对清洗干净的采样器具进行空白本底抽检，检测结果应低于方法检出限或方法规定的限值。对监测质量有影响的试剂耗材使用前应进行抽检，被测目标物检测结果应低于方法检出限或方法规定的限值。

(1)全程序空白样品。每个采样批次至少采集一个全程序空白样品，与样品一起送实验室分析，空白测定值应满足标准分析方法规定的要求。

(2)现场平行样品。对均匀样品，凡可做平行双样的监测项目应采集现场平行样品，每个采样批次至少采集一个现场平行样品。参考标准分析方法中平行样相对偏差的判定要求，若现场平行样品测定结果差异较大，应查找原因，必要时重新采样。

2. 实验室分析质量控制

（1）实验室空白样品。每批次水样分析时，空白样品对被测项目有响应的，应至少做两个实验室空白，测定结果应满足分析方法中的要求，一般应低于方法检出限。当空白值明显偏高时，应仔细检查原因，以消除空白值偏高的因素。微生物测定试验一般采用无菌水按照样品测定相同的步骤进行实验室空白测定。

（2）标准曲线。采用校准曲线法进行定量分析时，仅限在其线性范围内使用。必要时，对校准曲线的相关性、精密度和置信区间进行统计分析，检验斜率、截距和相关系数是否满足标准方法的要求。若不满足，需从分析方法、仪器设备、量器、试剂和操作等方面查找原因，改进后重新绘制校准曲线。校准曲线不得长期使用，也不得相互借用。一般情况下，校准曲线绘制应与样品测定同时进行。

（3）精密度控制。精密度可采用分析平行双样相对偏差、测量值的标准偏差或相对标准偏差等来控制。监测项目的精密度控制指标按照分析方法中的要求确定。平行双样可采用密码或明码编入。测定的平行双样相对偏差符合规定质量控制指标的样品，最终结果以双样测试结果的平均值报出；平行双样测定值均低于测定下限的，不作相对偏差的计算要求。一组测量值的精密度用标准偏差或相对标准偏差表示。

（4）准确度控制。准确度可选用分析标准样品、自配标准溶液或实验室内加标回收等方法来控制。监测项目的准确度控制指标按照分析方法中的要求确定。微生物测定试验采用标准菌株按照样品测定相同的步骤进行对照试验，阳性菌株应呈现阳性反应，阴性菌株应呈现阴性反应，否则该次样品测定结果无效，应重新测定。

🧰 任务实施

一、操作准备

生物监测国标，生物监测行标，生物监测相关技术规范。

二、操作过程

实施步骤，见表 2-15。

表 2-15 实施步骤

序号	步骤	操作方法	说明
1	检索标准	检索文献，查找最新的生物指标采样技术规范及监测质量控制与质量保证措施	
2	归纳汇总	分别从采样和试验分析的角度分类归纳与整理，讨论如何保证生物监测结果可靠性，形成汇总表	
3	总结报告	撰写汇总报告	

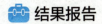 结果报告

汇总报告，见表 2-16。

表 2-16　汇总报告

任务目的		
实施手段		
实施计划		
可靠性手段	采样	
	实验室分析	
总结		
报告人：		报告日期：

结果评价

结果评价表，见表 2-17。

表 2-17　结果评价表

类别	内容	评分要点	配分	评分
职业素养 （30分）	纪律情况 （10分）	不迟到，不早退	2	
		着装符合要求	2	
		上课资料带齐	3	
		遵守课堂秩序	3	
	道德素质 （10分）	爱岗敬业	3	
		实事求是	3	
		不怕困难，认真总结经验	4	
	职业素质 （10分）	团队合作	2	
		认真思考	4	
		沟通顺畅	4	
职业能力 （70分）	任务准备 （5分）	设备准备齐全	2	
		提前预习	3	
	实施过程 （30分）	正确运用检索工具	6	
		正确参考学术论文	6	
		正确参考监测标准	6	
		正确参考技术规范	6	
		正确进行调研总结	6	
	任务结束 （5分）	收拾设施	2	
		按时提交报告	3	
	质量评价 （30分）	完整完成调研报告	6	
		依据充分	6	
		数据可靠	6	
		报告整洁	6	
		书写规范	6	

1.（   ）是指为了达到质量要求所采取的作业技术或活动。

A. 质量保证　　　　　B. 质量控制　　　　　C. 对照试验　　　　　D. 技术规范

2. 以下叙述不正确的是（   ）。

A. 采样器材的准备包括采样器具/样品容器和其他所需辅助设备

B. 制订采样计划前，采样负责人应明确监测任务、目的和要求，了解监测断面周围情况

C. 采集生物特性样品的容器，最理想的是细口瓶

D. 采样时应去除水面的杂物、垃圾等漂浮物，不可搅动水底部的沉积物

3. 微生物样品采样后一般应在（   ）h 内检测。

A. 2　　　　　　　　　B. 4　　　　　　　　　C. 6　　　　　　　　　D. 12

4. 样品交接记录内容不包括（   ）。

A. 交接样品的日期和时间　　　　　　　　B. 样品数量和性状

C. 测定项目、保存方式　　　　　　　　　D. 测定方法

5. 以下叙述不正确的是（   ）。

A. 原始记录表格应有统一编号

B. 原始记录只能采取纸质方式

C. 分析原始记录须有分析人员、校核人员和审核人员签名

D. 原始记录上数据有误需要改正时，应在错误的数据上划以斜线，再将正确数字补写在其上方，并在右下方签名(或盖章)

6. 平行样分析反映分析结果的（   ）。

A. 精密度　　　　　　B. 准确度　　　　　　C. 灵敏度　　　　　　D. 精确度

7. 实验室内使用的化学试剂应有专人保管，定期检查使用及保管情况，但是少量酸碱试剂不用分开存放。　　　　　　　　　　　　　　　　　　　　　　　（　　）

8. 实验室间质量控制的目的是检查各实验室是否存在系统误差，找出误差来源，提高实验室的监测分析水平。　　　　　　　　　　　　　　　　　　　　　　（　　）

9. 常规监测质量控制技术包括平行样分析、明码样分析、密码样分析、标准样品分析、加标回收率分析、室内互检、室间外检、方法比对分析和质量控制图等。　　　　　　　　　　　　　　　　　　（　　）

拓展阅读：实验室质量控制常用 **10** 大方法

10. 进行水样分析时，应按同批测试的样品数，至少随机抽取 $10\% \sim 20\%$ 的样品进行平行样测定。　　　　　　　　（　　）

11. 简述生物监测与理化监测在采样要求中的主要区别。

项目三　染色和观察技术

任务一　使用显微镜观察生物标本

任务情景

安东尼·范·列文虎克（Antonie van Leeuwenhoek）出生于荷兰代尔夫特的一个普通家庭，父亲是一名篾匠，家庭条件并不宽裕。童年时期，列文虎克没有机会接受正规教育，但这并没有阻挡他对周围世界的好奇心。列文虎克的传奇始于他对放大镜的痴迷。不同于当时市场上粗糙的放大镜，他着手制作更加精良的透镜，以期能够更清晰地观察微小物体。凭借出色的工艺技能和对光学原理的自学掌握，列文虎克成功制作出了一系列高倍率的显微镜，其中一些能够放大物体至270倍，远远超过了当时其他工匠的水平。一生亲自磨制了550多个透镜，装配了247台显微镜——保留下来的9台，现存于荷兰尤特莱克特大学博物馆。他撰写了人类关于微生物的最早的专著《列文虎克发现的自然界的秘密》，首度揭示了肉眼无法触及的微观世界，被后人誉为微生物学的奠基人与显微镜之父。他虽非职业科学家，但对科学的执着与贡献使他成为科学史上的巨人，留下了无尽探索的精神遗产。

显微镜是生物学领域中常用的试验仪器之一，用于观察和研究各种生物样品。它具有较高的分辨率和放大倍数，能够观察细微的生物结构和细胞内部变化。在细菌学检测中，需要通过显微镜观察细菌的形态、结构和染色情况等；在水污染生物监测中，需要通过显微镜观察浮游植物、底栖生物以进行定性及计数。因此，在进行实际任务前，需要熟练掌握显微镜的构造、使用及常规维护方法。

任务要求

本任务为使用普通光学显微镜观察和测量生物标本。

要求：

1. 查阅操作手册，掌握仪器使用规范。
2. 使用低倍镜和高倍镜（特别是油镜）快速准确地定位到标本。
3. 正确测量标本大小。
4. 观察标本生物的基本形态和特殊结构，绘制标本形态特征。

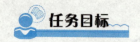

任务目标

知识目标

1. 认识显微镜的结构和原理。

2. 掌握光学显微镜各个部件及作用。

能力目标

1. 能使用显微镜快速观察标本。

2. 能正确维护与保养显微镜。

素质目标

1. 形成严格遵循技术规范和操作规范意识。

2. 培养耐心和专注力，提升科学分析能力。

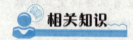

相关知识

一、显微镜成像原理

　　光学显微镜的目镜和物镜都是凸透镜，焦距不同。物镜的凸透镜焦距小于目镜的凸透镜的焦距。物镜相当于投影仪的镜头，物体通过物镜成倒立、放大的实像。目镜相当于普通的放大镜，该实像又通过目镜成正立、放大的虚像。经显微镜到人眼的物体都成倒立、放大的虚像。而细菌等原核细胞型微生物个体微小，一般需要使用放大倍数更高的油镜观察。油镜头晶片极小，投入光线少，从载玻片透过光线，又被空气折射（空气折射率为 1.00、玻璃折射率为 1.52），更不易射入镜头内，致使光线较弱物像不清。当在镜头和载玻片之间滴加香柏油后，香柏油折光率为 1.515（与玻璃相近），可消除光线通过玻璃与物镜间的空气时发生的折射现象，避免光线损失，使亮度和清晰度都得到了提高，几乎可以看清所有细菌。

二、显微镜的构造

　　显微镜的种类较多，但其结构大同小异，一般可分为机械装置和光学系统两大部分（图 3-1）。

1. 机械装置

　　（1）镜座。镜座是显微镜的基本支架，在显微镜的底部呈马蹄形、三角形或长方形，用以稳定显微镜。

　　（2）镜柱。镜柱是镜臂与镜座相连的直柱，连接镜座和镜臂。

　　（3）镜臂。镜臂是镜柱上方的弯曲部分，连接镜筒，是取放显微镜时手握的地方。在镜柱和镜臂之间有一个能活动的关节，它可以使显微镜略微向后倾斜，便于观察。

　　（4）镜筒。镜筒是连接在镜臂上的金属圆筒，上面有一圆孔，是安放镜头的地方。

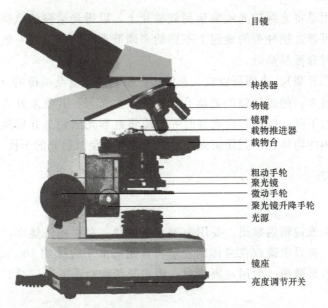

图 3-1　显微镜的构造

（5）镜头转换器。镜头转换器是位于镜筒下方的一个可旋动的圆盘，圆盘上有四个圆孔，可以同时安放四个物镜。转换器可转动，使四个物镜中的任一个正对着镜筒。

（6）载物台。从镜臂基部向前方伸出的平板，用以放置玻片标本，称为载物台。它的中央有一个圆孔，是光线透过的孔道，称为通光孔。通光孔旁有一个具有弹性的金属片，用以固定载玻片，称为标本夹。载物台上装有推进器，可以使标本横向和纵向移动，使镜检对象正对视野中央。

（7）准焦螺旋。在镜臂上有两组同轴的螺旋，用手转动螺旋能使镜筒上升或下降以对准焦距，称为准焦螺旋。大的螺旋转动时，镜筒升降的范围较大，称为粗准焦螺旋（粗动螺旋）；小的螺旋转动时，镜筒升降的范围较小，称为细准焦螺旋（微动螺旋）。

2. 光学系统

（1）目镜。目镜安装在镜筒上方，靠近观察者的眼睛，常用的目镜有"5×"（表示放大5倍）、"8×"和"10×"等，放大倍数越低，镜头长度越长。

（2）物镜。物镜安装在转换器上，接近被观察物体的镜头。物镜的镜身越长，放大的倍数就越高。在镜头上刻有该镜头的性能参数：如刻有"10/0.25"和"160/0.17"，这些参数的含义："10"是指物镜的放大倍数；"0.25"是指数值孔径（有以 N.A 表示）；"160"是指镜筒长度；"0.17"是指要求用的盖玻片厚度。习惯上把放大倍数在10倍以下的物镜称为低倍镜，放大倍数在40左右的物镜称为高倍镜。低倍镜和高倍镜都属于干燥物镜。通常，油镜的放大倍数为90～100倍，油镜上一般有黑色、白色或红色凹环及刻有"油"或Oil、HI 等字样。显微镜放大倍数＝目镜放大倍数×物镜放大倍数。

（3）反光镜（光源）。用以把光源反射到标本上。其一面为平面镜，另一面为凹面镜。有的显微镜安装了日光灯代替反光镜。

（4）聚光器。聚光器在载物台下面，位于反光镜上方，由聚光透镜、虹彩光圈和升降螺旋组成。其作用是将光源的光线聚焦到载玻片上，以得到最强的照明，使物像更加明亮清晰。聚光器可通过镜柱旁的旋钮上下移动来调节光线的亮度。一般用低倍镜时降低聚光器，用油镜时升至最高处。

（5）光圈（虹彩光圈）。光圈可以放大和缩小，影响进光量及成像的分辨率和反差，若将虹彩光圈开放过大，超过物镜的数值孔径，便产生光斑；若收缩虹彩光圈过小，虽反差增大，但分辨力下降。因此，在观察时一般应将虹彩光圈调节开启到视场周缘的外切处，使不在视场内的物体得不到任何光线的照明，以避免散射光的干扰。

三、操作方法

1. 取镜

显微镜从镜柜或镜箱内拿出，要用右手紧握镜臂，左手托住镜座，平稳地将显微镜搬运到试验桌上。将显微镜放在身体的左前方，距离桌子边缘约 10 cm，右侧可放记录本或绘图纸。单目显微镜一般用左眼观察，用右眼帮助绘图或做记录。双目显微镜用双眼观察。

2. 对光

将物镜转入光孔，使光源、聚光器、物镜和目镜的光轴中心在同一直线上。将光圈打开到最大位置，眼睛观察目镜，转动反光镜，调节聚光器，使之在目镜中看到一个明亮适中的圆形视野。光线较强时，用平面反光镜，光线较弱时，用凹面反光镜。自带光源的显微镜，可通过调节电流旋钮调节光照强弱。不能用直射阳光增加照明度，直射阳光会影响物像的清晰，并刺激眼睛。

3. 放置标本

将装片标本置于载物台上，用标本夹固定，调节推进器，使标本置于通光孔中心。

4. 观察

观察先从低倍镜开始，低倍镜下视野更大，容易找到标本。首先用眼睛从侧面注视低倍镜，转动粗准焦螺旋使载物台向上移动，直到低倍镜的镜头与玻片的距离小于0.6 cm；然后眼睛从目镜中观察，同时转动粗准焦螺旋，使载物台慢慢下降，直到视野中出现标本。再转动细准焦螺旋，使得视野中的标本最清晰。换用高倍镜观察。转动物镜转换器，使用高倍镜对准通光孔，调节细准焦螺旋，得到清晰的图像。调节光圈，获得更清晰的图像。

5. 油镜观察

用低倍镜找到标本的位置后，把载物台降至最低，在玻片标本的镜检部位滴上一滴香柏油，油不要过多，也不要把油涂开。从侧面注视，调节转换器，使用 100 倍目镜，然后用粗调节旋钮将载物台缓缓地上升，使油镜浸入香柏油中，使镜头几乎与标本接触。从目镜观察，用粗准焦旋钮将载物台缓缓下降，当出现物像后改用细准焦旋钮调至最清晰为止。如油镜已离开油面而仍未见到物像，必须再从侧面观察，重复上述操作。

6. 整理仪器

观察完毕，下降载物台，将油镜头转出，先用擦镜纸擦去镜头上的油，用擦镜纸蘸少许二甲苯，擦去镜头上残留油迹，用干净的擦镜纸擦拭干净即可（注意向同一个方向擦拭）。将各部分还原，转动物镜转换器，使物镜头不与载物台通光孔相对，而是呈八字形位置，再将载物台下降至最低，降下聚光器，最后用柔软纱布清洁载物台等机械部分，将显微镜放回柜内或镜箱中。

四、用目镜分划板测量显微镜视野面积

通过显微镜的目镜所观察到的圆形区域称为视野。用载物台测微计标定目镜分划板，再用目镜分划板测量视野直径，计算视野的面积。

1. 测量工具

（1）载物台测微计（图 3-2）：一块特制的载玻片，其中央有一小圆圈。圆圈内刻有分度，将长为 1 mm 的直线等分为 100 个小格，每个小格长度等于 10 μm。

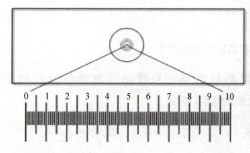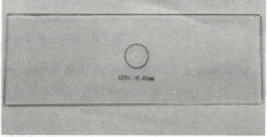

图 3-2　载物台测微计

（2）目镜分划板（图 3-3）：一块有刻度的圆形玻璃片，通常刻度是将 5 mm 分划为 50 格。使用前应用载物台测微计进行标定。

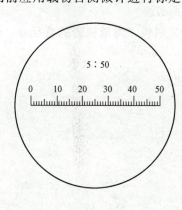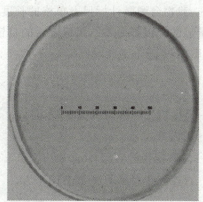

图 3-3　目镜分划板

2. 测量显微镜视野面积

（1）装入目镜分划板。旋下目镜上的目透镜，将目镜分划板放入连接目镜的中隔板上，使有刻度的一面朝下，再旋上目透镜，并装入镜筒内。

（2）装入载物台测微计。将载物台测微计置于显微镜的载物台上，有刻度的一面朝上，并调整具有刻度的小圆圈至视野中央。

(3)标定目镜分划板。先用低倍镜观察，对准焦距，待看清楚载物台测微计标尺的刻度后，转动目镜，使目镜分划板的标尺与载物台测微计的标尺相平行，并使它们的左边第一条刻度线相重合，再向右寻找两尺的另一条重合刻度线。载物台测微计标定目镜分划板如图3-4所示。

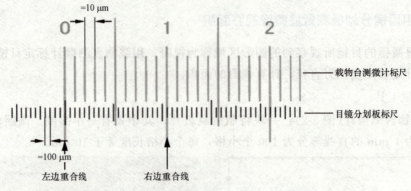

图 3-4　载物台测微计标定目镜分划板示意

记录两条重合刻度线间的目镜分划板标尺的格数 N_w 和载物台测微计标尺的格数 N_s。按照公式计算目镜分划板标尺 1 格所代表的实际长度 L。

$$L = \frac{N_s}{N_w} \times 10$$

式中　L——目镜分划板标尺 1 格所代表的实际长度（μm）；

　　　N_s——两条重合刻度线之间载物台测微计标尺的格数（个）；

　　　N_w——两条重合刻度线之间目镜分划板标尺的格数（个）；

　　　10——载物台测微计标尺上单格的长度（μm）。

（4）测量显微镜视野面积。用标定后的目镜分划板，测量视野的直径 d，再用圆面积公式计算视野面积 s。

$$s = \pi \times \frac{d^2}{4}$$

式中　s——显微镜 1 个视野的面积（μm^2）；

　　　π——圆周率；

　　　d——显微镜视野直径（μm）；

　　　4——直径和半径换算系数 2 的平方。

五、使用目镜视场数计算视野面积

1. 目镜视场数

目镜视场数等于目镜的直径，单位为 mm。标准化设计和生产的显微镜，在其目镜上通常会有视场数的标识。常见的显微镜目镜视场数有 18、20、22、25、26.5 等。

2. 物镜的放大率

物镜的放大率是指物镜的放大倍数。生物显微镜常用的物镜放大率有 4×、10×、

20×、40×和100×。浮游生物计数常用的物镜放大率为20×和40×。

3. 计算显微镜视野面积

按照下面公式计算视野直径，再利用圆面积公式计算视野面积，单位为 mm²。

$$d = \frac{F_N}{M'_0}$$

式中　d——显微镜视野直径(mm)；

F_N——目镜视场数(mm)；

M'_0——标准物镜放大率。

🧰 任务实施

一、操作准备

1. 仪器和用具

普通光学显微镜，载玻片，盖玻片，擦镜纸，各种染色标本。

2. 试剂和药品

香柏油，二甲苯，无水乙醇。

二、操作过程

光学显微镜观察永久玻片的操作步骤见表 3-1。

表 3-1　光学显微镜观察永久玻片的操作步骤

序号	步骤	操作方法	说明
1	取镜	将显微镜从镜柜或镜箱内拿出，将显微镜放在身体的左前方，放置于距离桌子边缘约 10 cm 处	单目显微镜一般用左眼观察，用右眼帮助绘图或做记录。双目显微镜用双眼观察
2	对光	将物镜转入光孔，使光源、聚光器、物镜和目镜的光轴中心在同一直线上。将光圈打开到最大位置，眼睛观察目镜，转动反光镜，调节聚光器，使之在目镜中看到一个明亮适中的圆形视野	不能用直射阳光来增加照明度，直射阳光会影响物像的清晰度并刺激眼睛
3	标定目镜分划板	装入目镜分划板和载物台测微计，先用低倍镜观察，待看清楚载物台测微计标尺的刻度后，转动目镜，使目镜分划板的标尺与载物台测微计的标尺相平行，并使它们的左边第一条刻度线相重合，再向右寻找两尺的另一条重合刻度线，计算目镜分划板标尺单位长度	

序号	步骤	操作方法	说明
4	放置标本	把装片标本置于载物台上，用标本夹固定，调节推进器，使标本位于通光孔中心	
5	观察	①用低倍镜观察。先用眼睛从侧面注视低倍镜，转动粗准焦螺旋使载物台向上移动，直到低倍镜的镜头与玻片的距离小于 0.6 cm；然后眼睛从目镜中观察，同时转动粗准焦螺旋，使载物台慢慢下降，直到视野中出现标本。再转动细准焦螺旋，使视野中的标本最清晰。②换用高倍镜观察。转动物镜转换器，使用高倍镜对准通光孔，调节细准焦螺旋，得到清晰的图像。③调节光圈，获得更清晰的图像	观察先从低倍镜开始，低倍镜下视野更大，容易找到标本
6	油镜观察	用低倍镜找到标本的位置后，将载物台降到最低，在玻片标本的镜检部位滴上一滴香柏油，从侧面注视，调节转换器到 100 倍目镜，然后用粗调节旋钮将载物台缓缓地上升，使油镜浸入香柏油中，使镜头几乎与标本接触。从目镜观察，用粗准焦旋钮将载物台缓缓下降，当出现物像后改用细准焦旋钮调至最清晰为止	①香柏油不要过多，也不要把油涂开 ②如油镜已离开油面而仍未见到物像，必须再从侧面观察，重复前述操作
7	整理仪器	①清洁镜头。观察完毕，下降载物台，将油镜头转出，先用擦镜纸擦去镜头上的油，用擦镜纸蘸少许二甲苯，擦去镜头上残留油迹，最后用干净的擦镜纸擦拭干净即可。②还原仪器。转动物镜转换器，使物镜头不与载物台通光孔相对，而是呈八字形位置，再将载物台下降至最低，降下聚光器，最后用柔软纱布清洁载物台等机械部分，将显微镜放回柜内或镜箱中	用擦镜纸擦拭镜头时，注意向同一个方向擦拭

三、注意事项

(1)移动显微镜时，要一只手握镜臂，另一只手托镜座。切勿一只手斜提、前后摆动，以防止镜头或其他零件跌落。

(2)使用时要严格按照步骤操作，熟悉显微镜各部件性能，掌握粗、细准焦螺旋的转动方向与镜筒升降关系。

(3)转换物镜时要从侧面观察，以免镜头与玻片相撞。

(4)观察带有液体的临时标本时要加盖玻片，以免液体污染镜头和显微镜。

(5)禁止随意拧开或调换目镜、物镜和聚光器等零件。

(6)显微镜光学部件有污垢，可用擦镜纸或绸布擦净，切勿用手指、粗纸或手帕擦，以防止损坏镜面。

(7)不要随意取下目镜，谨防灰尘落入镜筒。

结果报告

试验报告记录表，见表 3-2。

表 3-2　试验报告记录表

项目名称			
实施时间			
操作人员			
过程记录	实施步骤：	困难情况：	解决措施：
结果记录	生物名称	绘制形态特征(标注标本长度)	
		放大倍数_____×	
		放大倍数_____×	
		放大倍数_____×	
试验总结			

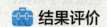 结果评价

结果评价表，见表 3-3。

表 3-3 结果评价表

类别	内容	评分要点	配分	评分
职业素养 （30分）	纪律情况 （10分）	不迟到，不早退	2	
		着装符合要求	2	
		实训资料齐备	3	
		遵守试验秩序	3	
	道德素质 （10分）	爱岗敬业，按标准完成实训任务	4	
		实事求是，对数据不弄虚作假	4	
		坚持不懈，不怕失败，认真总结经验	2	
	职业素质 （10分）	团队合作	2	
		认真思考	4	
		沟通顺畅	4	
职业能力 （70分）	任务准备 （10分）	仪器和用具准备齐全	5	
		试剂和样品准备齐全	5	
	实施过程 （30分）	正确摆放显微镜	6	
		正确对光	6	
		正确放置标本	6	
		正确使用低倍镜和高倍镜观察	6	
		正确使用油镜观察	6	
	任务结束 （10分）	收拾工作台，整理仪器	4	
		按时提交报告	6	
	质量评价 （20分）	对焦清洗	5	
		目标标本正确	5	
		测量长度正确	5	
		报告规范整洁	5	

 任务测验

1. 下列关于显微镜的使用说法，不正确的是（　　　）。

A. 移动显微镜时，要一只手握镜臂，另一只手托镜座

B. 转换物镜时要从目镜里面观察，以免镜头与玻片相撞

C. 观察带有液体的临时标本时要加盖玻片，以免液体污染镜头和显微镜

D. 显微镜光学部件有污垢，可用擦镜纸或绸布擦净

2. 用显微镜观察某标本时，已知目镜的放大倍数为 $20\times$，物镜的放大倍数为 $100\times$，则显微镜的放大倍数为（   ）倍。

A. 20
B. 100
C. 120
D. 2 000

3. 光学显微镜的主要部件有哪些？各部件的作用是什么？

4. 光学显微镜的使用步骤和注意事项有哪些？

5. 什么是光学显微镜的高倍镜和低倍镜？

拓展阅读：显微镜的分类　　　　拓展阅读：环境中常见的细菌

任务二　利用革兰氏染色法鉴别细菌

任务情景

革兰氏染色法是细菌学中广泛使用的一种鉴别染色法，这种染色法是由丹麦医生汉斯·克里斯蒂安·革兰（Hans Christian Gram，1853—1938 年）于 1884 年发明的，后推广为鉴别细菌种类的重要方法之一，对由细菌感染引起的疾病的临床诊断及治疗有着广泛的用途。该方法几乎可以将细菌分为革兰氏阳性细菌（G^+）和革兰氏阴性细菌（G^-）两大类。在多管发酵法测定水中总大肠菌群中，需要使用革兰氏染色法对平板分离的细菌进行鉴别，因此，革兰氏染色法是生物监测技术的基本技能之一。

任务要求

本任务要对细菌样品进行革兰氏染色，观察细菌的形态，判断细菌类型。

要求：

1. 查阅操作手册，掌握革兰氏染色操作规范。

2. 熟练地对样品进行革兰氏染色，根据染色正确判断细菌类型。

3. 规范填写试验记录。

任务目标

知识目标

1. 掌握革兰氏染色法的原理。

2. 掌握革兰氏染色法的操作步骤。

能力目标

1. 能够熟练对样品进行革兰氏染色。

2. 能够根据染色结果正确判断细菌类型。

素质目标

1. 形成爱岗敬业、尽职尽责的工作信念。

2. 培养探索未知、追求真理的精神。

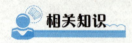

一、细菌的结构

细菌的细胞结构可分为一般结构和特殊结构。一般结构包括细胞壁、细胞膜、细胞质、核质体，是所有细菌共有的结构，也称为基本结构，其中，核质体和细胞质合称为原生质体；特殊结构是指某些细菌在特定条件下所形成的结构，包括芽孢、鞭毛、荚膜和菌毛(图 3-5)。

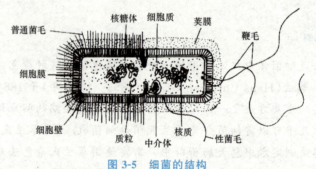

图 3-5　细菌的结构

1. 一般结构

(1)细胞壁。细胞壁位于细菌细胞的最外层，为坚韧而略具弹性的结构。细胞壁占细胞干重的 10%～25%。用高渗溶液处理可使壁膜分离，再经特殊的染色后可在光学显微镜下观察到。

(2)细胞膜。细胞膜是紧贴在细胞壁内侧包绕在细胞质外的一层具有半透膜特性的生物膜。细胞膜约占细胞干重的 10%，其主要成分为双层磷脂和蛋白质，还有少量糖类。

(3)细胞质。细胞膜包裹着的一团胶体，其中除核质体外的一切无色、透明、黏稠的胶状物质统称为细胞质。其主要成分是蛋白质、核酸、脂类、多糖类、水分及少量无机盐类。细胞质内存在着较多的核酸，因此呈现较强的嗜碱性，易被碱性和中性染料着色，幼龄细胞尤为明显。细胞质中含有很多酶系，是新陈代谢的主要场所。细胞质中无真核细胞所具有的细胞器，但存在着各种内含物质，如质粒、核糖体、胞质颗粒等。

(4)核质体。细菌是原核生物，无真正的细胞核。在菌体中有一个包含大量遗传物质(DNA)的核区，其功能相当于细胞核，故有类核、拟核之称。核质体很原始，不具核膜和核仁，由一个环状双链 DNA 分子高度缠绕而成，其长度为 0.25～3.0 mm。核质体是细菌遗传的物质基础，与细菌的遗传变异有着密切的关系。

2. 特殊结构

(1)鞭毛。在某些菌体细胞表面附有细长并呈波状弯曲的丝状物，少则 1～2 根，多则可达数百根，这些丝状物称为鞭毛，是细菌的运动器官。

(2)荚膜。荚膜是某些细菌细胞壁外包围的一层较厚的黏液状物质。厚度在 0.2 μm 以上的称为荚膜，在光学显微镜下可见，如产气杆菌荚膜；厚度在 0.2 μm 以下的称为微荚膜。荚膜的生物学作用主要有抗干燥，抗吞噬，黏附，抗有害物质的损伤作用等。

(3)菌毛。菌毛是某些细菌(多数革兰阴性菌和少数革兰阳性菌)表面生长的比鞭毛更细、更短而直的丝状物，又称为伞毛、纤毛。菌毛在光学显微镜下看不到而只能借助电子显微镜进行观察。菌毛的化学成分是蛋白质，具有抗原性。

(4)芽孢。某些细菌(多为杆菌)在一定条件下，在细胞内形成一个壁厚、折光性强、对不良环境条件具有较强抵抗能力的、圆形或椭圆形的休眠体，称为芽孢。芽孢的代谢活性很低，对干燥、热、化学药物(酸类和染料)和辐射等具有高度抗性。当环境合适时，芽孢可吸收水分和营养物质形成新的细菌，一个芽孢萌发后只能形成一个菌体。产生芽孢的细菌大多是革兰氏阳性菌。芽孢用普通染色法不易着色，经特殊处理后可使用显微镜观察。

芽孢的形状、大小和在菌体中的位置随菌种而异(图 3-6)，是细菌分类鉴定的重要形态特征之一。芽孢也是灭菌标准的主要依据。例如，嗜热脂肪芽孢杆菌的芽孢，121 ℃、12 min 才能杀死，因此，规定湿热灭菌在 121 ℃下至少 15 min 才能达到无菌要求。

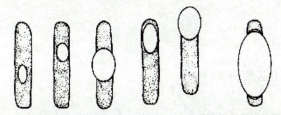

图 3-6　细菌芽孢形态的示意

二、染色反应原理

根据不同细菌细胞壁的差异，细菌常采用革兰氏染色法进行分类。它的主要过程：先用草酸铵结晶紫液初染，再加碘液媒染，使细菌着色，然后用 95% 乙醇脱色，最后用番红(沙黄)等红色染料复染。如果最后呈紫色，则称为革兰氏阳性细菌；如果最后呈红色，则称为革兰氏阴性细菌。

一般认为，细菌的革兰氏反应与细菌细胞壁的化学组成和结构、细胞壁的通透性等有关。当用 95% 乙醇做脱色处理时，既溶解了细胞壁中的脂类，又使细胞壁引起脱水作用，使肽聚糖的孔径变小。由于革兰氏阳性细菌细胞壁肽聚糖的含量和交联程度均较高，细胞壁厚且结构紧密，壁上的间隙也较小，媒染后形成的结晶紫−碘复合物不易脱出细胞壁，结果结晶紫－碘复合物就留在细胞内而呈紫色。而革兰氏阴性细菌细胞壁肽聚糖的含量和交联程度均较低，层次也少（大多仅一层，最多也就两层），故其壁薄，壁上的孔隙较大，被乙醇作用后，细胞壁因脂类被溶解而孔隙更大，使结晶紫－碘复合物极易脱出细胞壁，变成无色，经过番红复染，结果呈现红色（图3-7）。

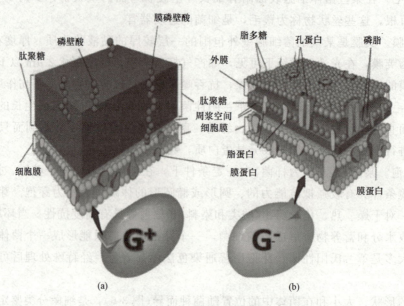

图 3-7　革兰氏阳性菌和阴性菌细胞壁示意
(a)革兰氏阳性细菌；(b)革兰氏阴性细菌

三、染色过程

1. 初染

结晶紫使菌体着上蓝紫色。

2. 媒染

碘作为媒染剂，碘和结晶紫形成"结晶紫－碘"大分子复合物，分子大，能被细胞壁滞留在细胞内，增强染料与细菌的滞留能力。

3. 脱色

酒精脱色，细胞壁成分和构造不同，出现不同的反应。

(1)G$^+$菌：细胞壁厚，肽聚糖含量高，交联度大，脂质含量低，肽聚糖本身并不结合染料，但其所具有的网孔结构可以滞留"结晶紫－碘复合物"，乙醇处理时，肽聚糖因脱水而网孔收缩，使"结晶紫－碘复合物"滞留在细胞壁，菌体保持原有的蓝紫色。

(2)G$^-$菌：细胞壁薄，肽聚糖含量低，交联松散，脂质含量高，乙醇处理时，脂质溶解，细胞壁通透性增加，原先滞留的"结晶紫－碘复合物"容易被洗脱下来，菌体变为无色。

4. 复染

G$^+$菌被沙黄复染后因菌体未被沙黄复染剂再次着色仍呈蓝紫色；G$^-$菌被沙黄复染

剂着色后呈红色。

🧰 任务实施

一、操作准备

1. 仪器和用具
接种环、载玻片、酒精灯、显微镜。

2. 试剂和药品
试剂：草酸铵结晶紫染色液、碘液、沙黄复染液、95％乙醇、蒸馏水。
菌种：革兰氏阴性菌（大肠杆菌）、革兰氏阳性菌（金黄色葡萄球菌）、未知菌（自选）。

二、操作过程

革兰氏染色步骤见表3-4。

表 3-4　革兰氏染色步骤

序号	步骤		操作方法	说明
1	涂片	制片	在干净的载玻片上滴一滴蒸馏水或无菌水，用接种工具进行无菌操作，挑取培养物少许，置载玻片上的水滴中与水混合做成悬液，并涂成直径约为 1 cm 的薄层。若材料为液体培养物或自固体培养物中洗下制备的菌液，则可直接涂布于载玻片上	涂布要均匀，菌体间少重叠
2		干燥	在室温下使其干燥，有时为使之干燥得快些，小心地在酒精灯火焰上方高处微微加热	
3		固定	标本干燥后即进行固定，标本向上，在酒精灯火焰外层尽快地来回通过 3～4 次，共 2～3 s，并不时以载玻片的加热面触及皮肤，以不烫为宜	其目的：杀死微生物，固定细胞结构；保证菌体能牢固地黏附在载玻片上，防止标本被水洗掉
4	染色	初染	滴加草酸铵结晶紫覆盖涂菌部位，染色 1 min 后倾去染液，水洗至流出水无色	
5		媒染	滴加碘液冲去残留水迹，再用碘液覆盖 1 min，水洗至流出水无色	
6		脱色	将水甩净，在白色背景下用滴管流加 95％乙醇脱色（一般为 20～30 s），当流出液无色时即用水洗去乙醇	
7		复染	将玻片上残留水用吸水纸吸去，用沙黄复染液染色 1 min，水洗，吸去残水后晾干	
8	镜检	镜检	干燥后，先用低倍镜找到物像，再用高倍镜观察，最后用油镜观察。记录结果	以分散开的细菌颜色为准，革兰氏阳性菌（G⁺）呈紫色，革兰氏阴性菌（G⁻）呈红色

三、注意事项

(1)移动显微镜时，要一只手握镜臂，另一只手托镜座。切勿一只手斜提、前后摆动，以防止镜头或其他零件跌落。

(2)使用时要严格按照步骤操作，熟悉显微镜各部件性能，掌握粗、细准焦螺旋的转动方向与镜筒升降关系。

(3)转换物镜时要从侧面观察，以免镜头与玻片相撞。

(4)观察带有液体的临时标本时要加盖玻片，以免液体污染镜头和显微镜。

(5)禁止随意拧开或调换目镜、物镜和聚光器等零件。

(6)显微镜光学部件有污垢，可用擦镜纸或绸布擦净，切勿用手指、粗纸或手帕擦拭，以防止损坏镜面。

(7)不要任意取下目镜，谨防灰尘落入镜筒。

结果报告

试验报告记录表，见表 3-5。

表 3-5　试验报告记录表

项目名称				
实施时间				
操作人员				
过程记录	实施步骤：	困难情况：		解决措施：
结果记录	标本名称	菌体颜色	细菌形态	结果判断
试验总结				

结果评价

结果评价表，见表3-6。

表3-6　结果评价表

类别	内容	评分要点	配分	评分
职业素养 （30分）	纪律情况 （10分）	不迟到，不早退	2	
		着装符合要求	2	
		实训资料齐备	3	
		遵守试验秩序	3	
	道德素质 （10分）	爱岗敬业，按标准完成实训任务	4	
		实事求是，对数据不弄虚作假	4	
		坚持不懈，不怕失败，认真总结经验	2	
	职业素质 （10分）	团队合作	2	
		认真思考	4	
		沟通顺畅	4	
职业能力 （70分）	任务准备 （10分）	仪器和用具准备齐全	5	
		试剂和样品准备齐全	5	
	实施过程 （30分）	正确摆放显微镜	6	
		正确对光	6	
		正确放置标本	6	
		正确使用低倍镜和高倍镜观察	6	
		正确使用油镜观察	6	
	任务结束 （10分）	收拾工作台，整理仪器	4	
		按时提交报告	6	
	质量评价 （20分）	涂片厚度合适，能看到单个细菌	5	
		染色结果正确	5	
		结果判断正确	5	
		报告整洁	5	
		书写规范	5	

任务测验

1. 以下属于细菌的一般结构的是（　　）。

A. 细胞壁　　　　　B. 荚膜　　　　　C. 芽孢　　　　　D. 鞭毛

2. 芽孢不具有（　）的特点。

A. 壁厚、折光性强

B. 代谢活性高

C. 对干燥、热、化学药物(酸类和燃料)和辐射等具有高度抗性

D. 用普通染色法不易着色

3. 革兰氏阴性菌细胞壁结构特点是(　　)。

A. 细胞壁肽聚糖的含量高　　　　　　　B. 细胞壁肽聚糖交联程度高

C. 细胞壁厚且结构紧密　　　　　　　　D. 细胞壁上的孔隙较大

4. 脱色酒精选用(　　)的乙醇。

A. 50%　　　　　　B. 70%　　　　　　C. 75%　　　　　　D. 95%

5. 媒染使用的试剂是(　　)。

A. 结晶紫溶液　　　　B. 碘液　　　　　　C. 沙黄试液　　　　D. 以上都不是

6. 革兰氏染色的原理是什么?

7. 简述革兰氏染色的步骤和注意事项。

8. 革兰氏染色的关键步骤是什么?

**拓展阅读:致病菌的
革兰氏染色分类**

项目四　无菌操作技术

任务一　洗涤和包扎玻璃器皿

任务情景

　　试验中所用的玻璃仪器清洁与否，直接影响试验的结果，往往由于仪器的不清洁或被污染而造成较大的试验误差，有时甚至会导致试验的失败。做生物试验对玻璃仪器清洁程度的要求，比一般化学试验的要求更高，生物试验对许多常见的污染杂质十分敏感，如金属离子（钙离子、镁离子等）、去污剂和有机物残基等；玻璃器皿不清洁，可能会影响培养基 pH 值，抑制微生物生长，影响试验结果。因此，干净的玻璃器皿是得到正确试验结果的重要条件之一。玻璃仪器清洗方法根据试验目的、器皿种类、盛放物品、污染程度等不同而有所不同，洗涤方法不恰当也会影响试验结果。已用过带有活菌的玻璃器皿，如不按规范清洗，则会造成杂菌的交叉污染。玻璃器皿的包扎是为了减少灭菌后器材在存放和使用传递中的污染，更好地确保物品灭菌后的干净无菌状态。玻璃器皿洗涤和包扎原则是既确保器皿干净无菌，又不引入干扰物质。它不仅是试验前的一项重要准备工作，也是一项技术性工作。

任务要求

本任务为熟悉常用器皿的洗涤和包扎方法，熟练洗涤和包扎微生物试验常用器皿。

要求：

1. 查阅操作手册，掌握玻璃器皿洗涤和包扎方法。
2. 按技术规范洗涤包扎玻璃器皿。
3. 填写试验记录。

任务目标

知识目标

1. 了解微生物常用器皿的种类及用途。
2. 掌握常用器皿的洗涤和包扎方法。

能力目标

1. 能够识别微生物试验常用器皿。

2. 能够洗涤和包扎微生物试验各种器皿。

素质目标

1. 树立爱岗敬业、科学严谨的工作态度。

2. 培养良好的团队合作与沟通精神。

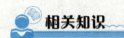 相关知识

一、常用器皿

1. 试管(发酵管)

微生物实验室所用的玻璃试管即发酵管(图 4-1)。根据其大小和用途不同，有下列三种型号。

(1)大试管(约 18 mm×180 mm)，可装固体培养基和液体培养基，也可制备斜面(需要大量菌体或进行菌种保藏时用)。

(2)中试管[(13～15)mm×(100～150)mm]，装液体培养基，培养细菌或作斜面用，也可用于细菌等的稀释和血清学试验。

(3)小试管[(10～12)mm×100 mm]，一般用于糖发酵或血清学试验，与其他需要节省材料的试验。

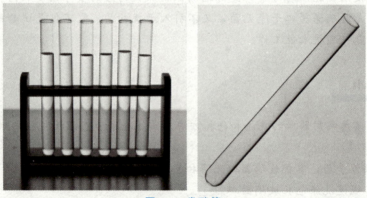

图 4-1　发酵管

2. 杜氏小管

倒置于盛有液体培养基的试管中的小试管，用于观察糖发酵后是否产生气体。

观察细菌在糖发酵培养基内是否产气时，在小试管内倒置一小套管(约 6 mm×36 mm)。此小套管即杜氏小管(图 4-2)，又称为发酵小倒管。

3. 小塑料离心管

小塑料离心管(图 4-3)有 1.5 mL 和 0.5 mL 两种型号，主要用于小量菌体的离心、DNA(或 RNA)分子的检测、提取等。

4. 玻璃吸管

微生物学实验室通常使用 1 mL、2 mL、5 mL、10 mL 的刻度玻璃吸管(图 4-4)。有时需要使用不计量的毛细吸管(又称为滴管)来吸取动物的体液、离心上清液及滴加少量抗原、抗体等。

图 4-2　杜氏小管

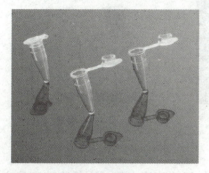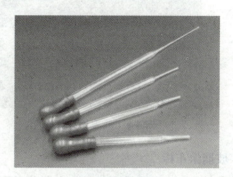

图 4-3　塑料离心管　　　　　　　　图 4-4　玻璃吸管

5. 培养皿

培养皿(图 4-5)又称为平皿,由一底一盖组成一套,常用的培养皿底部直径为 90 mm,高为 15 mm,皿底皿盖均为玻璃制成,需要使培养基表面干燥时,可使用陶质皿盖来吸收水分。在培养皿内倒入适量固体培养基制成平板,可用于分离、纯化、鉴定菌种,活菌计数及测定抗生素、噬菌体的效价等。

6. 三角瓶与烧杯

三角瓶(图 4-6)有 100 mL、250 mL、500 mL 和 1 000 mL 等不同的规格,常用来装无菌水、培养基和振荡培养微生物等。常用的烧杯(图 4-7)有 50 mL、100 mL、250 mL、500 mL 和 1 000 mL 等,用来配制培养基与各种溶液等。

7. 载玻片与盖玻片

普通载玻片大小为 75 mm×25 mm,用于微生物涂片、染色、形态观察等。盖玻片为 18 mm×18 mm。如果在较厚的玻片中央制一圆形的凹窝,就形成了凹玻片。可作为悬滴观察活细菌及微室培养使用(图 4-8)。

8. 滴瓶

滴瓶(图 4-9)可用来装各种染色液、生理盐水等。

图 4-5 培养皿   图 4-6 三角瓶   图 4-7 烧杯

图 4-8 载玻片与盖玻片   图 4-9 滴瓶

9. 玻璃涂布棒

用涂布法在琼脂平板上分离单个菌落时需使用玻璃涂布棒。它是将玻璃棒弯曲或将玻璃棒一端烧红后压扁制成的(图 4-10)。

10. 接种环

接种环(图 4-11)是细菌培养时常用的一种接种工具,主要用于菌落的粘取、划线、穿刺、浸洗等操作。按材质不同可分为一次性的塑料接种环和金属接种环(钢、铂金或镍铬合金)。

11. 酒精灯

酒精灯(图 4-12)在微生物试验操作中用于创造无菌区;也可以对部分玻璃和金属器皿的表面进行灼烧灭菌。

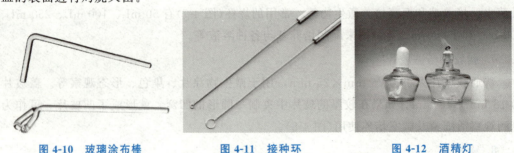

图 4-10 玻璃涂布棒   图 4-11 接种环   图 4-12 酒精灯

二、玻璃器皿洗涤

1. 新购的玻璃器皿的洗涤

新购置的玻璃器皿含有游离碱，将器皿放入2％盐酸溶液中浸泡数小时，以除去游离的碱性物质，最后用流水冲净。对容量较大的器皿，如大烧瓶、量筒等，洗净后注入浓盐酸少许，转动容器使，其内部表面均沾有盐酸，数分钟后倾去盐酸，再以流水冲净，倒置于洗涤架上晾干，即可使用。

2. 旧玻璃器皿的洗涤

确定无病原菌或未被带菌物污染的器皿，使用前后，可按常规用洗衣粉水进行刷洗；吸取过化学试剂的吸管，先浸泡于清水中，待到一定数量后再集中进行清洗。

凡实验室用过的菌种及带有活菌的各种玻璃器皿，必须经过高温灭菌或消毒后才能进行刷洗。

(1)带菌培养皿、试管、三角瓶等物品，做完试验后放入灭菌锅内，用121 ℃灭菌20～30 min后再刷洗。含菌培养皿的灭菌，底和盖要分开放入不同的桶中，再进行高压灭菌。

(2)带菌的吸管、滴管，使用后不得放在桌子上，应立即分别放入盛有3％～5％甲酚皂或5％石炭酸或0.25％苯扎溴铵溶液的玻璃缸内消毒24 h后，再经121 ℃灭菌20 min后，取出冲洗。

(3)带菌载玻片及盖玻片，使用后不得放在桌子上，应立即分别放入盛有3％～5％甲酚皂或5％石炭酸或0.25％苯扎溴铵溶液的玻璃缸内消毒24 h后，用夹子取出经清水冲干净。

(4)用于细菌染色的载玻片，要放入50 g/L肥皂水中煮沸10 min，然后用肥皂水洗，再用清水洗干净。最后将载玻片浸入95％乙醇中片刻，取出用软布擦干，或晾干，保存备用。用皂液不能洗净的器皿，可用洗液浸泡适当时间后再用清水洗净。

(5)含油脂带菌器材，用0.1 MPa灭菌20～30 min，趁热倒去污物，倒放在铺有吸水纸的篮子上用100 ℃烘烤0.5 h，用5％的碳酸氢钠水煮两次，再用肥皂水刷洗干净。

3. 玻璃器材的晾干或烘干

把器材放在托盘中(大件的器材可直接放入烘箱中)，再放入烘箱内，用80～120 ℃烘干，当温度下降到60 ℃以下再打开取出器材使用，也可放在实验室中自然晾干。

三、器皿包扎

1. 培养皿的包扎

洗净的培养皿烘干后每10套(或根据需要而定)叠在一起，一般为使包扎平整、顶端不易破损，顶端的两个平皿应使皿盖朝向外侧。然后用牛皮纸或旧报纸包紧，或直接装入特制的铁皮筒中，加盖灭菌。包装后的培养皿必须经过灭菌才能使用。

2. 移液管的包扎

洗净、烘干后的移液管，在管头一端塞入一小段棉花（勿用脱脂棉），以防止在使用时造成污染。塞入的棉花应距离管口约 0.5 cm，棉花自身长度为 1～1.5 cm，多余的棉花可用酒精灯火焰烧掉。棉花的松紧要适宜，吹气时以能通气而又不使棉花滑下为准。

将报纸裁剪成宽约为 5 cm 的纸条，把塞好棉花的移液管尖端放在长条报纸的一端，约呈 30°角，折叠纸条包住尖端，然后螺旋形卷起来，剩余的纸条打成结，以防散开，标上容量，若干支移液管包扎成一束进行灭菌。使用时，从移液管中间拧断纸条，抽出移液管（图 4-13）。

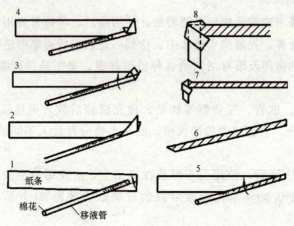

图 4-13　移液管的包扎

3. 试管和三角瓶的包扎

试管和三角瓶都需要做合适的棉塞，棉塞可起过滤作用，避免空气中的微生物进入容器。

试管的棉塞可用折叠卷塞法制作［图 4-14（a）］。棉塞应紧贴管壁，没有皱纹和缝隙，以防外界微生物沿缝隙侵入，棉塞不宜过紧或过松，塞好后以手提棉塞，试管不下落为准。棉塞的长度不小于管口直径的两倍，约 2/3 在试管内，1/3 在试管外［图 4-14（b）］。将塞好棉塞的多支试管捆成一捆，用一张牛皮纸包裹塞子部分，灭菌。

三角瓶的棉花塞还可以选用大小、厚薄适中的普通棉花一块，铺展于左手拇指和食指扣成的团孔上，用右手食指将棉花从中央压入团孔中制成桥塞，然后直接压入试管或锥形瓶口。三角瓶除棉花塞外还可以用"通气式"纱布塞，即用八层纱布代替棉花制成塞子，同样起到通气和避免污染的作用。然后用牛皮纸或两层旧报纸包扎好［图 4-14（c）］，并做好标记，灭菌待用。

棉塞也可根据试管规格和试验要求选择合适的硅胶塞代替。

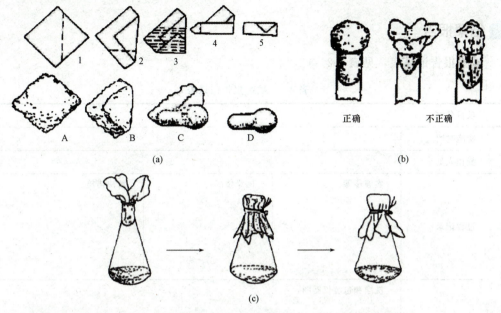

图 4-14　棉塞的制作

🧰 任务实施

一、操作准备

1. 仪器和用具

试管、吸量管、培养皿、三角瓶、烧杯、滴瓶、接种环、棉花、棉绳、剪刀、牛皮纸或旧报纸。

2. 试剂和药品

洗衣粉、2‰盐酸溶液。

二、操作过程

操作步骤，见表 4-1。

表 4-1　操作步骤

序号	步骤	操作方法	说明
1	洗涤	选取试管、10 mL 吸量管、1 mL 吸量管、10 套培养皿、三角瓶若干，按要求清洗干净，烘干或晾干	
2	制作棉塞	三角瓶制作棉花塞，塞紧。 吸量管在吸口的一头塞入一小段棉花	
3	仪器包装	按规范包扎 10 mL 吸量管、1 mL 吸量管、10 套培养皿和三角瓶	

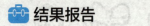 结果报告

试验报告记录表，见表 4-2。

表 4-2　试验报告记录表

项目名称			
实施时间			
操作人员			
过程记录	实施步骤：	困难情况：	解决措施：
结果记录	洗净和包装仪器图：		
试验总结			

结果评价

结果评价表，见表4-3。

表4-3 结果评价表

类别	内容	评分要点	配分	评分
职业素养 （30分）	纪律情况 （10分）	不迟到，不早退	2	
		着装符合要求	2	
		实训资料齐备	3	
		遵守试验秩序	3	
	道德素质 （10分）	爱岗敬业，按标准完成实训任务	4	
		实事求是，对数据不弄虚作假	4	
		坚持不懈，不怕失败，认真总结经验	2	
	职业素质 （10分）	团队合作	2	
		认真思考	4	
		沟通顺畅	4	
职业能力 （70分）	任务准备 （10分）	仪器和用具准备齐全	5	
		试剂和样品准备齐全	5	
	实施过程 （30分）	规范洗涤新购玻璃器皿	5	
		规范制作棉花塞	5	
		规范包扎培养皿	5	
		规范包扎移液管/吸量管	5	
		规范包扎三角瓶	5	
		规范包扎试管	5	
	任务结束 （10分）	收拾工作台，整理仪器	4	
		按时提交报告	6	
	质量评价 （20分）	玻璃器皿类型选择齐全	5	
		玻璃器皿清洗干净	5	
		玻璃器皿包装整齐	5	
		报告规范整洁	5	

任务测验

1. 杜氏小管一般倒置于盛有液体培养基的试管中，用于观察糖发酵后是否产生气体。　　　　　　　　　　（　　）

2. 培养皿又称为平皿，由一底一盖组成一套，其中底大盖小。　　　　　　　　　　　　　　（　　）

3. 酒精灯使用75％浓度的酒精作为燃料。　（　　）

拓展阅读：常用洗涤剂的种类与使用

4. 带有活菌的玻璃器皿必须经过高温灭菌或消毒后才能进行刷洗。　　（　　）

5. 移液管包扎前，吸口一头塞入的棉花松紧要适宜，以能通气而又不使棉花滑下为宜。　　（　　）

6. 在微生物实验中，玻璃器皿的洗涤注意事项有哪些？

7. 请简述微生物实验玻璃仪器的包扎规范有哪些？

任务二　消毒和灭菌玻璃器皿

任务情景

1864 年，法国著名科学家巴斯德坚持真理、实事求是，用著名的鹅颈烧瓶试验证实了细菌不是自然发生的，而是由原来已经存在的细菌产生的。进行微生物测试试验，为保证试验数据的质量，其关键是做好环境和用具的灭菌工作，控制好实验室的环境条件，以满足无菌操作的要求，同时，在试验过程中规范操作，尽可能减少杂菌感染的机会。同样为了防止菌液对环境造成病原污染，试验结束后需要对所有的样品和仪器进行消毒与灭菌。无菌操作技术是微生物试验的基础，在微生物学研究和应用上起着举足轻重的作用。

任务要求

本任务为熟悉常用的消毒灭菌方法，熟练地对玻璃仪器进行高压蒸汽灭菌。

要求：

1. 查阅操作手册，掌握消毒和灭菌方法。

2. 按技术规范对试验用具进行灭菌。

3. 填写试验记录。

任务目标

知识目标

1. 掌握微生物常用灭菌与消毒方法。

2. 掌握高压蒸汽灭菌锅的构造及使用。

能力目标

1. 能够使用高压蒸汽灭菌锅灭菌。

2. 能够在无菌操作过程灵活运用消毒和灭菌。

素质目标

1. 形成爱岗敬业、尽职尽责的工作信念。

2. 培养无菌操作技术理念。

消毒是指杀灭病原微生物的繁殖体但不能杀死芽孢等全部微生物的过程。灭菌是用适当的物理或化学方法将物品中的微生物杀灭或除去的方法。灭菌可杀灭物品中所有的微生物。灭菌和消毒的方法很多，主要可分为物理法和化学法两大类，在不同的环境和场合中应加以灵活运用。

一、物理法

利用蛋白质与核酸遇热不稳定和对射线不稳定的特性，采用加热、辐射或过滤的方法，杀灭或除去微生物的技术，称为物理灭菌法。

1. 干热灭菌

干热灭菌是利用火焰或干热空气达到杀灭微生物或破坏热原物质的方法。加热可以破坏蛋白质与核酸中的氢键，导致蛋白质变性或凝固，核酸破坏，酶失去活性，使微生物死亡。在干燥状态下，热穿透力差，微生物的耐热性强，需长时间高热才能达到灭菌的目的。

烘箱热空气干热灭菌条件一般为 160～170 ℃，120 min 以上；170～180 ℃，60 min 以上或 250 ℃，45 min 以上，也可采用其他温度和时间参数。250 ℃，45 min 的干热灭菌也可除去无菌产品包装容器及有关生产灌装用具中的热原物质。这种适用于耐高温但不宜用湿热灭菌法灭菌的物品灭菌，如玻璃器皿、纤维制品、金属材质容器、固体药品、凡士林、液体石蜡等。

火焰灼烧法也属于干热灭菌，是将物品在酒精灯火焰上灼烧以杀死其中的微生物的灭菌方法。该方法是一种最简便、快捷，也是最彻底的灭菌方法，因其破坏力强，故应用范围仅限于体积较小的接种环、接种针等金属小工具或试管口、三角瓶口等玻璃仪器的灭菌，也可用于带病原菌的材料、动物尸体的烧毁等。

2. 湿热灭菌

湿热灭菌是用饱和水蒸气、沸水或流通蒸汽等进行灭菌的方法，由于蒸汽潜热大，穿透力强，容易使微生物变性凝固，灭菌效率比干热法高。湿热灭菌主要有消毒煮沸法、间歇灭菌法、高压蒸汽灭菌法等。

3. 紫外线灭菌法

紫外线灭菌法是用紫外线照射杀灭微生物的方法。一般用于灭菌的紫外线波长是 200～300 nm，灭菌力最强的波长是 253.7 nm。紫外线作用于核酸蛋白促使其变性，同时，空气受紫外线照射后产生微量臭氧，从而起共同杀菌作用。紫外线进行直线传播，可被不同的表面反射，穿透力微弱，但较易穿透清洁空气及纯净的水。因此，本法适用于照射物体表面灭菌、无菌室的空气及水的灭菌；不适用于药液的灭菌、固体物质深部的灭菌；普通玻璃可吸收紫外线，因此，装于玻璃容器中的药物不能用此法灭菌。紫外线对人体照射过久，会发生结膜炎、红斑及皮肤烧灼等现象，故一般在入室前开启紫外线灯 1～2 h，关闭后 30 min 才进入洁净室。如果必须在进入洁净室后仍开紫外线灭菌，则人的皮肤及眼睛应有有效的防护措施。

4. 其他辐射灭菌法

辐射灭菌是利用电磁辐射产生的电磁波杀死大多数物质上的微生物的一种有效方法。除紫外线外，用于灭菌的电磁波有微波、X 射线和 γ 射线等，它们都能通过特定的方式控制微生物生长或杀死。例如，微波可以通过产生的热量杀死微生物；X 射线和 γ 射线能使其他物质氧化或产生自由基，再作用于生物分子，或者直接作用于生物分子，通过打断氢键，使双键氧化、破坏环状结构或使某些分子聚合等方式，破坏和改变生物大分子的结构，以抑制或杀死微生物。利用辐射进行灭菌消毒，可以避免高温灭菌或化学药剂消毒的缺点，所以辐射灭菌应用越来越广，如 β 射线用于食品表面杀菌；γ 射线用于食品内部杀菌；微波用于干制食品级消毒等。

5. 过滤除菌法

利用细菌不能通过致密具孔滤材的原理以除去气体或液体中微生物的方法。通常用于热不稳定的药品溶液或原料的除菌。常用的除菌微孔滤膜孔径一般不超过 0.22 μm。过滤器不得对被滤过的成分有吸附作用，也不能释放物质，不得有纤维脱落，禁用含石棉的过滤器。滤器与滤膜在使用前应进行洁净处理，并用高压蒸汽进行灭菌或做在线灭菌。更换品种和批次时应先清洗滤器，再更换滤膜。通过过滤除菌达到无菌的产品应严密监控其生产环境的洁净度，应在无菌环境下进行过滤操作。

二、化学法

化学法是指用化学药品来杀灭微生物的方法。同一种化学药品在低浓度时呈现抑菌作用，而在高浓度时则能起杀菌作用。其杀菌机理可能是能使微生物蛋白质变性死亡，或与酶系统结合影响代谢，或改变膜壁通透性使微生物死亡等。常用的方法有消毒剂消毒法和化学气体灭菌法等。

1. 消毒剂消毒法

消毒是指杀死病原微生物的方法。但化学消毒剂大多仅能杀死微生物的繁殖体而不能杀死芽孢，能控制一定范围的无菌状态。可将消毒剂配制成适宜浓度，采用喷淋、涂擦或浸泡等方法对物料、环境、器具等进行消毒。常用的化学消毒剂有 0.1% 苯扎溴铵（新洁尔灭）溶液、3%～5% 的苯酚（石炭酸）溶液、2% 甲酚皂（来苏尔）溶液、75% 乙醇、1% 高锰酸钾溶液等。用于消毒的药液染菌量应低于 100 CFU，不得有致病菌；用于浸泡无菌器材的消毒液不得有菌。

2. 化学气体灭菌法

化学气体灭菌法是利用化学药品的气体或产生的蒸汽杀灭微生物的方法，如环氧乙烷气体杀菌、甲醛蒸气熏蒸、臭氧消毒等。

三、常用灭菌设备

1. 高压蒸汽灭菌

(1)高压蒸汽。高压蒸汽灭菌是在密闭的高压蒸汽灭菌锅中进行的，把锅内的水加热，利用高温高压杀死细菌、真菌等微生物。一般要求灭菌温度应达到 121 ℃（压力为 0.1 MPa）时维持 15～30 min，也可采用在较低的温度 115 ℃（压力为 0.075 MPa）时维持 35 min。在使用高压蒸汽灭菌锅进行灭菌时，锅内冷空气的排除是否完全极为重要。因为空气的膨胀压大于水蒸气的膨胀压力，所以当水蒸气中含有空气时，压力表所表示的压力是水蒸气压力和部分空气压力的总和，即水蒸气压力低于压力表的压力。高压锅一般是通过监测总压力来控制锅内温度的，因此如果空气没有排尽，锅内的实际温度就比测定的温度低，达不到完全灭菌的目的。

(2)高压蒸汽灭菌锅。高压蒸汽灭菌的主要设备是高压蒸汽灭菌锅，有立式、卧式及手提式等不同类型。实验室中以手提式最为常用。卧式灭菌锅常用于大批量物品的灭菌。不同类型的灭菌锅，虽大小、外形各异，但其主要结构基本相同。

高压蒸汽灭菌锅的基本构造如下（图 4-15）。

1)外锅。外锅或称"套层"，用于储存蒸汽，连有用电加热的蒸汽发生器，并有水位玻璃管以标示盛水量。

2)内锅。内锅或称灭菌桶、灭菌篮、内胆，是放置灭菌物的空间，可配制铁架以分放灭菌物品。

3)压力表。老式的压力表上标明 3 种单位，即公制压力单位（kg/cm^2）、英制压力单位（1 b/in^2，1 b/in^2 = 6.895 kPa）和温度单位（℃），以便于灭菌时参照。现在的压力表单位常用 MPa。

图 4-15　高压蒸汽灭菌锅

4)温度计。温度计可分为两种：一种是直接插入式的水银温度计，装在密闭的调管内，焊插在内锅中；另一种是感应式仪表温度计，其感应部分安装在内锅的排气管内，仪表安装于锅外顶部，便于观察。

5)排气阀。排气阀用于排除空气。新型的灭菌器多在排气阀外装有汽液分离器（或称疏水阀），内有由膨胀盒控制的活塞。通过控制空气、冷凝水与蒸汽之间的温差控制开关，在灭菌过程中，可不断地自动排出空气和冷凝水。

6)安全阀。安全阀或称保险阀，一般处于关闭状态。利用可调弹簧控制活塞，超过额定压力即自动放气减压。通常调在额定压力之下，略高于使用压力。安全阀只供超压时用于安全报警，不可在保温时用作自动减压装置。

7)热源。底部装有调控电热管。有些产品无电热装置，则会附有打气煤油炉等。手提式灭菌器也可用煤炉作为热源。

（3）使用步骤。

1）加水。使用前在锅内加入适量的水，将水加至锅底刻度线处或浸过加热棒。加水不可过少，以防止将灭菌锅烧干，引起炸裂事故。加水过多，有可能引起灭菌锅积水。

2）装料。将灭菌物品放在灭菌桶中，不要装得过满，以免蒸汽不能渗入，灭菌不彻底。盖好锅盖，按对称方法旋紧四周固定螺钉，并打开排气阀（安全阀常闭）。

3）加热排放冷空气。加热后待锅内水沸腾并有大量蒸汽自排气阀冒出时，维持 2～3 min 以排除冷空气。如灭菌物品较大或不易透气，应适当延长排气时间，务必使空气充分排除，然后将排气阀关闭。

4）保温保压。当压力升至 0.1 MPa、温度达 121 ℃时，保持压力，灭菌 20～30 min。

5）冷却出锅。灭菌结束后关闭电源，自然冷却至压力表降为"0"，温度继续降至100 ℃以下后，打开排气阀，打开锅盖，取出物品。

注意：切勿在锅内压力尚在"0"点以上，温度也在 100 ℃以上时开启排气阀，否则会因压力骤然降低，造成培养基剧烈沸腾冲出管口或瓶口，污染棉塞，在后续培养试验中引起杂菌污染。

6）清洁。灭菌完毕取出物品后，将锅内余水倒出，以保持内壁及内胆干燥，盖好锅盖。

2. 烘箱热空气灭菌

（1）原理。烘箱热空气灭菌属于干热灭菌，是利用高温使微生物细胞内的蛋白质凝固变性的原理。细胞中蛋白质凝固与含水量有关。含水量越大，凝固越快；反之含水量越小，凝固越慢。因此，干热灭菌所需的温度和时间要高于湿热灭菌。干热灭菌可以在恒温的电烘箱中进行。带有胶皮、塑料的物品、液体及固体培养基不能用干热灭菌。

（2）操作步骤。

1）装料。将待灭菌的物品包扎好放入电烘箱内，关好箱门。注意物品不能摆得太挤，以免影响热空气流通；用纸包扎的物品不能接触电烘箱内壁，以免着火。

2）恒温灭菌。接通烘箱电源，设定温度在 160～170 ℃。打开烘箱排气孔，排除箱内湿空气；当温度升至 100 ℃时，关闭排气孔。继续升温至 160～170 ℃，灭菌 1～2 h。灭菌物品用纸包扎或带有棉塞时温度不能超过 170 ℃，以免纸或棉花焦化。

3）降温。达到规定的时间后，切断电源，自然降温。

4）取物品。待电烘箱内温度降到 60 ℃以下，打开箱门，取出灭菌物品。箱内温度未降到 70 ℃以下，切勿打开箱门，以免骤然降温导致玻璃器皿破裂。

🧰 任务实施

一、操作准备

仪器和用具

高压蒸汽灭菌锅，烘箱，陶瓷盘，培养皿，锥形瓶，移液管，棉花，棉绳，报纸。

二、操作过程

高压蒸汽灭菌操作步骤，见表 4-4。

表 4-4　高压蒸汽灭菌操作步骤

序号	步骤	操作方法	说明
1	加水	将水加至锅底刻度线处或浸过加热棒	
2	装料	将任务一中包装好的培养皿、锥形瓶、移液管等玻璃仪器按组别编号，均匀放入灭菌桶中	
3	盖锅盖	盖好锅盖，按对称方法旋紧四周固定螺丝，并打开排气阀（安全阀常闭）	排气管必须插进管槽里，以防被物品堵塞
4	排冷空气	加热后待锅内水沸腾并有大量蒸汽自排气阀冒出时，维持 2～3 min 以排除冷空气。关闭排气阀	务必使空气充分排除，必要时延长排气时间
5	保温保压	当压力升至 0.1 MPa、温度达 121 ℃时，保持压力，灭菌 30 min	
6	冷却	灭菌结束后关闭电源，自然冷却至压力表降为 0	
7	出锅	温度继续降至 100 ℃以下后，打开排气阀，打开锅盖，取出物品	禁止在锅内压力尚在 0 点以上，温度也在 100 ℃以上时开启排气阀
8	清洁	将锅内余水倒出，以保持内壁及内胆干燥，盖好锅盖	

三、注意事项

（1）使用手提式高压蒸汽灭菌锅前应检查锅体及锅盖上的部件是否完好，并严格按操作程序进行，避免发生各类意外事故。

（2）灭菌时，操作者切勿擅自离开岗位，尤其是升压和保压期间更要注意压力表指针的动态，避免压力过高或安全阀失灵等诱发危害事故。同时应按培养基中营养成分的耐热程度来设置合理的灭菌温度与时间，以防止营养成分被破坏。

（3）务必待锅压下降到 0 后再打开排气阀与锅盖，否则因锅内压力突然下降，使瓶装培养基或其他液体因压力瞬时下降而发生复沸腾，从而造成瓶内液体沾湿棉塞或溢出等事故。

（4）使用前，切记应往锅内加入适量的水，锅体内无水或水量不够等均会在灭菌时引起重大事故。

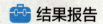 结果报告

试验报告记录表，见表 4-5。

表 4-5　试验报告记录表

项目名称			
实施时间			
操作人员			
过程记录	实施步骤：	困难情况：	解决措施：
结果记录	灭菌仪器图：		
试验总结			

结果评价

结果评价表，见表 4-6。

表 4-6　结果评价表

类别	内容	评分要点	配分	评分
职业素养 （30分）	纪律情况 （10分）	不迟到，不早退	2	
		着装符合要求	2	
		实训资料齐备	3	
		遵守试验秩序	3	
	道德素质 （10分）	爱岗敬业，按标准完成实训任务	4	
		实事求是，对数据不弄虚作假	4	
		坚持不懈，不怕失败，认真总结经验	2	
	职业素质 （10分）	团队合作	2	
		认真思考	4	
		沟通顺畅	4	
职业能力 （70分）	任务准备 （10分）	仪器和用具准备齐全	5	
		试剂和样品准备齐全	5	
	实施过程 （30分）	正确加水和装料	5	
		正确排冷空气	5	
		灭菌时间正确	5	
		灭菌温度正确	5	
		冷却过程正确	5	
		规范取出物品	5	
	任务结束 （10分）	收拾工作台，整理仪器	4	
		按时提交报告	6	
	质量评价 （20分）	灭菌后包装纸洁净不湿	5	
		防烫安全	5	
		及时发现问题和解决问题	5	
		报告规范整洁	5	

任务测验

1. 进行酒精消毒处理时，灭菌效果最好的酒精浓度是（　　　）。

A. 60%～70%　　　　　　　　　B. 70%～75%

C. 75%～80%　　　　　　　　　D. 95%～100%

2. 杀灭微生物包括芽孢在内的方法是（　　　）。

A. 消毒　　　　B. 防腐　　　　C. 灭菌　　　　D. 抑菌

拓展阅读：自然界
中的微生物

3. 接种环最佳的灭菌方法是（　　　）。

A. 干热灭菌　　　　　B. 灼烧　　　　　　C. 消毒剂浸泡　　　D. 紫外线照射

4. 灭菌的概念是什么？消毒的概念是什么？常用的灭菌和消毒方法有哪些？

5. 高压蒸汽灭菌锅的原理和使用步骤是什么？

6. 一般玻璃仪器的高压蒸汽灭菌温度和时间是多少？

7. 营养琼脂、乳糖蛋白胨、EC培养基高压蒸汽灭菌温度是多少？

8. 细菌的检测工作前提关键是什么？

任务三　消毒和灭菌无菌室与超净工作台

 任务情景

细菌和真菌的个体微小、数量众多且分布广泛，使在微生物试验过程极易受外界污染而出现误差。为了避免操作过程中的杂菌污染，试验过程不仅要求对所用的器材、培养基等进行严格的消毒和灭菌，也需要创造一个无菌环境。在微生物试验中，一般小规模的接种操作使用无菌接种箱或超净工作台，工作量大时使用无菌室接种，要求严格的在无菌室内再结合使用超净工作台。

 任务要求

本任务为熟悉无菌室、超净工作台的功能，并能熟练地使用无菌室和超净工作台。

要求：

1. 查阅工作手册，掌握无菌室和超净工作台使用规范。

2. 对无菌室和超净工作台进行灭菌。

3. 填写结果报告。

 任务目标

知识目标

1. 了解无菌室结构及功能作用。

2. 掌握超净工作台结构及使用规范。

能力目标

1. 能够熟练地消毒、使用无菌室。

2. 能够熟练地消毒、使用超净工作台。

素质目标

1. 树立健康意识与公共卫生习惯。

2. 培养科学严谨、认真务实的工作精神。

一、无菌室

无菌室一般是在微生物实验室内专辟一个小房间，通过空气的净化和空间的消毒为微生物检验试验提供一个相对无菌的工作环境。

1. 无菌室的结构

可以用无菌室建造材料应防火、隔声、隔热、耐腐蚀、耐水蒸气渗透、易清洁，常以板材和玻璃建造，以解决普通无菌室用瓷砖涂以乳胶漆、涂料等作墙面易生霉、积尘、剥落、不易清洁等问题。无菌室的地面必须平整，不易沾污纳垢，常用环氧树脂自流平，耐腐蚀、耐磨、易清洁。

为了便于无菌处理，无菌室的面积和容积不宜过大，以适宜操作为准，一般可为 $9 \sim 12 \ m^2$，按每个操作人员占用面积不少于 $3 \ m^2$ 设置为宜，高为 $2.5 \ m$ 左右。

无菌室外要设置一个缓冲室，两者的比例可为 $1 : 2$，较小的外间为缓冲室。缓冲室和工作室的门不要切向同一方向，以免气流带进杂菌。无菌室和缓冲室都必须密闭。

无菌室装有紫外线灯，无菌室的紫外线灯距离工作台面 $1 \ m$。室内采用层流净化系统，保证无菌室恒温、恒湿及新风量和洁净度的要求。该系统通过不同孔径的过滤膜，对空气中不同粒径的尘埃粒子进行过滤，从而使附着在尘埃粒子上的微生物（包括细菌、霉菌等）不能污染无菌室；采用从顶部送风、下侧回风的气流组织方式，既能保证洁净度，又能节约能源。

无菌室要求安装传递物品用的小窗。传递小窗应向缓冲室内开口以减少污染和方便工作。此外，无菌室内还应配备超净工作台和普通工作台，工作台的台面应该处于水平状态。有条件的可设置生物安全柜。

2. 洁净级别

无菌室应满足相应洁净级别的操作环境，符合万级洁净度要求。标准为每立方米直径大于或等于 $0.5 \ \mu m$ 的尘埃粒子数应 $\leqslant 350 \ 000$ 个。无菌室常设有超净工作台或生物安全柜。超净工作台、生物安全柜里需要达到洁净度 100 级，即"整体万级，局部百级"。万级洁净度对空间落菌的要求是静态检测自然沉降菌 $\leqslant 3 \ CFU/皿$；百级洁净度对空间落菌的要求是静态检测自然沉降菌 $\leqslant 1 \ CFU/皿$。

3. 使用要求

无关人员未经批准不得随便进入无菌室。

室内不得存放与试验无关的物品。将所用的试验器材和用品一次性全部放入无菌室（如同时放入培养基，则需用牛皮纸遮盖）。应尽量避免在操作过程中进出无菌室或传递物品。操作前先打开紫外线灯照射 30 min，关闭紫外线灯 30 min 后再开始工作。

进入无菌室工作之前需修剪指甲。进入缓冲间后，应该换好工作服、鞋、帽，戴上口罩，将手用消毒液清洁后，再进入工作间。严格按无菌操作法进行操作。无菌室应保持密封、防尘、清洁、干燥，操作时尽量避免走动。

配备专用开瓶器、金属勺、镊子、剪刀、接种针、接种环；配备盛放 3％来苏尔溶液或 5％石炭酸溶液的玻璃缸，内浸纱布数块；备有 75％酒精棉球，用于样品表面消毒及意外污染消毒。所有药品器材均为无菌室专用，一般不得带出无菌室，作为其他用处。

工作后应将台面收拾干净，所有物品使用后立即放回原处。取出培养物品及废物桶，用 5％石炭酸喷雾，再打开紫外线灯照 30 min。

4. 消毒灭菌

（1）紫外线杀菌。无菌室在使用前，应先打扫干净，再打开紫外线灯，照射 20～30 min，以使室内空气、墙壁和物体表面达到无菌状态。为了确保无菌室保持无菌状态，可每隔 1～2 d 打开紫外线灯进行照射。

使用紫外线灯应注意的事项如下。

1）紫外线灯每次开启 30 min 左右，时间过长，紫外线灯管易损坏，且产生过多的臭氧，对工作人员不利。

2）长时间使用后，紫外线灯的杀菌效率会逐渐降低，所以，隔一定时间后要对紫外线灯的杀菌能力进行实际测定，以决定照射的时间或更换新的紫外线灯。

3）紫外线对物质的穿透力很小，不能通过普通玻璃，因此，紫外线灯只能用于空气及物体表面的灭菌。

4）紫外线对眼结膜及视神经有损伤作用，对皮肤有刺激作用，因此不要进入紫外线灯开启的房间，更不能在紫外线灯下工作，以免受到损伤。

（2）喷洒石炭酸。常用 3％～5％的石炭酸溶液进行空气的喷雾消毒。喷洒时，用手推喷雾器在房间内由上而下、由里至外顺序进行喷雾，最后退出房间，关门密闭数小时。

石炭酸对皮肤有强烈的毒害作用，使用时不要接触皮肤。喷洒石炭酸可与紫外线菌结合使用，可增加其杀菌效果。

（3）甲醛熏蒸。先将室内打扫干净，打开排气扇通风干燥后，重新关闭，进行熏蒸灭菌。

1）加热熏蒸。常用的灭菌药剂为福尔马林（含 37％～40％甲醛的水溶液），按 6～10 mL/m³ 的标准计算用量。量取溶液到小铁筒内，放置在铁架上，在酒精灯内注入适量酒精（估计能蒸干甲醛溶液所需的量，酒精灯最好能在甲醛液蒸发完成后即自行熄灭）。将室内各种物品准备妥当，关闭门窗，点燃酒精，使甲醛溶液煮沸挥发。

2）氧化熏蒸。称取高锰酸钾（甲醛用量的 1/2）于一瓷碗或玻璃容器内，再量取定量的甲醛溶液。室内准备妥当后，将甲醛溶液倒在盛有高锰酸钾的器皿内，立即关门。几秒后，甲醛溶液即沸腾而挥发。高锰酸钾是一种强氧化剂，当它与一部分甲醛溶液作用时，由氧化作用产生的热量可使其余的甲醛溶液挥发为气体。

甲醛溶液熏蒸后关门密闭应保持 12 h 以上。甲醛对人的眼、鼻具有强烈的刺激作用，在相当一段时间内不能进入工作。为减弱甲醛对人的刺激作用，在使用无菌室前 1～2 h 在一搪瓷盘内加入与所用甲醛溶液等量的氨水，迅速放入室内，使其挥发中和甲醛，同时敞开门窗以放出剩余有刺激性气体。除甲醛外，也可用乳酸、硫黄等进行熏蒸灭菌。

5. 无菌程度测定

为了检验无菌室灭菌的效果及在操作过程中空气污染的程度，需要定期在无菌室内进行空气中细菌数量的测定。一般采用平皿法在两个时段进行，一是在灭菌后使用前；二是在操作完毕后。

步骤：取牛肉膏蛋白胨平板和马铃薯蔗糖平板，启开皿盖暴露于无菌室内 15 min 后，盖上皿盖。在无菌室不同地方取样，共做三套。另有一套不打开的作对照。将培养皿倒置于 37 ℃培养 24 h 后，观察菌落情况，统计菌落数。如果每个皿内菌落不超过 4 个，则可以认为无菌程度良好；如果长出的杂菌多为霉菌时，表明室内湿度过大，应先通风干燥，再重新进行灭菌；如杂菌以细菌为主时，可采用乳酸熏蒸，效果较好。

二、超净工作台

超净工作台作为代替无菌室的一种设备，具有占地面积小、使用简单方便、无菌效果可靠、无消毒剂对人体的危害、可移动等优点，现在已被广泛采用。

1. 超净工作台的构造

超净工作台是一种局部层流装置，它由工作台、过滤器、风机、静压箱和支撑体等组成。其工作原理是通过风机将空气吸入预过滤器，经由静压箱进入高效过滤器二级过滤，将过滤后的空气以垂直或水平气流的状态送出，并且台内设有紫外线杀菌灯，可对环境进行杀菌，使操作区域达到百级洁净度，保证生产对环境洁净度的要求。

超净工作台根据气流的方向可分为垂直流超净工作台（Vertical Flow Clean Bench）和水平流超净工作台（Horizontal Flow Clean Bench）；根据操作结构可分为单边操作及双边操作两种形式；按其用途可分为普通超净工作台和生物（医药）超净工作台。

2. 超净工作台的使用

超净工作台常备酒精灯、马克笔、洗耳球、粗孔试管架、镊子、火柴及接菌针等。使用前，将所用物品事先放入超净工作台内，再将无菌风及紫外线灯开启，对工作区域进行照射杀菌 30 min。

使用时，先关闭紫外线灯，打开照明灯，但无菌风不能关闭。

用酒精棉或白纱布将台面及双手擦拭干净，再进行有关的操作。未经灭菌从外面移入超净工作台的物品都必须使用 75％的酒精或灭菌灵溶液进行表面消毒。在使用超净工作台的过程中，所有的操作尽量要连续进行，减少染菌的机会。

操作区为层流区，因此物品的放置不应妨碍气流正常流动，工作人员应尽量避免能引起扰乱气流的动作，如对着台面说话、咳嗽等，以免造成人身污染。

工作完毕后将台面清理干净，取出培养物品及废物，再次使用酒精棉擦拭台面，打开紫外线灯照射 30 min 后，关闭无菌风，放下防尘帘，切断电源后方可离开。

🧰 任务实施

一、操作准备

1. 仪器和用具

无菌室、超净工作台、紫外线灯。

2. 试剂和药品

福尔马林、75％酒精、高锰酸钾，浓氨水。

二、操作过程

选择紫外线对无菌室和超净工作台进行灭菌，参考步骤见表4-7，可根据实际情况进行调整，完成任务。

表 4-7　无菌室及超净工作台灭菌操作步骤

序号	步骤	操作方法	说明
1	清洁	将无菌室打扫干净；超净工作台台面擦拭干净，常用物品摆放整齐。关闭超净工作台玻璃门，关闭无菌室门窗	
2	开启紫外线灯	开启超净工作台无菌风及紫外线灯，开启无菌室打开紫外线灯，照射 30 min	
3	关闭紫外线灯	关闭无菌室及超净工作台紫外线灯，10 min 后可进入使用	超净工作台无菌风不能关闭

三、注意事项

紫外线灯开启时间较长，可激发空气中的氧分子缔合成臭氧分子，这种气体成分具有很强的杀菌作用，可以对紫外线没有直接照射到的角落产生灭菌效果。但臭氧有碍健康，在使用之前应先关掉紫外线灯，开启通风，15分钟后再操作。

结果报告

试验报告记录表，见表4-8。

表 4-8　试验报告记录表

项目名称			
实施时间			
操作人员			
过程记录	实施步骤：	困难情况：	解决措施：
结果记录			
试验总结			

结果评价

结果评价表，见表4-9。

表 4-9　结果评价表

类别	内容	评分要点	配分	评分
职业素养 （30分）	纪律情况 （10分）	不迟到，不早退	2	
		着装符合要求	2	
		实训资料齐备	3	
		遵守试验秩序	3	
	道德素质 （10分）	爱岗敬业，按标准完成实训任务	4	
		实事求是，对数据不弄虚作假	4	
		坚持不懈，不怕失败，认真总结经验	2	
	职业素质 （10分）	团队合作	2	
		认真思考	4	
		沟通顺畅	4	
职业能力 （70分）	任务准备 （10分）	仪器和用具准备齐全	5	
		试剂和样品准备齐全	5	
	实施过程 （30分）	有序规范进出无菌室	5	
		规范使用传递窗	5	
		规范进行无菌室灭菌	5	
		超净工作台物品齐备	5	
		规范进行超净工作台消毒灭菌	5	
		规范使用超净工作台	5	
	任务结束 （10分）	收拾工作台，整理仪器	4	
		按时提交报告	6	
	质量评价 （20分）	灭菌时间正确	5	
		防紫外线伤害	5	
		及时发现问题和解决问题	5	
		报告规范整洁	5	

任务测验

1. 无菌室紫外线消毒灭菌每次照射时间是（　　）min。

A. 30　　　　B. 15　　　　C. 10　　　　D. 45

2. 无菌室关闭紫外线灯（　　）min后进入操作。

A. 30　　　　B. 15　　　　C. 10　　　　D. 45

3. 为了减弱甲醛熏蒸后对人的刺激作用，应用（　　）中和甲醛，同时敞开门窗以放出剩余刺激性气体。

A. 乙醇　　　　B. 氨水　　　　C. 双氧水　　　　D. 石炭酸

4. 紫外线灯超净工作台的使用规范有哪些？

拓展阅读：洁净室
洁净度级别

项目五　微生物培养技术

任务一　配制培养基

任务情景

　　培养基开发可分为三个阶段：第一阶段(1957—1997年)，从血清到无血清；第二阶段(1998—2011年)，从无血清到化学成分确定；第三阶段(2011年—当下)，从生物医药崛起。细胞培养基开发半个多世纪，一代代科学家卓绝努力实现了一个个看似不可能的技术突破，为培养基的发展和成熟作出重要的贡献。微生物在生长过程中需要不断地从外界环境中吸收所需要的营养物质，培养基是人工配制的适合微生物生长繁殖或积累代谢产物的营养基质。它是培养微生物进行科学研究、微生物检验、发酵生产微生物制品等方面重要的基础。制备培养基是微生物菌种分离、纯化、培养、保藏和鉴定必不可少的准备工作，也是生物监测基本试验技能之一。

任务要求

　　本任务为制备营养琼脂培养基平板和斜面。
要求：
1. 查阅工作手册，掌握培养基配制的规范。
2. 配制营养琼脂培养基，灭菌后进行倒平板和摆斜面。
3. 填写结果报告。

任务目标

知识目标
1. 了解培养基的组成和分类。
2. 掌握培养基的制备原理。

能力目标
1. 能制备常用培养基。
2. 能倒平板和摆斜面。

素质目标
1. 提升保护自然和节约资源的意识。
2. 树立良好的职业道德观念。

 相关知识

　　培养基是微生物生长的基地，通常根据微生物生长繁殖所需要的各种营养物质配制而成，其中含有水分、碳源、氮源物质及无机盐等。培养基还应具有适宜的 pH 值、一定的酸碱缓冲能力、一定的氧化还原电位及合适的渗透压。微生物种类的不同，对营养物质的要求也不同，且由于培养目的不同，培养基的种类很多。在微生物检测方法中，一般用肉膏蛋白胨琼脂培养基培养细菌，用沙氏培养基培养霉菌，用高氏一号培养基培养放线菌。

　　此外，由于环境空气、配制培养基原料，以及所用容器中含有各种微生物，已配制好的培养基必须立即灭菌，以防止其中的微生物生长繁殖而消耗养分和改变培养基的成分。

一、营养要素

　　微生物生长需要的营养要素有碳源、氮源、无机盐类、生长因子及水。

1. 碳源

　　微生物能利用的碳源有两大类，一是有机碳，如糖类、醇类、有机酸及其他碳水化合物；二是无机碳，如碳酸盐、二氧化碳等。碳源的功能主要是构成细胞物质和代谢产物，并为机体提供整个生理活动所需的能量。目前，在实验室中最常利用的碳源物质是葡萄糖和蔗糖。

2. 氮源

　　微生物能利用的氮源也可分为两类，一是有机氮，如蛋白质、蛋白胨、各种氨基酸和尿素等；二是无机氮，如铵盐、硝酸盐等。氮源的主要功能是合成细胞基本物质，如核酸、蛋白质及含氮代谢物。在培养基中常用的有机氮源有蛋白胨、牛肉浸膏、酵母浸膏等。

3. 无机盐类

　　微生物生长所需要的无机盐类包括氯化物，硫酸盐，磷酸盐和含钠、钾、镁、铁等元素的化合物。其主要功能是为微生物的细胞生长提供除碳源、氮源外的其他重要元素。在配制培养基时，首选磷酸氢二钾和硫酸镁为微生物生长提供无机盐。

4. 生长因子

　　某些微生物生长时不可缺少但自身又不能合成的微量有机物质称为生长因素。其主要包括氨基酸、维生素、嘌呤、嘧啶碱等。通常，在培养基中加入酵母浸液或肉浸液，以满足微生物对生长因子的需要。

5. 水

　　水是微生物生长所必不可少的基本条件。水在细胞中起溶剂与运输介质的作用，营

养物质的吸收与代谢产物的分泌必须以水为介质才能完成；水参与细胞内一系列化学反应，能使细胞维持自身正常形态等。制备培养基常用蒸馏水，因为蒸馏水不含有杂质。自来水、井水、河水等因常含有钙离子、镁离子，易与蛋白胨或牛肉浸膏中磷酸盐生成不溶性磷酸钙或磷酸镁，经高压灭菌后析出较多沉淀。

二、培养基分类

(1)按照营养成分可分为天然培养基、合成培养基和半合成培养基。

1)天然培养基。天然培养基是利用牛肉膏、蛋白胨、玉米粉、麸皮、马铃薯、血清等天然成分配制而成的。天然培养基营养丰富、取材广泛、价格低廉，但不知道确切的化学成分和含量，重复性差，不适用于精细试验。

2)合成培养基。合成培养基是用已知成分、数量的化学药品配制而成的。其重复性好，但价格较高，不适用于大规模生产，一般用于精细研究。

3)半合成培养基。半合成培养基是以天然有机物作为碳、氮等主要营养来源，用化学试剂补充无机盐配制而成，能充分满足微生物的营养要求，大多数微生物都能良好生长，在生产实践和试验中使用最多。

(2)按物理性状可分为液体培养基、半固体培养基、固体培养基。

1)液体培养基。按照培养基配方配制，未加任何凝固剂、呈液态的培养基称为液体培养基。液体培养基中营养物质分散均匀，使微生物生长更快，因此液体培养基一般供增菌培养和生化试验用。

2)半固体培养基。在液体培养基中加入 $0.2\%\sim0.5\%$ 琼脂，使培养基呈半固体状态，多用于观察微生物的生长状态、运动性、生化反应及短期的菌种保藏。

3)固体培养基。在液体培养基中加入 $1.5\%\sim2.0\%$ 琼脂，使培养基能变成固体培养基。固体培养基一般是加入平皿或试管中，制成培养微生物的平板或斜面。固体培养基一般用于分离、纯化、研究菌落形态、计数及制作菌苗等。

琼脂是最理想的凝固剂。琼脂是由海藻中的石花菜加工制成的藻胶，主要成分为多糖类物质，含少量的 CaO、MgO，性质较稳定，一般微生物不能分解利用。琼脂是一种可逆胶体，加热至 96 ℃以上时呈溶胶状态，降温冷却到 40 ℃以下时凝结成为固体。所以，琼脂对绝大多数微生物培养基是最理想的凝固剂。

三、培养基配制

应使用玻璃器皿或搪瓷器皿配制培养基，禁用金属容器，以免金属离子与培养基成分结合成有害物质，影响微生物生长。容器使用前应洗净，纯化水涮洗，烘干后再使用。以营养琼脂培养基为例，进行培养基的配制。

1. 称量

根据相应培养基的配方，按比例计算实际用量，称量药品。营养琼脂配方：牛肉膏 0.3 g，蛋白胨 1 g，NaCl 0.5 g，琼脂 1.5 g，水 100 mL，pH 值为 7.2~7.4。蛋白胨极易吸潮，称量时要迅速。

2. 溶解

用量筒取一定量(约占总量的1/2)的蒸馏水倒入烧杯中,加入除琼脂外的药品,小火加热溶解,并使用玻璃棒搅拌,以防止液体溢出。待各种药品完全溶解后,加入琼脂,搅拌直至琼脂完全融化。注意控制加热火力,不要使培养基溢出或烧焦。补足水分,停止加热。如果配方中有淀粉,则先将淀粉用少量冷水调配成糊状,并在火上加热搅拌,然后加入其他原料。

3. 调节 pH 值

初配好的牛肉膏蛋白胨培养液呈弱酸性,需用 1 mol/L NaOH 调节 pH 值至 7.2~7.4。为避免调节时碱性过强,应缓慢加入 NaOH 溶液,边滴加边搅拌,然后用 pH 试纸测定 pH 值。若 pH 值调节过头,可用 1 mol/L HCl 溶液中和。

4. 分装

根据不同需要,可将已配制好的培养基分装入试管或锥形瓶内,分装时注意不要使培养基沾污管口或瓶口,造成污染。如培养基沾污管口或瓶口,可用镊子夹小块脱脂棉,擦去管口或瓶口的培养基,并将脱脂棉弃去。

(1)试管的分装。取一个玻璃漏斗,安装在铁架台上,漏斗下连接一根橡皮管,橡皮管下端再与另一个玻璃管相连接,橡皮管的中部加一玻璃珠,分装时,用左手拿住空试管中部,并将漏斗下的玻璃管嘴插入试管内,以右手挤压玻璃珠外的橡胶,使培养基流入(图 5-1)。

(2)锥形瓶的分装。溶解好的培养基趁热转移至锥形瓶中,转移时使用玻璃棒引流,注意玻璃棒不能与瓶口接触。转移量不能超过锥形瓶体积的 2/3。

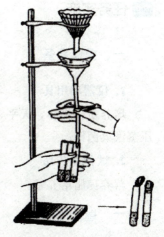

图 5-1　分装装置

5. 灭菌

培养基配制后应在 2 h 内灭菌,避免细菌繁殖。普通培养基灭菌条件为 121 ℃、20 min,以保证灭菌效果和不损伤培养基的有效成分。

6. 倒平板或摆斜面

(1)倒平板。高压灭菌后,待培养基冷却至 45 ℃左右,在无菌环境下,将培养基倾倒入无菌培养皿中。若温度过高,皿盖上的冷凝水太多;若温度过低,培养基易于凝固,无法制作平板。倒平板的方法有持皿法和叠皿法(图 5-2)。

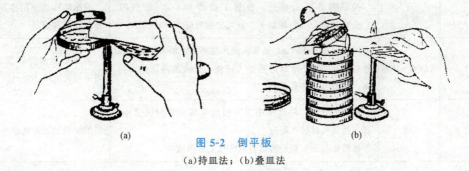

(a)　　　　　　　　　　　图 5-2　倒平板　　　　　　　　　(b)

(a)持皿法;(b)叠皿法

(2)摆斜面。培养基经灭菌后，如需要制作斜面固体培养基，应待培养基冷却至50～60 ℃（防止出现过多的冷却水）后搁置成斜面（凝固前切莫移动试管），斜面长度一般以不超过试管长度的1/2为宜（图5-3）。

7. 质量检查

液体培养基应澄清，无絮状物或沉淀；固体培养基应凝胶强度适宜，发现不凝固、水分浸出、色泽异常的，应挑出弃去。

8. 保存

实验室自制培养基在保证其成分不会改变条件下保存，即避光、干燥保存，必要时在2～8 ℃冰箱中保存，通常建议平板保存期不超过4周，瓶装及试管装培养基保存期不超过6个月。

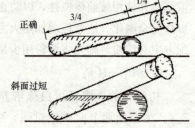
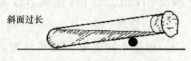

图5-3　摆斜面

🧰 任务实施

一、操作准备

1. 仪器和用具

培养皿，烧杯，天平，玻璃棒，发酵管，锥形瓶，试管架，棉塞，报纸，电炉，高压蒸汽灭菌锅。

2. 试剂和药品

营养琼脂培养基。

二、操作过程

制备营养琼脂培养基平板和斜面操作参考步骤见表5-1，可根据实际情况进行调整，完成任务。

表5-1　制备培养基操作步骤

序号	步骤	操作方法	说明
1	称量	按照营养琼脂成分，称量牛肉膏 0.3 g，蛋白胨 1 g，NaCl 0.5 g，琼脂 1.5 g（此比例对应 100 mL 水）	根据培养基使用体积，按比例称量和配制
2	溶解调 pH 值	用量筒取 100 mL 蒸馏水倒入烧杯中，加入除琼脂以外的药品，加热溶解后再加入琼脂，继续搅拌加热至溶解，调节 pH 值至 7.2～7.4	溶解后若水分蒸发太多，可适当补充至 100 mL
3	分装	试管的分装：将烧杯中 1/2 的培养基分装到试管中，每支约装入试管体积的 1/5。 锥形瓶分装：剩余的培养基转移至锥形瓶中	溶解后的培养基趁热分装

序号	步骤	操作方法	说明
4	灭菌	洗净 5 对培养皿，用报纸包扎。锥形瓶与发酵管塞上硅胶塞，包扎。将培养皿和装有培养基的锥形瓶和发酵管放入高压蒸汽灭菌锅 121 ℃中灭菌 20 min	
5	倒平板	高压灭菌后，待培养基冷却至 45 ℃左右，右手持盛有培养基的锥形瓶置火焰旁边，左手将瓶塞拔出，瓶口保持对着火焰。然后左手拿培养皿在火焰附近打开一条裂缝，迅速倒入培养基，加盖后轻轻摇动培养皿，使培养基均匀分布在培养皿底部。轻放于桌面上冷却凝固	每皿注入 15～20 mL 培养基
6	摆斜面	灭菌后的发酵管冷却至 50～60 ℃后搁置成斜面，斜面长度一般以不超过试管长度的 1/2 为宜	凝固前切勿移动发酵管
7	保存	制备好的培养基应保存在 2～25 ℃，避光环境中，且放置时间不宜过长	

🧰 结果报告

试验报告记录表，见表 5-2。

表 5-2　试验报告记录表

项目名称			
实施时间			
操作人员			
过程记录	实施步骤：	困难情况：	解决措施：
结果记录	培养基平板和斜面图：		
试验总结			

结果评价

结果评价表，见表 5-3。

表 5-3　结果评价表

类别	内容	评分要点	配分	评分
职业素养 （30 分）	纪律情况 （10 分）	不迟到，不早退	2	
		着装符合要求	2	
		实训资料齐备	3	
		遵守试验秩序	3	
	道德素质 （10 分）	爱岗敬业，按标准完成实训任务	4	
		实事求是，对数据不弄虚作假	4	
		坚持不懈，不怕失败，认真总结经验	2	
	职业素质 （10 分）	团队合作	2	
		认真思考	4	
		沟通顺畅	4	
职业能力 （70 分）	任务准备 （10 分）	仪器和用具准备齐全	5	
		试剂和样品准备齐全	5	
	实施过程 （30 分）	准确称量	4	
		规范溶解和调节 pH 值	4	
		正确分装	4	
		规范安全灭菌	4	
		规范倒平板	5	
		规范摆斜面	5	
		正确检查和保存培养基	4	
	任务结束 （10 分）	收拾工作台，整理仪器	4	
		按时提交报告	6	
	质量评价 （20 分）	培养基表面平整	5	
		平板厚度适中，凝胶强度适宜	5	
		斜面长度不超过试管长度的 1/2	5	
		报告规范整洁	5	

1. 有关培养基的叙述，下列正确的是（   ）。

A. 培养基是为微生物的生长繁殖提供营养的基质

B. 培养基只有液体培养基和固体培养基两类

C. 在固体培养基中加入少量水即可配制成液体培养基

D. 微生物在固体培养基上生长时，可以形成肉眼可见的单个细菌

2. 不同培养基的具体配方不同，但一般都含有（   ）。

A. 碳源、磷酸盐和维生素

B. 氮源和维生素

C. 水、碳源、氮源和无机盐

D. 碳元素、氧元素、氮元素、氢元素

拓展阅读：微生物的
生长过程

3. 琼脂在培养基中的作用是（   ）。

A. 碳源   B. 氮源

C. 凝固剂   D. 生长调节剂

4. 什么是培养基？

5. 培养细菌、霉菌、放线菌一般使用什么培养基？

6. 营养琼脂培养基的成分有什么？EC 培养基的主要成分有哪些？

7. 配制培养基的一般步骤有哪些？

任务二　分离培养和接种细菌

任务情景

2022 年 9 月省农科院科研团队联合华中农业大学科研团队从东乡野生稻的根部分离出一种植物促生菌。根据系统发育树对比分析确定其为洋葱伯克霍尔德氏菌，命名为 Burkholderia cepacia BRDJ。该菌株可以在无氮培养基上生长，温室条件下接种至水稻中早 35 品种上可以增加产量，表现出促进水稻生长特性。多个水稻品种的接种试验均证明该菌株可以提升水稻氮肥利用率，在 50％氮素条件下接种该菌株可以将水稻幼苗生物量提升至 100％氮素条件的水平。

细菌分离培养和接种是微生物学试验的基础技术。其目的是将混合菌群中的单个细菌分离出来，从而获得该菌株的纯种，可用于监测及科学研究。通过细菌分离培养和接种，研究微生物在不同环境条件下的生长和代谢情况，探究环境因素对微生物群落结构和功能的影响，为生态学研究提供了重要的手段。

本任务为对校园湖水样品进行细菌的分离培养。

要求：

1. 查阅操作手册，掌握细菌分离和培养操作规范。

2. 对校园湖水进行细菌分离培养和接种，以获得纯种菌株。

3. 填写结果报告。

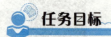
任务目标

知识目标

1. 掌握无菌操作要领。

2. 掌握细菌分离技术。

3. 掌握细菌接种技术。

能力目标

1. 能够规范进行细菌分离。

2. 能够规范进行细菌培养。

3. 能够规范进行细菌接种。

素质目标

1. 形成爱岗敬业、尽职尽责的工作信念。

2. 培养科学严谨、认真务实的工作习惯。

3. 促进诚实守信、团结友爱的工作态度。

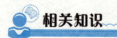
相关知识

一、分离培养技术

在土壤、水、空气或人及动、植物体中，绝大多数不同种类的微生物混杂生活在一起，从混杂微生物中获得单一菌株纯培养的方法称为分离；纯培养是指一株菌种或一个培养物中所有的细菌是由一个细胞分裂、繁殖而产生的后代；分离和纯培养的过程需要用到接种技术，即将一种微生物转接到另一个培养基上的过程。分离培养的目的是从被检测材料中，或者从污染的众多杂菌中分离出纯的病原菌。细菌分离培养应先从样品中分离培养单个菌落，然后挑取可疑菌落进行纯培养，再将纯培养物移植培养。

微生物分离和纯化的一般方法是对待分离的样品进行一定倍数的稀释，并使微生物的细胞(或孢子)尽量以分散状态存在，培养后使其长成一个个纯种的单菌落。在整个操作过程中，需要严格的无菌操作。常用的微生物菌种分离纯化方法有平板划线分离法、倾注平板分离法、涂布平板分离法等。

1. 平板划线分离法

　　菌种被其他杂菌污染时或混合菌悬液常用平板划线法进行纯种分离，此法借助蘸有混合菌悬液的接种环在平板表面多方向连续划线，使混杂的微生物细胞在平板表面分散，经培养得到分散的由单个微生物细胞繁殖而成的菌落，从而达到纯化目的。划线分离的培养基必须事先倾倒好，需要充分冷凝待平板稍干后才可使用；为便于划线，一般培养基不宜太薄，每皿约倾倒 20 mL 培养基。培养基应厚薄均匀，平板表面光滑。

　　划线分离有分区划线法、连续划线法、方格划线法、放射划线法和四格划线法等（图 5-4）。以分区法进行划线分离时，应在近火焰处，左手拿皿底，右手拿接种环，挑取样液一环或蘸取菌落少许在平板上迅速划线（注意勿将培养基划破）（图 5-5）。划线时，接种环与培养基表面的夹角为 20°～30°。用接种环以无菌操作挑取土壤悬液一环，先在平板培养基的一边做第一次平行划线 3 条或 4 条，再转动培养皿约 70°，并将接种环上剩余物烧掉，待冷却后通过第一次划线部分做第二次平行划线，再用同样的方法通过第二次划线部分做第三次划线和通过第三次划线部分做第四次平行划线。划线完毕，盖上培养皿盖，倒置于室温培养。

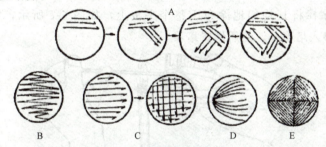

图 5-4　平板划线分离方法
（a）分区法；（b）连续法；（c）方格法；（d）放射法；（e）四格法

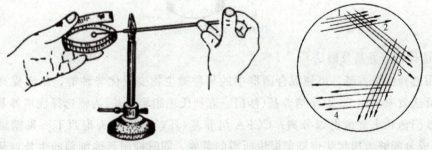

图 5-5　平板划线分离法操作

2. 倾注平板分离法

　　首先把待分离的样品用 10 倍递增稀释法做一系列的稀释（如 1∶10、1∶100、1∶1 000……）之后分别取一定量的稀释液倾入培养皿中，倒入一定量已熔化好的保持在 50 ℃左右的琼脂培养基，将培养皿倒置在恒温箱中培养一段时间，如果稀释得当，在琼脂表面或培养基中可见分散的单个菌落。取单个菌落配制成悬液，重复上述操作数次，便可得到纯培养物(图5-6)。

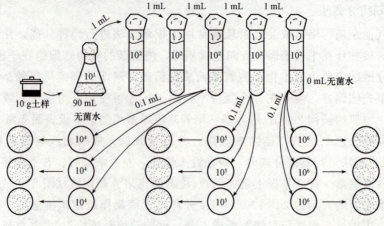

图 5-6   倾注平板分离操作

3. 涂布平板分离法

首先制备无菌培养皿基平板，然后将一定量的某一稀释度的菌悬液加入平板中央，以无菌三角玻璃涂棒将其均匀地涂布于整个平板上，如图5-7所示，室温下静置5～10 min，使菌液渗入培养基，然后倒置培养。

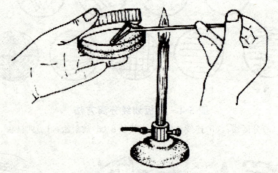

图 5-7   平板涂布操作

4. 选择性培养基分离法

利用选择性培养基，可使混合菌群中的某种微生物变成优势种群，从而提高该种微生物的筛选效率。如 SS 琼脂培养基(沙门－志贺氏琼脂培养基)为强选择性培养基，可使致病的沙门菌和志贺菌得以分离；CCFA 培养基(环丝氨酸－头孢西丁－果糖琼脂培养基)中的成分能够为梭状芽孢杆菌提供所需的营养，同时抑制其他细菌的生长，从而有助于分离出梭状芽孢杆菌。

二、接种技术

接种是在无菌条件下将微生物移植到适用于它生长繁殖的人工培养基上的过程，是微生物菌种分离、纯化、培养、保藏和鉴定等过程中的基本操作技术，接种时须做到严格的无菌操作，防止外界杂菌污染。常用的接种工具有接种环、接种针、吸管、滴管、玻璃刮铲等；常采用的接种方法有斜面接种、液体接种、穿刺接种和平板接种等。

1. 接种工具

常用的接种工具有接种针、接种环、涂布棒、移液管和吸管等(图5-8)。在实际工作中，根据菌种及培养目的的不同选用合适的接种工具。

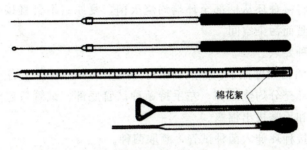

图 5-8　接种工具

1—接种针；2—接种环；3—移液管；4—涂布棒；5—无菌吸管

2. 接种方法

(1)划线接种。划线接种即用接种环挑取菌种后在固体培养基表面做来回直线形的移动，就可达到接种的作用，包括试管斜面划线(图5-9)和平板划线(图5-5)。

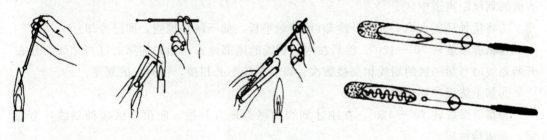

图 5-9　斜面接种操作

1)斜面划线接种要点。

①用 75% vol 酒精棉球擦手；点燃酒精灯，灯焰周围 1~2 cm 处为无菌区，整个接种过程在火焰旁进行。

②将菌种斜面试管和空白斜面试管斜面向上，用拇指和其他四指握在手中，使中指位于两试管之间的部位，无名指和拇指分别夹住试管的边缘，管口平齐试管横放，管口稍向上倾斜。用右手先将棉塞拧松，以利于接种。

③接种环灭菌，右手持接种环顶端，将接种环伸进火焰中心，用外焰灼烧灭菌，将接种环柄来回通过充分燃烧层数次，凡在接种时可能进入试管的部分都应灼烧灭菌。

④将试管口连续来回穿过火焰数次后，用右手小指、无名指和手掌拔下棉塞柄夹紧，棉塞下部应露在手外，勿放桌上，以免污染。

⑤将灼烧过的接种环伸入菌种的斜面，先将环接触没有长菌的培养基部分，使其冷却，以免烫死菌体，然后用环轻轻蘸取少许菌落，并将接种环慢慢地从试管中抽出。

⑥迅速将接种环伸入空白斜面，在斜面培养基上轻轻划线，将菌体接种其上，划线时从底部划起，划成软密的波浪线或由底部向上划直线，注意勿将培养基划破，也不要让菌体沾污管壁。

⑦将试管口来回穿过火焰数次，灭菌，塞上棉塞。不要用试管去迎棉塞，以免试管在移动时污染杂菌。

⑧接种完毕，将接种环从柄部至环端灼烧灭菌，复原。不要直接烧环，以免残留在接种环上的菌体爆溅而污染空间。

2)平板划线接种要点。

①用75% vol 酒精棉球擦手。点燃酒精灯，整个接种过程在火焰旁进行。

②右手持接种环充分灼烧灭菌。左手持菌种试管底部，试管口连续来回穿过火焰数次后，用右手小指和手掌拔出棉塞。

③将冷却后的接种环伸入菌种试管，蘸取菌种。

④试管口、棉塞灭菌，菌种试管塞上棉塞，放回试管架。

⑤左手将平板拿起，靠近火焰打开培养皿盖一部分，伸入带有菌种的接种环，划线接种。平板上划线的方式如图 5-4 所示。

⑥以分区划线法为例，将沾有少许菌苔的接种环伸进平板，摆动手腕，从平板的第一区开始，轻轻地在琼脂表面划线。划线时接种环与培养基表面呈≤30°，并保证在琼脂表面的划线距离适中。

⑦将接种环置火焰上灭菌，冷却(可接触平板，如不融化琼脂，即已冷却)。

⑧培养皿旋转 70°～120°，然后在刚才划线的尾部地方开始，向第二区再划线，且在开始划线时与第一区的划线相交接数次，以后划线不必相接，待第二区划完。

⑨如上法接种环灭菌，冷却。

⑩培养皿旋转 70°～120°，在刚才划线的尾部地方开始，向第三区接种划线，至划完，灭菌接种环。

⑪在最后一个区域划线时注意不要与第一个划线区相交。

注意：培养基一定要完全凝固，划线时不要太用力，以免划破培养基；接种环取菌时注意量；划线时一区可以密集些，但不要重叠；每个区划完，接种环都要灭菌；接种时，打开培养皿的时间应尽量短。

(2)穿刺接种。穿刺接种的工具为接种针，一般采用半固体培养基。其做法是用接种针蘸取少量的菌种，沿半固体培养基中心向管底做直线穿刺(图 5-10)。其操作要点如下。

1)用75% vol 酒精棉球擦手。点燃酒精灯，整个接种过程在火焰旁进行。

2)手持试管，将两支斜面试管平行放在左手上，用拇指与其他四指夹住底部，两管口齐平。

3)右手持接种针，移至酒精灯上，将针头灼烧灭菌，并将在穿刺中可能伸入试管的其他部位，也灼烧灭菌。

4)两支斜面试管口连续来回穿过火焰数次后，用右手的小指和手掌拔出棉塞，接种针先在培养基部分冷却，再用针尖蘸取少量菌种斜面培养物。

5)将接种针从空白培养基中心垂直地刺入培养基，接近试管的底部，然后沿着接种线将针拔出。

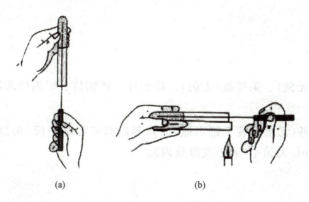

图 5-10　穿刺接种操作

(a)垂直接种法；(b)水平接种法

6)试管及棉塞分别灭菌，塞棉塞，再将接种针灼烧，去除残留细菌。

(3)涂布接种。涂布接种，是将菌液倒入已凝固平板上面，迅速用涂布棒在平板培养基表面做左右来回地涂布，使菌液均匀分布。其操作要点如下。

1)用 75% vol 酒精棉球擦手。点燃酒精灯，整个接种过程在火焰旁进行。

2)用无菌吸管吸取菌悬液 0.1 mL，放入已写好编号的平板中央位置。

3)右手拿涂布棒伸进装有工业酒精的容器中，然后将蘸有酒精的涂布棒在火焰上灼烧灭菌。

4)左手打开滴有菌液的平皿盖，右手将无菌涂布棒贴在皿盖上进行冷却，待冷却完全后，将涂布棒平放在平板培养基表面上，先沿一条直线轻轻地来回推动菌悬液，使之分布均匀，然后改变方向沿另一垂直线来回推动，平板内边缘处可改变方向用涂布棒再涂布几次。

注意：若有多个稀释梯度的试样涂布平板，按从低浓度到高浓度的顺序进行涂布，每涂布一个平板后涂布棒灭菌，以便降低皿间菌液的影响。涂布结束的平板室温下静止 5~10 min，使菌液吸附进培养基。

(4)液体接种。液体接种包括从固体培养基中将菌溶液洗下，倒入液体培养基中；或从液体培养基中将菌溶液转移至液体培养基中；或从液体培养基中将菌溶液转移至固体培养基中。从菌落到培养液接种操作要点如下。

1)用 75% vol 酒精棉球擦手。点燃酒精灯，在火焰旁进行操作。

2)在无菌操作下，用接种环挑取斜面菌种菌落或菌苔 1 环。

3)将带菌接种环在液体表面处的器壁上轻轻研磨，以便把菌苔研开，把菌体擦下来。

4)抽出接种环塞好试管棉塞后，将试管在手掌中轻轻敲打，使菌体均匀散布在液体培养基中进行培养。

🧰 任务实施

一、操作准备

1. 仪器和用具

1 mL 吸量管（无菌）、采样瓶（无菌）、接种环、酒精灯、恒温培养箱、超净工作台。

2. 试剂和药品

营养琼脂培养基（无菌，装于锥形瓶）、营养琼脂培养基平板（无菌）、营养琼脂培养基平板（斜面）、9 mL 无菌水（装于发酵管内）。

二、操作过程

湖水样品细菌分离培养和接种操作参考步骤见表 5-4，可根据实际情况进行调整，完成任务。

表 5-4　制备培养基操作步骤

序号	步骤	操作方法	说明
1	采样	采集校园湖水，将采样瓶放入水中，拔出瓶塞使湖水灌入瓶内，采集完毕后塞上瓶塞，再拿出水面	采集水样不超过80%的瓶子体积
2	稀释水样	将 3 管 9 mL 的无菌水排列好，按 10^{-1}、10^{-2}、10^{-3} 依次编号。在无菌操作的条件下，用 1 mL 的无菌移液管吸取 1 mL 水样置于第一支 9 mL 无菌水中，用手振摇 20～30 次，即 10^{-1} 浓度的菌液。同样方法，依次稀释到 10^{-3} 浓度的菌液	
3	平板倾注分离	取 9 套无菌培养皿编号，10^{-1}、10^{-2}、10^{-3} 各 3 个，取 1 支（1 mL）无菌移液管从浓度小的 10^{-3} 菌液开始，分别取 1 mL 菌液加到相应编号的培养皿内，加热融化培养基，当培养基冷至 45 ℃左右时，将培养基倒入培养皿中与菌液充分混均匀。待冷凝后倒置于 30 ℃恒温箱中培养 48 h。观察菌落生长特征	每次吸取前，应使菌液充分混合。吸取不同浓度的菌液要换用新的吸量管
4	平板划线分离	在无菌操作台内用接菌针蘸取 10^{-1} 菌液，然后在培养基上划线。划线后倒置于 30 ℃恒温箱中培养 48 h	
5	检验	将培养后长出的单个菌落接种到营养琼脂培养基的斜面上，30 ℃恒温箱中培养，待菌苔长出后，检查菌苔是否单纯，也可用显微镜涂片染色检查是不是单一的微生物	

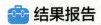 **结果报告**

试验报告记录表，见表 5-5。

表 5-5　试验报告记录表

项目名称				
实施时间				
操作人员				
过程记录	实施步骤：	困难情况：		解决措施：
菌落特征	稀梯度	1	10^{-1}	10^{-2}	10^{-3}
	平板稀释 1				
	平板稀释 2				
	平板稀释 3				
	平板划线 1				
	平板划线 2				
	平板划线 3				
	斜面接种 1				
	斜面接种 2				
	斜面接种 3				
试验总结				

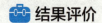 结果评价

结果评价表，见表5-6。

表 5-6   结果评价表

类别	内容	评分要点	配分	评分
职业素养 （30分）	纪律情况 （10分）	不迟到，不早退	2	
		着装符合要求	2	
		实训资料齐备	3	
		遵守试验秩序	3	
	道德素质 （10分）	爱岗敬业，按标准完成实训任务	4	
		实事求是，对数据不弄虚作假	4	
		坚持不懈，不怕失败，认真总结经验	2	
	职业素质 （10分）	团队合作	2	
		认真思考	4	
		沟通顺畅	4	
职业能力 （70分）	任务准备 （10分）	仪器和用具准备齐全	5	
		试剂和样品准备齐全	5	
	实施过程 （30分）	规范进行样品稀释	6	
		规范进行平板倾注分离	6	
		合理选择划线分区	6	
		规范进行平板划线操作	6	
		规范进行斜面划线操作	6	
	任务结束 （10分）	收拾工作台，整理仪器	4	
		按时提交报告	6	
	质量评价 （20分）	无菌操作正确规范有序	5	
		平板划线得到单个细菌菌落	5	
		分离得到单一菌株	5	
		报告规范整洁	5	

1. 将样品进行梯度稀释后接种到培养皿，倒入培养基，进行培养，以获得可见分散的单个菌落。这属于（　　）分离法。

A. 平板划线　　　　　　　　　　　B. 倾注平板

C. 涂布平板　　　　　　　　　　　D. 选择性培养基

2. 单个细菌在固体培养基上生长可形成（　　）。

A. 菌落　　　　　B. 菌苔　　　　　C. 菌丝　　　　　D. 菌团

3. 若有多个稀释梯度的试样涂布平板，按从（　　）浓度的顺序进行涂布。

A. 高到低　　　　　B. 低到高　　　　　C. 都可以

4. 穿刺接种，接种工具为（　　）。

A. 移液管　　　　　　　　　　　　B. 吸管

C. 接种环　　　　　　　　　　　　D. 接种针

5. （　　）是在无菌条件下把微生物移植到适用于它生长繁殖的人工培养基上的过程。

A. 涂布　　　　　　　　　　　　　B. 分离

C. 接种　　　　　　　　　　　　　D. 培养

拓展阅读：
微生物的类型
和形态结构

6. 细菌的分离纯化概念是什么？有什么意义？

7. 接种的概念是什么？

8. 常用的分离纯化方法有哪些？

9. 微生物纯培养的接种方法有什么？

10. 划线分离步骤是什么？

模块三　岗位专项技术

项目六　卫生学指标监测

任务一　测定空气中细菌总数

 **任务情景**

　　我国江苏植物所等单位曾对南京不同类型的场地、绿地和林地空气中的细菌含量进行测定比较，发现各区域内公共场所空气含菌量最高，街道次之，公园、机关又次之。城市郊区、植物园最低，相差十几倍甚至上万倍，其原因与绿化状况、人员活动及地面扬尘有关。

　　空气是人类赖以生存的必须环境，也是微生物借以扩散的媒介。空气微生物来源于其他外环境和人、动植物的活动等，是自然因素和人为因素污染的结果。室内空气中的微生物比室外多，尤其是人口密集的公共场所、医院病房、门诊等处，容易受到带菌者和患者污染。空气中存在着细菌、真菌、病毒、放线菌等多种微生物粒子，这些微生物粒子是空气污染物的重要组成部分。一般情况下，空气中污染物越多，污染越严重，空气微生物的种类和浓度也会越高。因此，空气微生物含量多少可以反映所在区域的空气质量，是空气环境污染的一个重要参数。

 任务要求

以实验室为工作场景，测定实验室空气中细菌总数。

要求：

1. 查阅操作手册和标准规范，根据工作场景制订监测方案。
2. 根据工作情景选择沉降法或撞击法测定空气中细菌总数。
3. 按规范填写原始记录表并出具结果报告。

 任务目标

知识目标

1. 了解细菌菌落形态。
2. 掌握空气细菌总数测定的原理和步骤。
3. 掌握菌落计数的方法。

能力目标

1. 能够根据标准选择合适的测定方法。
2. 能够规范完成空气细菌总数样品采集。
3. 能够正确进行菌落计数。

素质目标

1. 培养科学严谨的工作态度。
2. 培养勤学善思的工作精神。
3. 培养爱岗敬业实事求是的职业素养。

 **相关知识**

空气微生物检测一般只计算单位体积空气中收集的微生物，空气中细菌总数一般是指计数在营养琼脂培养基上经 35～37 ℃、48 h 培养所生长发育的嗜中温性需氧和兼性厌氧菌落的总数。每个菌落被认为是由 1 个细菌繁殖而成的，因此菌落总数可视为收集的空气体积中的微生物总数。其检测的方法主要有自然沉降法和撞击法。

一、原理

1. 自然沉降法

将盛有无菌培养基的平皿置于待监测处，打开培养皿的盖子让培养基暴露在空气中 5 min，让空气中的微生物自然沉降于培养基的表面，经 36 ℃恒温培养 48 h 后计数菌落数，并计算出 1 m³ 空气中的细菌总数。

2. 撞击法

(1)原理。采用撞击式空气微生物采样器采样(图 6-1)，通过抽气动力作用，使空气通过狭缝或小孔而产生高速气流，从而使悬浮在空气中的带菌粒子撞击到营养琼脂平板上，然后将收集到样品置于恒温箱中，在 36 ℃下经 48 h 培养后，计数平皿上的菌落数，从而推算出每立方米空气中所含的细菌数。

六级筛孔撞击式空气微生物采样器模拟人体呼吸道的解剖结构及其空气动力学特征，采用惯性撞击原理，将悬浮在空气中的微生物粒子，按大小等级地分别收集在采样介质表面上，然后共同培养及做进一步微生物分析，计算出空气微生物粒子数量及其大小分布的特征。

(2)六级筛孔撞击式空气微生物采样器。采样器由 6 个带有微细针孔的金属撞击盘构成(图 6-2)，盘下放置有培养基的平皿，每个圆盘上有 400 个环形排列小孔，由上到下孔径逐渐减小。气流从顶罩进第一级，较小的粒子会由于动量不足随气流绕过平皿进入下一级，利用 6 次反复撞击原理，绝大部分粒子特别是能在气管及肺沉降的粒子基本都撞击下来。撞击器的圆形喷口比裂隙式等喷口有更高的采样效率。采样时相对湿度逐级升高(由第一级的 39％增至六级的 88％)，这有利于脆弱的病原微生物，特别是病毒粒子的存活。

捕获粒子范围
第一级>7.0 μm
第二级4.7~7.0 μm
第三级3.3~4.7 μm
第四级2.1~3.3 μm
第五级1.1~2.1 μm
第六级0.65~1.1 μm

气流
采样平皿
密封胶圈
192 mm

图 6-1 FA-1 六级筛孔撞击式空气微生物采样器

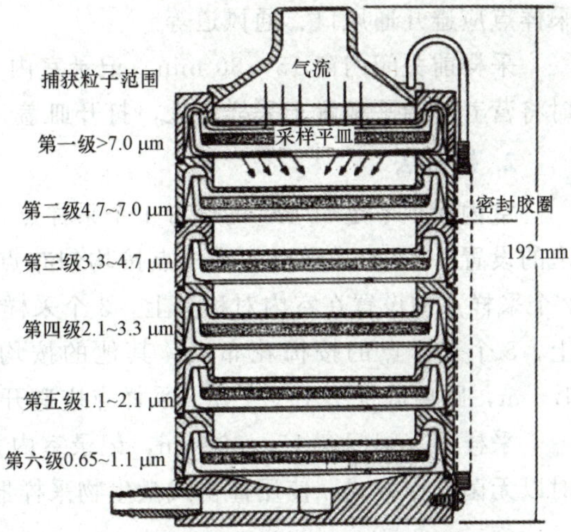

图 6-2 采样器纵剖面图

仪器由六级撞击器、主机（流量计）、定时器、三脚架组成。撞击器是由六级带有微小喷孔的铝合金圆盘组成的，圆盘下方放置盛有采样介质的平皿，用三个弹簧挂钩把六级圆盘紧密地连接在一起。每个圆盘上环形排列 400 个尺寸精确的喷孔。当含有微生物粒子的空气进入采样口后，气流速度逐级增高，不同大小的微生物粒子按空气动力学特性分别撞击在响应的采样介质表面上。第二级类似人体上呼吸道捕获的粒子，第三级～第六级类似下呼吸道捕获的粒子，这就在相当程度上模拟了这些粒子在呼吸道的穿透作用和沉着部位。

撞击器捕获粒子范围见表 6-1。

表 6-1 六级撞击器捕获粒子范围

级别	捕获粒子范围/μm	喷孔孔径/mm	级别	捕获粒子范围/μm	喷孔孔径/mm
第一级	7.0	1.18	第二级	4.7～7.0	0.91
第三级	3.3～4.7	0.71	第四级	2.1～3.3	0.53
第五级	1.1～2.1	0.34	第六级	0.65～1.1	0.25

二、培养基

测定空气中细菌总数采用营养琼脂培养基，其成分：蛋白胨 10 g，牛肉膏 3 g，琼脂 15 g，氯化钠 5 g，蒸馏水 1 000 mL，pH 值为 7.4～7.6。

三、采样

1. 自然沉降法

室内面积不足 50 m² 的设置 3 个采样点，室内面积在 50 m² 及以上的设置 5 个采样点。采样点按均匀布点原则布置，室内 3 个采样点的设置在室内对角线四等分的 3 个等分点上，5 个采样点的按梅花布点。采样点距离地面 1.2～1.5 m，距离墙壁不小于 1 m。

采样点应避开通风口、通风道等。

采样前关闭门窗 15～30 min，记录室内人员数量、温度、湿度与天气状况等。采样时将营养琼脂平板置于采样点处，打开皿盖，暴露 5 min。

2. 撞击法

室内面积不足 50 m² 的设置 1 个采样点，50～200 m² 的设置两个采样点，200 m² 以上的设置 3～5 个采样点。采样点按均匀布点原则布置，室内 1 个采样点的设置在中央，2 个采样点的设置在室内对称点上，3 个采样点的设置在室内对角线四等分的 3 个等分点上，5 个采样点的按梅花布点，其他的按均匀布点原则布置。采样点距离地面 1.2～1.5 m，距离墙壁不小于 1 m。采样点应避开通风口、通风道等。

采样前关闭门窗 15～30 min，记录室内人员数量、温度、湿度与天气状况等。采样时以无菌操作方式，使用撞击式微生物采样器，以 28.3 L/min 流量采集 5～15 min。

四、培养条件

采集细菌后的营养琼脂平皿置于 36 ℃ 培养箱中培养 48 h，并进行菌落计数。

五、结果报告

1. 自然沉降法

计数每块平板上生长的菌落数，计算出全部采样点的平均菌落数，检验结果以每平皿菌落数表示，单位为 CFU/皿。

根据奥梅梁斯基计算公式，转换为每平方米的菌落数（CFU/m³）作为参考。面积为 100 cm² 的平板培养基，暴露在空气中 5 min，相当于 10 L 空气中的细菌数，所以平皿菌落数，可作以下处理：

$$X = \frac{N \times 100 \times 100}{\pi \cdot r^2}$$

式中　X——每立方米空气中的细菌数（CFU/m³）；

N——平板暴露 5 min 经培养后生长的平均菌落数（CFU/皿）；

r——平皿底半径（cm）。

2. 撞击法

对采样点的每个平皿进行菌落计数，并根据采样器的流量和采样时间，换算成每立方米空气中的菌落数，以每立方米菌落数（CFU/m³）报告结果。

一个区域空气中细菌总数的测定结果按该区域全部采样点中细菌总数测定值中的最大值给出。

(1)空气中微生物数量是以每立方米空气中所含粒子数量表示。则

$$空气含菌量（CFU/m³） = \frac{六级采样平板上总菌数（CFU） \times 1\,000}{28.3\,L/min \times 采样时间（min）}$$

(2)空气中微生物大小分布是以各级的菌落数占六级总菌落数百分比表示。

$$空气微生物大小分布（\%） = \frac{各级菌落数（CFU） \times 100\%}{六级采样平板上总菌落数（CFU）}$$

任务实施

一、操作准备

根据监测方案准备试剂药品、仪器和用具，填写备料清单（表 6-2）。

表 6-2　备料清单

试剂和药品							
序号	名称	规格	数量	序号	名称	规格	数量
仪器和用具							
序号	名称	规格	数量	序号	名称	规格	数量
备注							

二、操作过程

用沉降法/撞击法测定空气中细菌总数参考步骤见表 6-3，可根据实际情况进行调整，完成任务。

表 6-3　空气中细菌总数测定步骤

序号	步骤	操作方法	说明
1	配制培养基	称取_____g 营养琼脂粉加到装有_____mL 蒸馏水的烧杯中，边搅拌边加热至溶液呈黄色透明状态；稍冷后，将培养基分装倒入锥形瓶内，并塞硅胶塞，包扎	每对平皿需要倒入 15～20 mL 的培养基，根据布点数计算称量质量
2	包扎器皿	取_____对培养皿，清洗晾干并编号，用报纸包装，并用细棉绳系好	
3	灭菌	1. 将包装好的平皿和培养基放入高压蒸汽灭菌锅，121 ℃灭菌 20 min。 2. 清理超净工作台，关上超净工作台窗门，使用前打开紫外线灯照射 30 min	
4	倒平板	已灭菌的培养基冷却至 45 ℃左右后，按照无菌操作的要求，倒入平皿内，每个平皿 15～20 mL，形成约为 0.5 cm 的厚度平面培养基，然后放在超净工作台内冷却凝固	冷却时尽量分散放置，加快冷却速度

序号	步骤	操作方法	说明
5	采集	沉降法： 到达采样点，按要求布点采样，保持培养基面对空间开放 5 min，同时做一个空白对照。 撞击法： 到达采样点，按要求布点采样，六级撞击式空气采样器使用前先验证气密性，然后用 75% 的酒精擦拭消毒采样头，装入平皿，组装好仪器，28.3 L/min 采样 5～15 min，并做一个空白对照	1. 采样前记录室内人员数量、温度、湿度与天气状况等； 2. 对照平皿仅带到采样点（监测点），但不开盖
6	培养	采样完成后，将所有平皿包装好，写上标签，放入培养箱，(36±1)℃，倒置培养 48 h	若采样点距离太远，将采集后的营养琼脂平板储存于 4℃，并尽快返回实验室进行培养
7	计数	培养结束，进行菌落计数，计算菌落总数，填写试验报告	
8	清洁	消毒和清洗器皿，整理实验室	

结果报告

空气采样原始记录表，见表 6-4；试验原始记录表，见表 6-5；结果报告表，见表 6-6。

表 6-4　空气采样原始记录表

采样日期：		采样地点：		采样方法：		方法依据：
检测项目：		仪器名称：		仪器编号：		室内人员数：
气温：		气压：		风速：		相对湿度：

样品编号	点位	开始时间	结束时间	采样流量 /(L·min⁻¹)	采样体积 /L

现场情况及采样点位示意图：

采样人：　　　　　　　　　　校核人：　　　　　　　　　　审核人：

表 6-5 试验原始记录表

样品名称：		检测项目：		检测方法：		方法依据：	
灭菌锅编号：		灭菌温度：		培养箱编号：		培养温度：	
培养开始日期和时间：							
培养结束日期和时间：							

样品编号	空白对照 /(CFU·皿$^{-1}$)	菌落计数 /(CFU·皿$^{-1}$)	沉降法		撞击法	
			平均菌落数 /(CFU·皿$^{-1}$)	细菌总数 /(CFU·m^{-3})	各级平皿菌落总数 /(CFU·皿$^{-1}$)	细菌总数 /(CFU·m^{-3})

备注：

检测人：　　　　　　　　　校核人：　　　　　　　　　审核人：

表 6-6　结果报告表

样品来源		检测项目	
采/送样日期		分析日期	
样品数量			
样品状态			
监测点位		监测频次	
标准方法名称		标准方法编号	

样品编号	测定值	监测结果	备注

备注

报告人：　　　　　　　　　校核人：　　　　　　　　　审核人：

结果评价

结果评价表，见表6-7。

表6-7　结果评价表

类别	内容	评分要点	配分	评分
职业素养（30分）	纪律情况（10分）	不迟到，不早退	2	
		着装符合要求	2	
		实训资料齐备	3	
		遵守试验秩序	3	
	道德素质（10分）	爱岗敬业，按标准完成实训任务	4	
		实事求是，对数据不弄虚作假	4	
		坚持不懈，不怕失败，认真总结经验	2	
	职业素质（10分）	团队合作	2	
		认真思考	4	
		沟通顺畅	4	
职业能力（70分）	任务准备（10分）	设备准备齐全	5	
		提前预习	5	
	实施过程（25分）	正确配制培养基	3	
		正确包扎器皿	3	
		灭菌完全	3	
		倒平板操作规范	4	
		采集空气样品规范	4	
		培养条件正确	4	
		计数方法正确	4	
	任务结束（10分）	清洁仪器，设备复位	3	
		收拾工作台	3	
		按时完成	4	
	质量评价（25分）	空白对照达标	5	
		平皿计数正确	5	
		结果报告正确	5	
		报告整洁	5	
		书写规范	5	

1. 测定空气细菌总数常用的方法有(　　)。

A. 多管发酵法　　　　B. 酶联免疫法　　　C. 自然沉降法　　　D. 撞击法

2. 测定空气细菌总数使用(　　)培养基。

A. 营养琼脂　　　　B. 高氏一号　　　C. 沙氏　　　D. 乳糖蛋白胨

3. 细菌总数的培养条件是(　　)℃、(　　)h。

A. 36　12　　　　B. 36　48　　　C. 26　12　　　D. 26　48

4. 对 300 m² 的办公室进行细菌总数的测定,应设置(　　)个采样点。

A. 1　　　　　　　　　　　　B. 2

C. 5　　　　　　　　　　　　D. 10

拓展阅读:空气中的微生物

5. 使用六级撞击式微生物采样器,以 28.3 L/min 流量采集 6 min,采样总体积为(　　)L。

A. 4.72　　　　　　　　　　B. 28.3

C. 34.3　　　　　　　　　　D. 169.8

6. 在环境空气中,影响微生物数量的因素有哪些?其分布规律是什么?

7. 自然沉降法测定空气中细菌总数的采样要求有哪些?

8. 沉降法测定空气中细菌总数的原理、步骤和注意事项是什么?

任务二　　测定空调送风中真菌总数

　　美国环保局、丹麦技术大学等机构在美国和欧洲的调查结果表明,室内空气污染中来自空调通风系统的占 42%～53%,而空调通风系统所产生的含有细菌、真菌、酵母等微生物的空气被人体吸入时,很容易使人产生过敏或引发呼吸疾病。自新冠病毒暴发以来,由中央空调导致的病毒交叉感染病例屡见不鲜,国家对此高度重视。2020 年 6 月 19 日,国务院联防联控机制在《低风险地区夏季重点地区重点单位重点场所新冠疫情常态化防控相关防护指南》中明确指出"加强对空调冷凝水、冷却水的卫生管理,强调对冷却塔等进行清洗,保持新风口清洁,定期对送风口等设备和部件进行清洗、消毒或更换。"2023 年 5 月,中国疾控中心对北京、深圳的空调微生物污染情况进行了观察试验,结果发现部分空调细菌及真菌总数接近国家卫生标准限值的 10 倍,检测出最高样品菌数严重超标 900 倍。因此,空调送风口细菌及真菌等微生物的数量对室内的空气质量有着重要的影响。

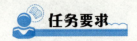 **任务要求**

以办公室为场景，使用撞击法测定空调送风中真菌总数。

要求：

1. 查阅操作手册和标准规范，根据工作场景制订监测方案。

2. 正确采集空气样品，利用撞击法测定空气中细菌总数。

3. 按规范填写原始记录表并出具结果报告。

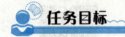 **任务目标**

知识目标

1. 了解真菌菌落形态。

2. 掌握空气真菌测定的原理和步骤。

3. 掌握菌落计数的方法。

能力目标

1. 能够正确选用和配制培养基。

2. 能够规范进行采样和培养。

3. 能够正确进行真菌计数。

素质目标

1. 培养室内空气卫生意识。

2. 培养规范操作工作精神。

3. 培养实事求是的职业素养。

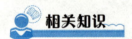 **相关知识**

一、概念

1. 集中空调通风系统

为使房间或封闭空间空气温度、湿度、洁净度和气流速度等参数达到设定要求，而对空气进行集中处理、输送、分配的所有设备、管道及附件、仪器仪表的总和。

2. 真菌

真菌(Fungi)属于真核微生物，由细胞壁、细胞膜、细胞质、细胞核、细胞器(线粒体、内质网、液泡)、鞭毛(真菌的游离孢子有具鞭毛)组成。真菌包含霉菌、酵母、蕈菌及菌菇类。空气中的真菌主要以霉菌为主，常见的有黑曲霉、白念珠菌等。霉菌为丝状真菌的统称。凡是在营养基质上能形成绒毛状、网状或絮状菌丝体的真菌(除少数外)，统称为霉菌。霉菌能抵抗热、冷冻、抗生素和辐照等因素，因此它们能转换某些不利于细菌的物质，促进致病菌细菌的生长；有些霉菌能够合成有毒代谢产物——霉菌毒素。霉菌的菌落大、疏松、干燥、不透明，有的呈绒毛状或絮状或网状等，菌体可沿培养基表面蔓延生长，不同的真菌孢子含有不同的色素，因此菌落可呈现红、黄、绿、青绿、青灰、黑、白、灰等多种颜色。

空气中真菌总数(Total Fungi Count)是指在空气中采集的样品，计数在沙氏琼脂培养基上经 28 ℃、5 d 培养所形成的菌落数。空调送风中真菌总数测定常用检测的方法为撞击法。

二、撞击法原理

撞击式空气微生物采样器采样是通过抽气动力作用，使空气通过狭缝或小孔而产生高速气流，从而使悬浮在空气中的带菌粒子撞击到培养基平板上，经一定温度与时间培养后，计算每立方米空气中所含的微生物菌落数的采样测定方法。

集中空调通风系统送风中采用撞击法采集的样品，计数在沙氏琼脂培养基上经 28 ℃，5 d 培养所形成的菌落数为真菌总数。

三、培养基

空调送风中真菌总数的测定采用沙氏琼脂培养基，其成分：蛋白胨 10 g，葡萄糖 20 g，琼脂 20 g，蒸馏水 1 000 mL。

制法：将蛋白胨、葡萄糖溶于蒸馏水中，校正 pH 值为 5.5～6.0，加入琼脂，115 ℃，15 min 灭菌备用。

四、撞击法采样

(1)采样点：每套空调系统选择 3～5 个送风口进行监测，每个风口设置 1 个测点，一般设置在送风口下方 15～20 cm、水平方向向外 50～100 cm 处。

(2)采样环境条件：采样时集中空调通风系统应在正常运转条件下，并关闭门窗15～30 min，尽量减少人员活动幅度与频率，记录室内人员数量，温度、湿度与天气状况等。

(3)采样方法：以无菌操作，使用撞击式微生物采样器以 28.3 L/min 流量采集 5～15 min。

五、培养条件

将采集真菌后的沙氏琼脂培养基平皿置于 28 ℃培养 5 d，逐日观察并于第 5 天记录结果。若真菌数量过多可于第 3 天记录结果，并记录培养时间。

六、结果报告

对送风口采样点的每个平皿进行菌落计数，记录结果并按稀释比与采气体积换算成 CFU/m³(每立方米空气中菌落形成单位)。一个空调系统送风中真菌总数的测定结果按该系统全部检测的送风口真菌总数测定值中的最大值给出。

$$空气含菌量(CFU/m^3) = \frac{六级采样平板上总菌数(CFU) \times 1\,000}{28.3\ L/min \times 采样时间(min)}$$

🧰 任务实施

一、操作准备

根据监测方案准备试剂药品、仪器和用具，填写备料清单(表6-8)。

表6-8 备料清单

试剂和药品							
序号	名称	规格	数量	序号	名称	规格	数量
仪器和用具							
序号	名称	规格	数量	序号	名称	规格	数量
备注							

二、操作过程

撞击法测定空气中真菌总数参考步骤见表6-9，可根据实际情况进行调整，完成任务。

表6-9 空调送风中真菌总数的测定步骤

序号	步骤	操作方法	说明
1	配制培养基	称取_____g沙氏琼脂粉加入装有_____mL蒸馏水的烧杯中，边搅拌边加热至溶液呈黄色透明；稍冷后，将培养基分装倒入锥形瓶内，并塞硅胶塞，包扎	每对平皿需要倒入15～20 mL的培养基，根据布点数计算称量质量
2	包扎器皿	取_____对培养皿，清洗晾干并编号，用报纸包装，并用细棉绳系好	
3	灭菌	1. 将包装好的平皿和培养基放入高压蒸汽灭菌锅，115 ℃灭菌15 min。 2. 清理超净工作台，关上超净工作台窗门，使用前打开紫外线灯照射30 min	

序号	步骤	操作方法	说明
4	倒平板	已灭菌的培养基冷却至 45 ℃左右后，按照无菌操作的要求，倒入平皿内，每个平皿 15～20 mL，形成厚度约为 0.5 cm 的平面培养基，然后放在超净工作台内冷却凝固	冷却时尽量分散放置，加快冷却速度
5	采集	到达采样点，按要求布点采样，使用六级撞击式空气采样器前先验证气密性，然后用 75%的酒精擦拭消毒采样头，装入平皿，组装好仪器，28.3 L/min 采样 5～15 min，并做一个空白对照	1. 采样前记录室内人员数量、温度、湿度与天气状况等； 2. 对照平皿仅带到采样点（监测点），但不开盖
6	培养	采样完成后，将所有平皿包装好，写上标签，放入培养箱，28 ℃，倒置培养 5 d	逐日观察并于第 5 天记录结果。若真菌数量过多可于第 3 天计数结果，并记录培养时间
7	计数	培养结束，进行菌落计数，计算菌落总数，填写试验记录表	
8	清洁	消毒和清洗器皿，整理实验室	

结果报告

空气采样原始记录表，见表 6-10；试验原始记录，见表 6-11；结果报告表，见表 6-12。

表 6-10 空气采样原始记录表

采样日期：		采样地点：		采样方法：		方法依据：
检测项目：		仪器名称：		仪器编号：		室内人员数：
气温：		气压：		风速：		相对湿度：

样品编号	点位	开始时间	结束时间	采样流量 /(L · min⁻¹)	采样体积 /L

现场情况及采样点位示意图：

采样人：   校核人：   审核人：

表 6-11 试验原始记录表

样品名称:		检测项目:			检测方法:			方法依据:	
灭菌锅编号:		灭菌温度:			培养箱编号:			培养温度:	
培养开始日期和时间:									
培养结束日期和时间:									
样品编号	空白对照 /(CFU·皿$^{-1}$)	菌落计数 /(CFU·皿$^{-1}$)	5天培养情况					各级平皿 菌落总数 /(CFU·皿$^{-1}$)	细菌总数 /(CFU·m^{-3})
			Day 1	Day 2	Day 3	Day 4	Day 5		
备注:									
检测人:				校核人:			审核人:		

表 6-12 结果报告表

样品来源			检测项目		
采/送样日期			分析日期		
样品数量					
样品状态					
监测点位			监测频次		
标准方法名称			标准方法编号		
样品编号		测定值		监测结果	备注
备注					
报告人:			校核人:		审核人:

结果评价

结果评价表，见表 6-13。

表 6-13　结果评价表

类别	内容	评分要点	配分	评分
职业素养 （30分）	纪律情况 （10分）	不迟到，不早退	2	
		着装符合要求	2	
		实训资料齐备	3	
		遵守试验秩序	3	
	道德素质 （10分）	爱岗敬业，按标准完成实训任务	4	
		实事求是，对数据不弄虚作假	4	
		坚持不懈，不怕失败，认真总结经验	2	
	职业素质 （10分）	团队合作	2	
		认真思考	4	
		沟通顺畅	4	
职业能力 （70分）	任务准备 （10分）	仪器和用具准备齐全	5	
		试剂和样品准备齐全	5	
	实施过程 （25分）	正确配制培养基	3	
		正确包扎器皿	3	
		灭菌完全	3	
		倒平板操作规范	4	
		空气样品采集规范	4	
		培养条件正确	4	
		计数方法正确	4	
	任务结束 （10分）	清洁仪器，设备复位	3	
		收拾工作台	3	
		按时完成	4	
	质量评价 （25分）	空白对照达标	5	
		平皿计数正确	5	
		结果报告正确	5	
		报告整洁	5	
		书写规范	5	

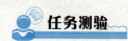

1. 以下属于真菌的是（　　）。

A. 细菌　　　　　　　B. 酵母菌　　　　　　C. 霉菌　　　　　　D. 病毒

2. 撞击法测定空气中真菌总数结果报告单位为（　　），自然沉降法测定空气中真菌总数结果报告单位为（　　）。

A. 个/m³　　　　　　B. 个/皿　　　　　　C. CFU/m³　　　　　D. CFU/皿

3. 沙氏琼脂培养基不含（　　）成分。

A. 蛋白胨　　　　　　B. 乳糖　　　　　　C. 葡萄糖　　　　　D. 琼脂

4. 测定空调送风中真菌总数采样时，集中空调通风系统应在（　　）条件下进行。

A. 提前 15～30 min 关闭　　　　　　　　B. 提前 30～60 min 关闭

C. 正常运转 15～30 min　　　　　　　　D. 随测随开

拓展阅读：公共场所集中空调通风系统的卫生状况

5. 若空调送风系统比较脏，使用撞击式微生物采样器以 28.3 L/min 流量采集（　　）min 为宜。

A. 5　　　　　　　　B. 15　　　　　　　　C. 30　　　　　　　D. 60

6. 培养真菌使用什么培养基？

7. 撞击法测定空调送风中真菌总数的采样要求有哪些？

8. 撞击法测定空调送风中真菌总数的原理、步骤和注意事项是什么？

任务三　测定水中菌落总数

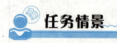 任务情景

　　2009 年 7 月 23 日内蒙古自治区赤峰市突降一场暴雨，在随后的几天里，该市新建城区数千居民在饮用自来水后出现腹泻、呕吐、头晕、发热等症状，一时间各医疗门诊腹泻患者激增。7 月 26 日，赤峰市建委通报事发原因，为暴雨污水侵入饮用水源井污染所致。市区暴雨使地面水排泄不畅，大量污水侵入担负新建城区居民供水的九龙供水公司 9 号水源井，进而污染了饮用水，经卫生部门 7 月 26 日采集水样，9 号水源井总大肠菌群、菌落总数严重超标，同时，检测出的沙门氏菌是导致此次水污染事件的主要原因。

　　水中病原菌主要是经水传播并由消化道传染。如伤寒沙门氏菌，主要表现为躯干上出现红斑，胃肠壁溃疡产生腹泻。痢疾志贺氏菌可引起细菌性痢疾，症状为急性腹泻，通常大便中有血及黏液。霍乱弧菌，轻者引起腹泻，重者昏迷，甚至死亡。这三种致病菌是水中最为常见的致病菌，都属于肠道传染病菌，其他病菌如变形杆菌、肠炎耶尔氏菌、沙雷氏菌引起的症状较轻，通常为肠炎。

细菌总数可以反映水体被有机污染物污染的程度。一般未被污染的水体细菌数量很少。如果细菌数增多，表示水体可能受到有机污染，细菌总数越多说明污染越重。因此，细菌总数是检验饮用水、水源水、地表水等污染程度的标志。

任务要求

本任务以校园湖水为样品，使用平皿法测定水中菌落总数。

要求：

1. 查阅操作手册和标准规范，根据工作场景制订监测方案。

2. 正确采集样品，选择合适的稀释倍数，利用平皿法测定空气中细菌总数。

3. 按规范填写原始记录表并出具结果报告。

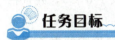

任务目标

知识目标

1. 掌握水中菌落总数测定的原理。

2. 掌握水中菌落总数测定的步骤。

3. 掌握菌落计数的方法。

能力目标

1. 能够正确采集湖水样品。

2. 能够正确对样品进行稀释与接种。

3. 能够正确计算菌落总数。

素质目标

1. 培养饮用水安全意识。

2. 培养规范操作的工作精神。

3. 培养实事求是的职业素养。

一、原理

菌落总数测定实际上是指 1 mL 水样在营养琼脂上、在有氧条件下(36 ± 1)℃培养 48 h 后所得 1 mL 水样中的菌落总数。

平皿计数法测定水中菌落总数是测定水中需氧菌和兼性厌氧菌密度的方法。因为细菌能以单独个体、成对、链状、成簇等形式存在，而且没有任何单独一种培养基能满足一个水样中所有细菌的生理需求，所以由此法所得的菌落可能要低于真正存在的活细菌的总数。

二、培养基

成分：蛋白胨 10 g，牛肉膏 3 g，琼脂 15 g，氯化钠 5 g，蒸馏水 1 000 mL。

制法：将上述成分混合后，加热溶解，调整 pH 值为 7.4~7.6，分装于玻璃容器中，经 121 ℃高压蒸汽灭菌 20 min，0~4 ℃冷藏保存。

三、水样采集要求

采集用于细菌学指标测试的水样时，应尽可能地代表所采的环境水体特征，并采取一切预防措施尽力保证从采样到实验室分析这段时间水样不受污染和水样的成分不发生任何变化。

1. 采样前准备

(1)采水容器。容器及塞子、盖子应耐受灭菌温度(一般为 121 ℃或 160 ℃)，并且在此温度下不释放或产生出任何能抑制生物活性、灭活或促进生物生长的化学物质。通常采用以耐热玻璃制成的、带磨砂玻璃塞的 500 mL 广口瓶，也可用带螺旋帽的聚乙烯塑料瓶和耐热的聚丙烯塑料瓶作为采水容器。

(2)采样瓶的洗涤。按一般清洗原则，洗涤时用硝酸浸泡，或加入洗涤剂洗刷，最后用蒸馏水冲洗 1~2 次，以除去重金属或铬酸盐残留物。

(3)采样瓶的灭菌。容器必须经过灭菌方可使用，以防止杂菌污染。将洗涤干净的采样瓶晾干，盖好瓶盖，用牛皮纸将瓶塞、瓶顶和瓶颈处包裹好，置于高压蒸汽灭菌器内，在 121 ℃灭菌 15~20 min。或置于干燥箱内于 160~170 ℃干热灭菌 2 h。

灭菌后的采样瓶应在两周内使用，若两周内未使用，需要重新灭菌。已灭菌和封包好的采水样瓶在运输过程中及采样时，要小心开启包装纸和瓶盖，避免瓶盖及瓶颈受污染。

(4)干扰和消除。余氯的存在会抑制细菌的生长，影响待测水样在采集时所指示的真正细菌含量，因此，在采集医院废水和自来水等经加氯处理的水样时，需要去除水样中的余氯。其方法是灭菌前在采样容器里加入硫代硫酸钠($Na_2S_2O_3$)溶液，按每 125 mL 容器加入 0.1 mL 浓度为 0.10 g/mL 的 $Na_2S_2O_3$ 计算用量。

重金属的存在也会抑制细菌的生长甚至会杀灭细菌，从而影响检验结果。因此，在采集工业废水和污水处理厂尾水等含重金属的水样时，应加入螯合剂以减少重金属的毒性，特别是对采样点位置较远，需长距离运输的水样更应如此。其方法是灭菌前每 500 mL 采样瓶加入 1 mL 浓度为 0.15 g/mL 乙二胺四乙酸二钠盐(EDTA-Na_2)溶液。

2. 采样要求

(1)河、湖、海和水库水样的采集。采集河流、湖泊、水库等地表水样品时，可握住瓶子下部直接将带塞采样瓶插入水中，距离水面 10~15 cm 处，瓶口朝水流方向，拔瓶塞，使样品灌入瓶内然后盖上瓶塞，将采样瓶从水中取出。如果没有水流，可握住瓶子水平往前推。

采集一定深度的水样时，可使用单层采水或深层采水瓶，如图 6-3 所示。采样时，将已灭菌的采样瓶放入采水瓶架内，当采水瓶下沉到预定的深度时，扯动挂绳，打开瓶塞，待水灌满后，迅速提出水面，弃去上层水样，盖好瓶盖，并同步测定和记录水深。在同一采样点进行分层采样时，应自上而下进行，以免不同层次间的搅扰；同一采样点与理化监测项目同时采样时，应先采集细菌学检验样品。

（2）自来水的水样采样。在采集自来水的水样时，先将水龙头打开至最大，放水 3～5 min，然后关闭水龙头，用酒精灯火焰将水龙头灼烧 3 min 灭菌，或用 70％～75％的酒精溶液消毒水龙头，再放水 1 min，以充分除去水管中滞留的杂质。采水时控制水流速度，将水小心接入瓶内。

（3）注意事项。

1）采样时应做好个人防护，采取无菌操作直接采集，不应用水样荡洗已灭菌的采样瓶或采样袋，并避免手指和其他物品对瓶口或袋口的沾污。

2）采样时不需用水样冲洗采样瓶，采样后在瓶内要留足够的空间，一般采样量最多为采样瓶容量的 80％左右，以便在进行实验室检验时，能充分振摇混合样品，获得具有代表性的样品。采集好水样后，迅速盖上瓶盖和包装纸。

3）采样完毕后，应将采样瓶编号，做好采样记录。将采样日期、采样地点、采水深度、采样方法、样品编号、采样人及采样时的水温、气温等情况登记在记录卡上。

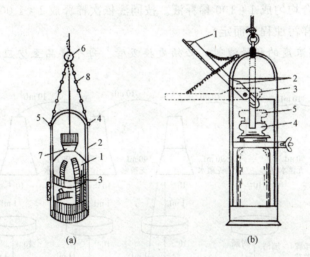

图 6-3　单层采水瓶和深层采水瓶

（a）单层采水瓶

1—水样瓶；2，3—采水瓶架；4，5—控制采水瓶挂钩；6—固定采水瓶绳的挂钩；7—瓶塞；8—采水瓶绳

（b）深层采水瓶

1—叶片；2—杠杆（关闭位置）；3—杠杆（开口位置）；4—玻璃塞（关闭位置）；5—玻璃塞（开口位置）

3. 样品保存

各种水体，特别是地表水、污水和废水的水样，易受物理、化学或生物的作用，从采集水体至检验的时间间隔内会很快发生变化。因此，当水样不能及时运到实验室，或运到实验室后，不能立即进行分析时，必须采取保护措施。

进行细菌学检验，一般从取样到检验不宜超过 2 h，否则应使用 10 ℃以下的冷藏设备保存样品，但不得超过 6 h。实验室接到送检样后，应将样品立即放入冰箱，并在 2 h 内着手检验。如果因路途遥远，送检时间超过 6 h，则应考虑现场检验或采用延迟培养法。

四、水样稀释与接种

(1)稀释原则。要选择适宜的水样稀释度，以期在平皿上培养出的菌落总数为 30～300。例如，如果认为直接水样的标准平皿计数菌落数可高达 3 000，就应该将水样稀释到 1∶100 后，再进行平皿计数。大多数饮用水水样，未经稀释直接接种 1 mL，所得的菌落总数可适于计数。

(2)稀释方法。

1)将水样用力振摇 20～25 次，使可能存在的细菌凝团成分散状。

2)以无菌操作方法吸取 10 mL 充分混合均匀的水样，注入盛有 90 mL 灭菌水(或无菌生理盐水)的试管中(可放入适量的玻璃珠)，用力振摇，将水样混合均匀成 1∶10 的稀释液。

3)用新的无菌吸管吸取 1∶10 的稀释液 10 mL 注入盛有 90 mL 无菌水(或无菌生理盐水)的试管中，混合均匀成 1∶100 稀释液。按同法依次稀释成 1∶1 000、1∶10 000 稀释液(稀释倍数按水样污浊程度而定)。

注意： 吸取不同浓度的稀释液时，必须更换吸管。每个样品至少应稀释 3 个适宜浓度(图 6-4)。

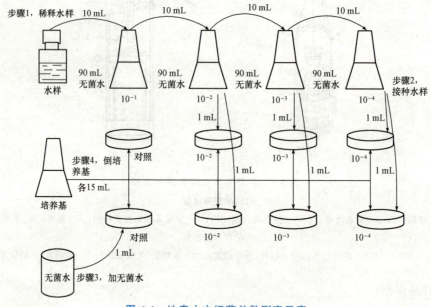

图 6-4 地表水中细菌总数测定示意

(3)接种。选择 3 个连续稀释度的稀释水样进行接种培养，其方法是以无菌操作方法用 1 mL 灭菌吸管吸取充分混合均匀的水样注入灭菌平皿中，倾注 15～20 mL 已融化并冷却到 44～47 ℃的营养琼脂培养基，并立即旋摇平皿，使水样与培养基充分混合均匀。每个水样应倾注两个平皿(图 6-4)。每次检验时，用无菌水做实验室空白测定，培养后平皿上不得有菌落生长；否则，该次样品测定结果无效，应查明原因后重新测定。

待平皿内的营养琼脂培养基冷却凝固后，翻转平皿，使底面向上(避免因表面水分凝结而影响细菌均匀生长)，在 36 ℃±1 ℃条件下，恒温培养箱内培养 48 h±2 h 后观察结果。

五、菌落计数

经培养之后，应立即进行平皿菌落计数。如果计数必须暂缓进行，平皿需存放于 5～10 ℃冰箱内，且不得超过 24 h，但是这种做法不能成为常规的操作方式。

(1)做平皿菌落计数时，可用菌落计数器或放大镜检查，以防止遗漏，在记下各平皿的菌落数后，应计算出同一稀释度的平均菌落数。

(2)在计算平均数时，如果其中一个平皿有较大片状菌落生长时，则不宜采用，而应以无片状菌落生长的平皿作为该稀释度的菌落数。

(3)若片状菌落不到平皿的 1/2，而其余 1/2 中菌落分布又很均匀，则可将此半皿计数后乘以 2 代表全皿菌落数，然后计算该稀释度的平均菌落数。

(4)如果由于稀释等过程中有杂菌污染，或者对照平皿显示出培养基或其他材料染有杂菌(空白不为零)，以致平皿无法计数，则应报告为"试验事故"。

(5)对于平皿中出现菌落密度太大难以计数的情况，或出现连片菌落的情况时，说明细菌密度太大有可能超出方法的检出上限，即稀释不足，或送检时间超出规定的范围导致水样中的细菌自行繁殖，则应注明采样时间，同时，将结果报告为"无法计数"。

(6)对于看来相似，距离相近但却不相接触的菌落，只要它们之间的距离不小于最小菌落数的直径，便应一一予以计数。对紧密接触而外观(如形态或颜色)相异的菌落，也应该一一予以计数。

六、报告结果

细菌总数是以每个平皿菌落的总数或平均数(如同一稀释度两个重复平皿的平均数)乘以稀释倍数而得来的。各种不同情况的计算方法如下。

(1)首先选择平均菌落数在 30～300 者进行计算，当只有一个稀释度的平均菌落数符合此范围时，即以该平均菌落数乘以其稀释倍数报告(表 6-14 例次 1)。

(2)若有两个稀释度，其平均菌落数均在 30～300，则应按两者的比值来决定。若其比值小于 2 应报告两者的平均数，若大于或等于 2 则报告其中稀释度较小的数值(表 6-14 例次 2、例次 3)。

(3)若所有稀释度的平均菌落数均大于 300，则应按稀释倍数最大的平均菌落数乘以稀释倍数报告(表 6-14 例次 4)。

(4)若所有稀释度的平均菌落数均小于 30，则应按稀释倍数最小的平均菌落数乘以稀释倍数报告(表 6-14 例次 5)。

(5)若所有稀释度的平均菌落数均不在 30～300，是以最接近 300 或 30 的平均菌落数乘以稀释倍数报告(表 6-14 例次 6)。

(6)若所有稀释度的平板上均无菌落生长，则以未检出报告。

(7)如果所有平板上都有菌落密布，不要用"多不可计"报告，而应在稀释度最大的平板上，任意数 2 个平板 1 cm² 中的菌落数，除以 2 计算出每平方厘米内平均菌落数，乘以皿底面积 63.6 cm²，再乘以其稀释倍数作为报告。

(8)菌落计数的报告：测定结果保留至整数位，最多保留两位有效数字，当测定结果≥100 CFU/mL 时，以科学计数法表示；若未稀释原液的平皿上无菌落生长，则以"未检出"或"<1 CFU/mL"表示。

表 6-14　稀释度选择及菌落升数报告方式

例次	不同稀释度的平均菌落数			两个稀释度菌落数比值	菌落总数 /(个·mL⁻¹)	报告方式 /(个·mL⁻¹)
	10^{-1}	10^{-2}	10^{-3}			
1	1 365	164	20	—	16 400	16 000 或 1.6×10^4
2	2 760	295	46	1.6	37 750	38 000 或 3.8×10^4
3	2 890	271	60	2.2	27 100	27 000 或 2.7×10^4
4	无法计数	1 650	513		513 000	510 000 或 5.1×10^5
5	27	11	5	—	270	270 或 2.7×10^2
6	无法计数	305	12		30 500	31 000 或 3.1×10^4

🧰 任务实施

一、操作准备

根据监测方案准备试剂药品、仪器和用具，填写备料清单(表 6-15)。

表 6-15　备料清单

试剂和药品							
序号	名称	规格	数量	序号	名称	规格	数量
仪器和用具							
序号	名称	规格	数量	序号	名称	规格	数量
备注							

二、操作过程

平皿法测定校园湖水菌落总数参考步骤见表 6-16，可根据实际情况进行调整，完成任务。

表 6-16　测定步骤

序号	步骤	操作方法	说明
1	配制培养基	1. 培养基：称取 _____ g 营养琼脂粉加入装有 _____ mL 蒸馏水的烧杯中，边搅拌边加热至溶液呈黄色透明；稍冷后，将培养基分装倒入锥形瓶内，并塞上硅胶塞，包扎。 2. 无菌水：量取 100 mL 蒸馏水到锥形瓶内，塞上硅胶塞，包扎	每对平皿需要倒入 15～20 mL 的培养基，根据布点数计算称量质量
2	包扎器皿	1. 采样瓶：洗净，塞上硅胶塞，用报纸包装。 2. 培养皿：取 _____ 对培养皿，清洗晾干并编号，用报纸包装并用细棉绳系好。 3. 吸量管：取 10 mL 吸量管 _____ 支，1 mL 吸量管 _____ 支，顶部塞入棉花，用报纸包装。 4. 发酵管：取发酵管 _____ 支，每支放入 3～4 颗玻璃珠，塞上硅胶塞，用报纸包装	
3	灭菌	1. 将包装好的培养基、无菌水、采样瓶、培养皿、吸量管、发酵管放入高压蒸汽灭菌锅，121 ℃灭菌 20 min。 2. 清理超净工作台，关上超净工作台窗门，使用前打开紫外线灯照射 30 min	
4	采样	到达采样点，按微生物采样要求采水样。将采样瓶口朝水流的方向放入水中，拔出瓶塞使湖水灌入瓶内，采集完毕塞上瓶塞，再拿出水面，并填写采样记录表	采集水样不超过 80% 的瓶子体积，并采样后迅速拿回实验室检测
5	稀释与接种	1. 将灭菌器皿放入超净工作台内，打开报纸并对器皿编号； 2. 用 10 mL 的吸量管吸取 9 mL 的无菌水到 3 支发酵管内，再吸取 1 mL 无菌水到对照平皿中； 3. 用 1 mL 吸量管吸取 1 mL 水样到第 1 支发酵管内，充分振摇，得到 10 倍稀释水样(10^{-1})； 4. 取新的 1 mL 的吸量管，分别量取 1 mL 的稀释水样(10^{-1})到 2 个平皿内。再量取 1 mL 的稀释水样(10^{-1})到第 2 支发酵管内，充分振摇均匀得到 100 倍稀释水样(10^{-2})； 5. 取新的 1 mL 的吸量管，分别量取 1 mL 的稀释水样(10^{-2})到新的 2 个平皿内。再量取 1 mL 的稀释水样(10^{-2})到第 3 支发酵管内得到 1 000 倍稀释水样(10^{-3})； 6. 取新的 1 mL 的吸量管，分别量取 1 mL 的稀释水样(10^{-3})到新的 2 个平皿内	1. 所有步骤需按无菌操作要求进行。采样瓶表面消毒后再放入超净工作台内 2. 吸取水样前需要充分振摇均匀

序号	步骤	操作方法	说明
6	倒平板	倾倒已融化并冷却到 45 ℃左右的营养琼脂培养基，并立即旋摇平皿，使水样与培养基充分混合均匀，放在超净工作台内冷却凝固	冷却时尽量分散放置，加快冷却速度
7	培养	将所有平皿包装好，写上标签，放入培养箱，（36±1)℃，倒置培养 48 h	
8	计数	培养结束，进行菌落计数，计算菌落总数，并填写试验报告	
9	清洁	消毒和清洗器皿，整理实验室	

结果报告

水样采样原始记录表，见表 6-17；试验原始记录表，见表 6-18；结果报告表，见表 6-19。

表 6-17 水样采样原始记录表

采样日期：		采样地点：		样品类型：		采样容器：	
气温：		气压：		天气：		水流流速：	
样品编号	点位	采样时间	采样深度/m	采样量/L		样品状态	备注

备注：

样品类型：地表水、地下水、水源水、饮用水、出厂水、管网水、自来水、其他。

容器类型：玻璃容器、塑料容器。

样品状态：颜色气味漂浮物等状况

现场情况及采样点位示意图：

采样人：　　　　　　　　　　校核人：　　　　　　　　　　审核人：

表 6-18　试验原始记录表

样品名称：		检测项目：		检测方法：		方法依据：	
灭菌锅编号：		灭菌温度：		培养箱编号：		培养温度：	
培养开始日期和时间：							
培养结束日期和时间：							
样品编号	平皿编号	空白对照	稀释倍数_____		稀释倍数_____		稀释倍数_____
	1						
	2						
	平均值						
	两个稀释度菌落数之比						
	菌落总数/(CFU·mL^{-1})						
	1						
	2						
	平均值						
	两个稀释度菌落数之比						
	菌落总数/(CFU·mL^{-1})						
备注：							
检测人：		校核人：			审核人：		

表 6-19　结果报告表

样品来源				检测项目		
采/送样日期				分析日期		
样品数量						
样品状态						
监测点位				监测频次		
标准方法名称				标准方法编号		
样品编号		测定值		监测结果		备注
备注：						
报告人：		校核人：			审核人：	

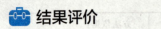 结果评价

结果评价表，见表 6-20。

表 6-20　结果评价表

类别	内容	评分要点	配分	评分
职业素养（30分）	纪律情况（10分）	不迟到，不早退	2	
		着装符合要求	2	
		实训资料齐备	3	
		遵守试验秩序	3	
	道德素质（10分）	爱岗敬业，按标准完成实训任务	4	
		实事求是，对数据不弄虚作假	4	
		坚持不懈，不怕失败，认真总结经验	2	
	职业素质（10分）	团队合作	2	
		认真思考	4	
		沟通顺畅	4	
职业能力（70分）	任务准备（10分）	设备准备齐全	5	
		提前预习	5	
	实施过程（25分）	正确配制培养基	3	
		正确包扎器皿	3	
		灭菌操作规范	3	
		采样操作规范	3	
		稀释与接种操作规范	3	
		倒平板操作规范	3	
		培养条件正确	3	
		计数方法正确	4	
	任务结束（10分）	清洁仪器，设备复位	3	
		收拾工作台	3	
		按时完成	4	
	质量评价（25分）	空白对照达标	5	
		平皿计数正确	5	
		结果报告正确	5	
		报告整洁	5	
		书写规范	5	

1. 采集菌落总数水样样品，需要去除水样中的余氯时应选用(　　)。

A. EDTA-Na$_2$ 溶液　　　　　　　　　B. Na$_2$S$_2$O$_3$ 溶液

C. NaCl 溶液　　　　　　　　　　　　D. HNO$_3$ 溶液

2. 微生物样品采样时(　　)用水样冲洗采样瓶，一般采样量最多为采样瓶容量的(　　)左右。

A. 需要，80%　　　　　　　　　　　B. 需要，50%

C. 不需要，80%　　　　　　　　　　D. 不需要，50%

3. 测定水中细菌总数的培养基选用(　　)培养基。

A. 高氏一号　　　　　　　　　　　　B. 营养琼脂

C. 沙氏　　　　　　　　　　　　　　D. 乳糖蛋白胨

4. 细菌菌落计数求相同稀释度的平均数时，若其中一个平皿有1/4成片状菌落，其余菌落分布均匀，应(　　)。

A. 以无片状菌落的平皿作为菌落数

B. 以两平皿菌落数的平均作为菌落数

C. 以片状菌落平皿的另一半计数后乘以2代表全皿菌落数参加统计

D. 无法计数

5. 预判直接水样的标准平皿计数菌落数可高达 260 000 CFU；就应该将水样稀释(　　)倍。

A. 10　　　　　　B. 100　　　　　　C. 1 000　　　　　　D. 10 000

6. 微生物水样采集对采水容器的要求有哪些？

7. 微生物水样采集有哪些要求？水样应如何保存？

8. 进行水样采集时，如何去除余氯和高浓度重金属？

9. 平皿法测定水中细菌总数是测定水中哪些菌类密度？

10. 平皿法测定水中细菌总数的原理、步骤和注意事项有哪些？

11. 水中细菌总数测定前，如何选择适宜的稀释度？

12. 菌落的概念分别是什么？菌落计数有哪些注意事项？

拓展阅读：细菌在
水体中的分布

任务四　测定水中总大肠菌群

2024 年 4 月 25 日法国卫生总局表示，气泡矿泉水品牌"巴黎水"的 200 万瓶气泡水，因被怀疑沾染了有害细菌已被销毁。这些气泡水于 3 月 10 日至 14 日期间生产，产自法

国南部加尔省省会尼姆附近的一个水源地。法新社以法国卫生总局的一份文件为消息源报道，尼姆附近一个水源地出产的"巴黎水"可能沾染了粪便中的细菌，水质检测结果显示，水中含有大肠杆菌和铜绿假单胞菌，这些均显示了"粪便污染的可能性"。

天然水的细菌性污染主要是由于粪便污水的排放而引起的，当水体被粪便污水中的某些致病微生物，如伤寒杆菌、痢疾杆菌等污染时，人、畜饮用后会发病和引起疾病的传播。因此，水的肠道细菌的检查，在卫生学上具有重要的意义。要判断水质是否安全可靠、适于饮用，最好是检查水中有无病原菌。但由于被粪便污染的水中病原菌数量较少，而水中细菌的种类繁多，要想逐一排除，单一检查出病原菌是比较困难的。因此，一般情况下，只测定水中有无肠道正常细菌的存在，就可以确定水是否受到粪便的污染，从而说明水体被病原菌污染的可能性。

 **任务要求**

本任务以校园湖水为样品，测定水中总大肠菌群。

要求：

1. 查阅操作手册和标准规范，根据工作场景制订监测方案。

2. 正确采集样品，选择合适的监测方法，测定样品总大肠菌群。

3. 按规范填写原始记录表，并出具结果报告。

任务目标

知识目标

1. 掌握水中总大肠菌群测定的原理。

2. 掌握水中总大肠菌群测定的步骤。

3. 掌握 MPN 计数法。

能力目标

1. 能够正确对样品进行稀释。

2. 能够正确对样品进行接种与培养。

3. 能够正确计算总大肠菌群含量。

素质目标

1. 培养环境保护意识。

2. 培养公共卫生安全责任感。

3. 培养爱岗敬业的职业素养。

一、概念

1. 粪便污染指示菌

水体粪便污染指示菌是能够指示水体曾有过粪便污染，并可能伴存有肠道病原菌的一类细菌。如有该指示菌存在于水体中，那么该水质在卫生学上是不安全的。作为水体的粪便污染指示菌，应具备下列条件。

(1)大量存在于人的粪便内，其数量应远多于病原菌。

(2)受人粪便污染的水中易检出此种细菌，而未受人粪便污染的水中应无此种细菌。

(3)如水中有病原菌存在时，此种细菌也必然存在。

(4)此种细菌在水中的存活时间应比病原菌略长，对消毒剂(如氯、臭氧等)的抵抗力也应比病原菌略强。

(5)在水中不能自行繁殖增长。

(6)在污染的水环境中较均匀地分布，生物性状较稳定，不因其他微生物的存在而生长受抑制。

(7)能在简单的培养基上生长，能用较简易的方法在较短时间内正确的检测出来。

(8)可适用于各种水体。

想要选择一种指示菌能符合上述全部条件是不太可能的，只能选择相对较为理想的细菌作为指示菌。常见的粪便污染指示菌有总大肠菌群、粪大肠菌群、大肠埃希氏菌群、沙门氏菌群、粪链球菌群等。

总大肠菌群是指能在 37 ℃下，能使乳糖发酵，在 24 h 内产酸产气、需氧及兼性厌氧的革兰氏阴性无芽孢杆菌。其主要包括埃希氏菌属、柠檬酸杆菌属、肠杆菌属、克雷伯氏菌属等。粪便中存在大量的大肠菌群细菌，其在水体中存活的时间和对氯的抵抗能力等均与肠道致病菌，如沙门氏菌、志贺氏菌等相似，因此将总大肠菌群作为粪便污染的指示菌是合适的。但在某些水质条件下大肠菌群细菌在水体中能自行繁殖，这是不利之处。

在总大肠菌群的检验方法中，主要有多管发酵法、纸片快速法、滤膜法、酶底物法等。

2. 最大可能数

微生物检验常用发酵法，又称为稀释法，是一种利用统计学原理定量检测微生物浓度的方法。它根据不同稀释度一定体积样品中被检测微生物存在与否的频率，查表求得样品中微生物的浓度，与直接报告菌落数的平板计数法不同，它最终报告的是样品中最有可能存在的目标微生物浓度，这个以最大可能存在的浓度，就被称为最大可能数(Most Probable Number，MPN)。

二、多管发酵法

1. 原理

根据总大肠菌群的特性，采取三个步骤进行检验，以求得水样中的总大肠菌群数。

检验流程如图 6-5 所示。

多管发酵法是以最大可能数（MPN）来表示试验结果的。实际上，它是根据统计学理论，估计水体中的大肠杆菌密度和卫生质量的一种方法。如果从理论上考虑，并且进行大量的重复检定，就可以发现这种估计有大于实际数字的倾向。但只要每一稀释度试管重复数目增加，这种差异便会减少，对于细菌含量的估计值，大部分取决于既显示阳性又显示阴性的稀释度。因此，在试验设计上，水样检验所要求重复的数目，要根据所要求数据的准确度而定。

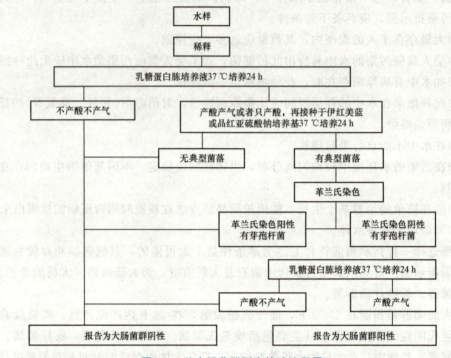

图 6-5　总大肠菌群测定检验流程图

2. 培养基

(1)乳糖蛋白胨培养液。

成分：蛋白胨 10 g，牛肉膏 3 g，乳糖 5 g，氯化钠 5 g，16 g/L 溴钾酚紫溶液 1 mL，蒸馏水 1 000 mL。

制法：将蛋白胨、牛肉膏、乳糖及氯化钠溶于纯水中，调整 pH 值为 7.2～7.4，再加入 1 mL 16 g/L 的溴甲酚紫乙醇溶液，充分混合均匀，分装于装有小倒管的试管中，经 115 ℃高压蒸汽灭菌 20 min 后，于 0～4 ℃冷藏避光保存。

(2)三倍乳糖蛋白胨培养液。纯水为 333 mL，其他与"(1)乳糖蛋白胨培养液"相同。

(3)伊红美蓝培养基。

成分：蛋白胨 10 g，乳糖 10 g，磷酸氢二钾 2 g，琼脂 20 g，2%伊红水溶液 20 mL，0.5%美蓝水溶液 13 mL，蒸馏水 1 000 mL。

制法：将蛋白胨、磷酸盐和琼脂溶解于纯水中，校正 pH 值为 7.2，加入乳糖，混匀后分装，经 115 ℃高压蒸汽灭菌 20 min。临用时加热融化琼脂，冷却至 50～55 ℃，加入伊红和美蓝水溶液，混匀，倾注平皿。

3. 接种与培养

(1)初发酵。在各装有 5 mL 三倍浓缩乳糖蛋白胨培养液的 5 个试管中，各加入 10 mL 水样；在装有 10 mL 单倍乳糖蛋白胨培养液的 5 个试管中，各加入 1 mL 水样；在装有 10 mL 单倍乳糖蛋白胨培养液的 5 个试管中，各加入 0.1 mL 水样，共计三个稀释度 15 支发酵管(图 6-6)。

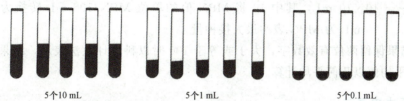

5个10 mL   5个1 mL   5个0.1 mL

图 6-6　初发酵试验水样接种量

(a)5 个 10 mL；(b)5 个 1 mL；(c)5 个 0.1 mL

检验水源水时，如污染较严重，应加大稀释度，可接种 1 mL、0.1 mL、0.01 mL，甚至 0.1 mL、0.01 mL、0.001 mL，每个稀释度接种 5 管单料乳糖蛋白胨培养液，每个水样共接种 15 管。

接种 1 mL 以下水样时，应作 10 倍递增稀释后，取 1 mL 接种，每递增稀释一次，换用 1 支 1 mL 无菌吸管。

将各管充分混合均匀，置于(36±1)℃恒温箱内培养(24±2)h，发酵试管颜色变黄为产酸，小玻璃倒管内有气泡为产气，产酸产气为阳性结果。如所有乳糖蛋白胨培养管都不产酸产气，则可报告为总大肠菌群未检出；如有产酸产气或只产酸者，则继续按下一步骤进行。因为在量少的情况下，也可能延迟到 48 h 后才产气，24 h 内只产酸的均需继续验证才能确定是不是大肠菌群。48 h 后仍不产气的为阴性结果。

(2)平板分离。将初发酵产酸产气或只产酸的发酵管选出，分别用接种环蘸取菌液划线接种到伊红美蓝培养基或品红亚硫酸钠培养基上，置于(36±1)℃恒温箱内培养 18～24 h，挑选符合下列特征的菌落，进行革兰氏染色镜检。

1)品红亚硫酸钠培养基上的典型菌落：紫红色，具有金属光泽的菌落；深红色，不带或略带金属光泽的菌落；淡红色，中心色较深的菌落。

2)伊红美蓝培养基上的典型菌落：深紫黑色，具有金属光泽的菌落；紫黑色，不带或略带金属光泽的菌落；淡紫红色，中心色较深的菌落。

(3)复发酵试验。经上述染色镜检为革兰氏阴性无芽孢杆菌，同时再次接种乳糖蛋白胨培养液，然后置于(36±1)℃温箱中培养(24±2)h，有产酸产气者，即证实有大肠菌群存在，报告为总大肠菌群阳性。

4. 结果与计算

根据证实为总大肠菌群阳性的管数，查 MPN 指数表(见附录二)，报告每 100 mL，水样中的总大肠菌群 MPN 值。稀释样品查表后所得结果应乘以稀释倍数。如所有乳糖发酵管均为阴性时，可报告总大肠菌群未检出。

我国目前以 L 作为报告单位，将结果再乘以 10 即每升水样中的总大肠菌群数：

$$C = 100 \times \frac{M}{Q}$$

式中 C——水样总大肠菌群或粪大肠菌群浓度（MPN/L）；

                M——查 MPN 表得到的 MPN 值（MPN/100 mL）；

                Q——实际水样最大接种量（mL）；

          100——10×10 mL，其中 10 将 MPN 值的单位 MPN/100 mL 转换为 MPN/L，

                   10 mL 为 MPN 表中最大接种量。

测定结果保留两位有效数字，大于或等于 100 时以科学计数法表示，结果的单位为 MPN/L。平均值以几何平均计算。

三、纸片快速法

1. 原理

按 MPN 法，将一定量的水样以无菌操作的方式接种到吸附有适量指示剂（溴甲酚紫和 2,3,5-氯化三苯基四氮唑即 TTC），以及乳糖等营养成分的无菌滤纸上，在特定的温度培养 24 h，当细菌生长繁殖时，产酸使 pH 值降低，溴甲酚紫指示剂由紫色变成黄色，同时，产气过程相应的脱氢酶在适宜的 pH 值范围内，催化底物脱氢还原 TTC 形成红色的不溶性三苯甲𬭩（TTF），即可在产酸后的黄色背景下显示出红色斑点（或红晕）。通过上述指示剂的颜色变化就可对是否产酸产气作出判断，从而确定是否有总大肠菌群或粪大肠菌群存在，再通过查 MPN 表就可得出相应总大肠菌群或粪大肠菌群的浓度值。

2. 测试纸片

市售水质总大肠菌群测试纸片：10 mL 水样量纸片、1 mL 水样量纸片。按以下方法进行质量鉴定，达到要求后方可使用。

（1）外层铝箔包装袋应密封完好，内包装聚丙烯塑膜袋无破损。

（2）纸片外观应整洁无毛边，无损坏，呈均匀淡黄绿色，加去离子水或蒸馏水后呈紫色，无论加水与否，应无杂色斑点，无明显变形，表面平整（图 6-7）。

（3）纸片加入相应水样，充分浸润、吸收后，将内包装聚丙烯塑膜袋倒置，袋口应无水滴悬挂现象。

（4）纸片以去离子水或蒸馏水充分润湿后，其 pH 值应为 7.0～7.4。

（5）纸片和内包装聚丙烯塑膜袋应无菌，加入相应水量的无菌水，37 ℃±1 ℃培养 24 h 后，纸片应无微生物生长，其紫色保持不变，且无红斑出现。

（6）符合总大肠菌群阴性、阳性标准菌株特性检验。

3. 接种与培养

（1）水样稀释。当每张纸片接种水样量为 10 mL 或 1 mL 时，充分混合均匀水样备用即可。

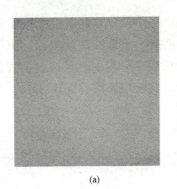

彩图 6-7

(a)　　　　　　　　　　(b)

图 6-7　水质总大肠菌群测试纸片

(a)纸片不加水；(b)纸片加水

当每张纸片接种水样量小于 1 mL 时，水样应配制成稀释样品后使用。接种量为 0.1 mL、0.01 mL 时，分别配制成 1∶10 稀释样品、1∶100 稀释样品。其他接种量的稀释样品依次类推。

1∶10 稀释样品的制作方法：吸取 1 mL 水样，注入盛有 9 mL 无菌水的试管中，混合均匀，配制成 1∶10 稀释样品。其他稀释度的稀释样品同法制作。

(2)接种量。每个样品按三个 10 倍递减的不同接种量接种，每个接种量分别接种 5 张纸片，共接种 15 张纸片。根据水样的污染程度确定接种量，应尽可能使 5 个接种量最大的纸片为阳性、5 个接种量最小的纸片为阴性，避免出现所有三个不同接种量共 15 张纸片全部为阳性或全部为阴性。水样接种量见表 6-21。

表 6-21　水样接种量参考表

水样类型	接种量/mL							
	10	1	0.1	10^{-2}	10^{-3}	10^{-4}	10^{-5}	10^{-6}
湖水、水源水	▲	▲	▲					
河水			▲	▲	▲			
生活污水					▲	▲	▲	
医疗机构排放污水(处理后)		▲	▲	▲				
禽畜养殖业等排放废水						▲	▲	▲

清洁水样，接种水样总量为 55.5 mL，10 mL 水样量纸片 5 张，每张接种水样 10 mL，1 mL 水样量纸片 10 张，其中 5 张各接种水样 1 mL，另 5 张各接种 1∶10 的稀释水样 1 mL。受污染水样，接种 3 个不同稀释度的 1 mL 稀释水样各 5 张。

(3)培养。检测总大肠菌群时，在(37±1)℃的条件下培养 18～24 h 后观察结果。

4. 质量控制

(1)空白对照。用无菌水做全程序空白测定，培养后的纸片上不得有任何颜色反应；否则，该次样品测定结果无效，应查明原因后重新测定。

(2)阳性及阴性对照。总大肠菌群测定的阳性菌株为大肠埃希氏菌(Escherichia

Coli），阴性菌株为金黄色葡萄球菌（Staphylococcus Aureus）。将标准菌株制成浓度为 300～3 000 个/mL 的菌悬液，分别取相应水量的菌悬液接种纸片，阳性与阴性菌株各 5 张，按接种与培养的要求培养，大肠埃希氏菌应呈现阳性反应；金黄色葡萄球菌应呈现阴性反应；否则，该次样品测定结果无效，应查明原因后重新测定。

5. 结果与计算

(1)结果判断如图 6-8 所示：

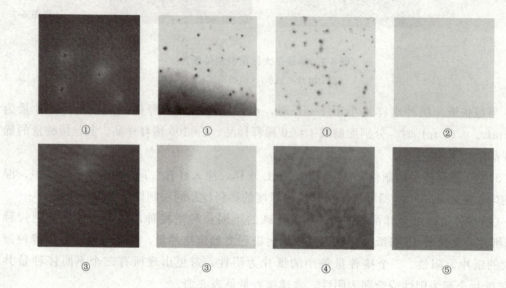

图 6-8 纸片阳性与阴性示例图

注：①纸片上出现红斑或红晕且周围变黄，为阳性。②纸片全片变黄，无红斑或红晕，为阳性。③纸片部分变黄，无红斑或红晕，为阴性。④纸片的紫色背景上出现红斑或红晕，而周围不变黄，为阴性。⑤纸片无变化，为阴性。

彩图 6-8

(2)结果计算。根据不同接种量的阳性纸片数量，查 MPN 表（附录二）得到 MPN 值 (MPN/100 mL)，按以下公式换算并报告 1 L 水样中总大肠菌群：

$$C = 100 \times \frac{M}{Q}$$

式中 　C——水样总大肠菌群或粪大肠菌群浓度（MPN/L）；

　　　M——查 MPN 表得到的 MPN 值（MPN/100 mL）；

　　　Q——实际水样最大接种量，mL；

　　　100——10×10 mL，其中 10 将 MPN 值的单位 MPN/100 mL 转换为 MPN/L，10 mL 为 MPN 表中最大接种量。

测定结果保留两位有效数字，大于或等于 100 时以科学计数法表示，结果的单位为 MPN/L。平均值以几何平均计算。

任务实施1——多管发酵法

一、操作准备

根据监测方案准备试剂药品、仪器和用具，填写备料清单（表 6-22）。

表 6-22　备料清单

试剂和药品							
序号	名称	规格	数量	序号	名称	规格	数量
仪器和用具							
序号	名称	规格	数量	序号	名称	规格	数量
备注							

二、操作过程

多管发酵法测定校园湖水总大肠菌群含量的参考步骤见表 6-23，可根据实际情况进行调整，完成任务。

表 6-23　测定步骤

序号	步骤	操作方法	说明
1	配制和分装培养基	1. 三倍乳糖蛋白胨培养液：称取_____ g 乳糖蛋白胨粉末加到装有_____ mL 蒸馏水的烧杯中，加热搅拌至溶液呈紫色透明；分装到_____支发酵管中，每支 5 mL，放入小倒管并塞上硅胶塞，编号，包扎。 2. 单倍乳糖蛋白胨培养液：称取_____ g 乳糖蛋白胨粉末加到装有_____ mL 蒸馏水的烧杯中，加热搅拌至溶液呈紫色透明；分装到_____支发酵管中，每支 10 mL，放入小倒管并塞上硅胶塞，编号，包扎。 3. 伊红美蓝培养基：称取_____ g 伊红美蓝培养基粉末到装有_____ mL 蒸馏水的烧杯中，边搅拌边加热至完全溶解；将培养基转移到锥形瓶内，并塞上硅胶塞，包扎。 4. 无菌水：准备_____支发酵管，分别加入 9 mL 蒸馏水和数颗玻璃珠，塞上硅胶塞，包扎	

序号	步骤	操作方法	说明
2	包扎器皿	1. 采样瓶：洗净，塞上硅胶塞，用报纸包装； 2. 培养皿：取_____对培养皿，清洗晾干，用报纸包装并用细棉绳系好。 3. 吸量管：取 10 mL 吸量管_____支，1 mL 吸量管_____支，管头塞入棉花，用报纸包装	
3	灭菌	1. 将包装好的三倍和单倍乳糖蛋白胨培养基、伊红美蓝培养基放入高压蒸汽灭菌锅，115 ℃灭菌 20 min；无菌水、采样瓶、培养皿、吸量管等不含培养基的器皿 121 ℃灭菌 20 min。 2. 清理超净工作台，关上超净工作台窗门，使用前打开紫外线灯照射 30 min	
4	采样	到达采样点，按微生物采样要求采水样。将采样瓶口朝水流的方向放入水中，拔出瓶塞使湖水灌入瓶内，采集完毕塞上瓶塞，再拿出水面。填写采样记录表	采集水样不超过80%的瓶子体积。采样后迅速拿回实验室检测
5	水样稀释	1:10 稀释水样：吸取 1 mL 水样，注入盛有 9 mL 无菌水的试管中，混合均匀，配制成 1:10 稀释样品。其他稀释度的稀释样品同法制作	
6	初发酵	A组：用 10 mL 吸量管向装有 5 mL 三倍乳糖蛋白胨培养液的 5 个试管中，分别加入 10 mL 水样； B组：用 1 mL 吸量管向装有 10 mL 乳糖蛋白胨培养液的 5 个试管中，分别加入 1 mL 水样； C组：用 1 mL 吸量管向装有 10 mL 乳糖蛋白胨培养液的 5 个试管中，分别加入 1 mL 1:10 稀释后的水样； 共计 15 管，3 个稀释度。将各管充分混合均匀，置于 36 ℃恒温箱内培养 24 h	1. 所有步骤需按无菌操作要求进行。 2. 采样瓶表面消毒后再放入超净工作台内。 3. 吸取水样前需要充分振摇均匀
7	平板分离	1. 向培养皿中倾注入已灭菌并冷却到 45 ℃左右的伊红美蓝培养基，放在超净工作台内冷却凝固。 2. 上述各发酵管经培养 24 h 后，将产酸、产气及只产酸的发酵管分别划线接种于伊红美蓝培养基上，置于 36 ℃恒温箱内培养 24 h，挑选特征的菌落进行革兰氏染色和镜检	
8	复发酵	上述涂片镜检的菌落如为革兰氏阴性无芽孢的杆菌，则挑选该菌落的另一部分接种于装有乳糖蛋白胨培养液的发酵管中(内有倒管)，每管可接种分离同一初发酵管的最典型菌落 1~3 个，然后置于 36 ℃恒温箱中培养 24 h	

序号	步骤	操作方法	说明
9	计数	培养结束，有产酸并产气的发酵管，证实有大肠菌群存在，即阳性管。记录阳性管数，查 MPN 指数表，报告每升水样中的总大肠菌群数，填写试验报告	无论小倒管内气体多少都作为产气论
10	清洁	消毒和清洗器皿，整理实验室	

三、注意事项

清洁水样的参考接种量分别为 10 mL、1 mL、0.1 mL，受污染水样参考接种量根据污染程度可接种 1 mL、0.1 mL、0.01 mL 或 0.1 mL、0.01 mL、0.001 mL 等。

🧰 任务实施2——纸片快速法

一、操作准备

根据监测方案准备试剂药品、仪器和用具，填写备料清单（表 6-24）。

表 6-24　备料清单

试剂和药品							
序号	名称	规格	数量	序号	名称	规格	数量
仪器和用具							
序号	名称	规格	数量	序号	名称	规格	数量
备注							

二、操作过程

纸片快速法测定校园湖水总大肠菌群含量的参考步骤见表 6-25，可根据实际情况进行调整，完成任务。

表 6-25 测定步骤

序号	步骤	操作方法	说明
1	鉴定纸片质量	1. 检查外包装袋封好完好，内包装膜无破损； 2. 纸片外观应整洁无毛边，无损坏，杂色斑点，无明显变形，表面平整，呈均匀淡黄绿色，加去离子水或蒸馏水后呈紫色； 3. 纸片和内包装聚丙烯塑膜袋应无菌，加水后密封性良好	测试纸片达到要求后方可使用
2	包扎器皿	1. 采样瓶：洗净，塞上硅胶塞，用报纸包装； 2. 无菌水：取_____支发酵管，每管加入 9 mL 蒸馏水，塞上胶塞，用报纸包装并用细棉绳系好； 3. 吸量管：取 10 mL 吸量管_____支，1 mL 吸量管_____支，管头塞入棉花，用报纸包装	
3	灭菌	1. 将无菌水、采样瓶、吸量管等器皿 121 ℃灭菌 20 min。 2. 清理超净工作台，关上超净工作台窗门，使用前打开紫外线灯照射 30 min	
4	采样	到达采样点，按微生物采样要求采水样。将采样瓶口朝水流的方向放入水中，拔出瓶塞使湖水灌入瓶内，采集完毕塞上瓶塞，再拿出水面。填写采样记录表	采集水样不超过 80% 的瓶子体积。采样后迅速拿回实验室检测
5	水样稀释	1∶10 稀释水样：吸取 1 mL 水样，注入盛有 9 mL 无菌水的试管中，混合均匀，配制成 1∶10 稀释样品。同法按需制作 1∶100、1∶1000 稀释水样	1. 所有步骤需按无菌操作要求进行。 2. 接种水样应均匀滴加在纸片上，纸片充分浸润、吸收水样，用手在聚丙烯塑膜袋外侧轻轻抚平，做好标记
6	水样接种	A 组：用 10 mL 吸量管向 10 mL 水样量纸片，分别加入 10 mL 水样，共 5 片； B 组：用 1 mL 吸量管向 1 mL 水样量纸片中，分别加入 1 mL 水样，共 5 片； C 组：用 1 mL 吸量管向 1 mL 水样量纸片中，分别加入 1 mL 1∶10 稀释后的水样，共 5 片； D 组：用 1 mL 吸量管向 1 mL 水样量纸片中，分别加入 1 mL 1∶100 稀释后的水样，共 5 片	
7	培养	按需选择连续的三个稀释梯度，共计接种 15 片。待纸片充分吸收，置于 37 ℃恒温箱内培养 18～24 h。同时做空白对照	
8	计数	培养结束，纸片上出现红斑或红晕且周围变黄，或纸片全片变黄，无红斑或红晕的为阳性纸片。记录阳性纸片数量，查查 MPN 指数表，报告每升水样中的总大肠菌群数，填写试验报告	
9	清洁	消毒和清洗器皿，整理实验室	

三、注意事项

（1）清洁水样的参考接种量分别为 10 mL、1 mL、0.1 mL，受污染水样参考接种量根据污染程度可接种 1 mL、0.1 mL、0.01 mL 或 0.1 mL、0.01 mL、0.001 mL 等。

（2）每批样品进行全程序空白测定，并使用有证标准菌株进行阳性、阴性对照试验。

结果报告

水样采样原始记录表，见表 6-26；试验原始记录表，见表 6-27 和表 6-28；结果报告表，见表 6-29。

表 6-26　水样采样原始记录表

采样日期：		采样地点：		样品类型：		采样容器：	
气温：		气压：		天气：		水流流速：	
样品编号	点位	采样时间	采样深度/m	采样量/L		样品状态	备注

备注：

样品类型：地表水、地下水、水源水、饮用水、出厂水、管网水、自来水、其他。

容器类型：玻璃容器、塑料容器。

样品状态：颜色气味漂浮物等状况

现场情况及采样点位示意图：

采样人：		校核人：		审核人：	

表 6-27　试验原始记录表(多管发酵法)

样品名称：		检测项目：		检测方法：		方法依据：	
灭菌锅编号：		灭菌温度：		培养箱编号：		培养温度：	
培养日期和时间：_____至_____							

空白试验结果													
样品稀释倍数(D)													
发酵管编号													
接种水样量													
初发酵	是否浑浊												
	是否产酸												
	是否产气												
	阴/阳性管												
平板分离	典型菌落												
	染色结果												
	是否杆菌												
	有否芽孢												
复发酵	是否浑浊												
	是否产酸												
	是否产气												
	阴/阳性管												

复发酵阳性管数			
MPN 指数 (MPN/100 mL)		大肠菌群数/(个·L^{-1})	

计算公式：	
备注	

检测人：	校核人：	审核人：

表 6-28　试验原始记录表(纸片快速法)

样品名称：		检测项目：	检测方法：		方法依据：
样品编号：		灭菌锅编号：	灭菌温度：		培养箱编号：

初发酵日期和时间：_____ 至 _____　　培养温度：

复发酵日期和时间：_____ 至 _____　　培养温度：

纸片质量	□外包装袋封完好　□内包装膜无破损　□纸片无损坏　□纸片整洁无毛边 □纸片表面平整　□无杂色斑点　□纸片均匀淡黄绿色　□加水后呈紫色 □纸片和内包装膜无菌　□内膜水后密封性良好
空白试验结果	
样品稀释倍数(D)	

纸片编号													
接种水样量													
结果判断	是否全片变黄												
	是否部分变黄												
	是否有红斑或红晕												
	阴/阳性纸片												
空白对照	是否全片变黄												
	是否部分变黄												
	是否有红斑或红晕												
	阴/阳性纸片												
阳性纸片数													

MPN 指数(MPN/100 mL)		大肠菌群数/(个·L^{-1})	
计算公式			
备注			

检测人：　　　　　　　　　　　校核人：　　　　　　　　　　　审核人：

表 6-29　结果报告表

样品来源			
采/送样日期		分析日期	
样品数量			
样品状态			
监测点位		监测频次	
标准方法名称		标准方法编号	

样品编号	测定值	监测结果

备注	

报告人：	校核人：	审核人：

结果评价

结果评价表，见表 6-30。

表 6-30　结果评价表

类别	内容	评分要点	配分	评分
职业素养 （30分）	纪律情况 （10分）	不迟到，不早退	2	
		着装符合要求	2	
		实训资料齐备	3	
		遵守试验秩序	3	
	道德素质 （10分）	爱岗敬业，按标准完成实训任务	4	
		实事求是，对数据不弄虚作假	4	
		坚持不懈，不怕失败，认真总结经验	2	
	职业素质 （10分）	团队合作	2	
		认真思考	4	
		沟通顺畅	4	
职业能力 （70分）	任务准备 （10分）	设备准备齐全	5	
		提前预习	5	
	实施过程 （25分）	正确配制培养基	2	
		正确包扎器皿	2	
		灭菌操作规范	3	
		采样操作规范	3	
		稀释与接种操作规范	3	
		培养操作规范	3	
		对照试验操作规范	3	
		培养条件正确	3	
		计数方法正确	3	
	任务结束 （10分）	清洁仪器，设备复位	3	
		收拾工作台	3	
		按时完成	4	
	质量评价 （25分）	稀释梯度正确	5	
		阳性管判断正确	5	
		结果报告正确	5	
		报告整洁	5	
		书写规范	5	

1. 总大肠菌群主要包括(   )。

A. 埃希氏菌属   B. 柠檬酸杆菌属   C. 肠杆菌属   D. 克雷伯氏菌属

2. 以下不属于粪便污染指示菌特点的是(   )。

A. 可适应于各种水体环境

B. 在水中的数量与水体受粪便污染的程度呈正比

C. 在水中存活的时间略长于病原微生物

D. 对消毒剂及水中不良因素的抵抗能力也应比病原微生物稍弱些

3. 多管发酵法测定水中总大肠菌群复发酵时选用(   )培养基。

A. 乳糖蛋白胨   B. 营养琼脂   C. 品红亚硫酸钠   D. 伊红美蓝

4. 检验水源水时,如污染较严重,应加大稀释度,可接种 1 mL、0.1 mL、0.01 mL,接种 0.1 mL 水样时,应该(   )。

A. 用 1 mL 吸量管吸取 0.1 mL 水样

B. 用 0.5 mL 吸量管吸取 0.1 mL 水样

C. 做 10 倍递增稀释后,取 1 mL 接种

D. 以上都可以

拓展阅读:大肠菌群、粪大肠菌群与大肠杆菌

5. MPN 指数的单位是(   )。

A. MPN/100 mL   B. MPN/mL   C. MPN/L   D. 个/L

6. 粪便污染指示菌需要具备哪些条件?

7. 总大肠菌群的概念是什么?

8. 水中总大肠菌群的测定方法一般有哪些?

9. 简述多管发酵法测定水中总大肠菌群的原理、流程和注意事项。

10. 简述纸片快速法测定水中总大肠菌群的原理、流程和注意事项。

任务五   测定水中粪大肠菌群

任务情景

不少人将喝山泉水当成一种潮流,爱好者们不顾路途遥远,专门跑到山区灌装清澈的山泉水。然而,某地食品检验检测中心的一则检测数据出乎众多山泉水爱好者的意料:20 份水样均检测出大肠菌群,检出率为 100%,5 份检出铜绿假单胞菌,检出率为 25%。

大多数山泉没有规范管理,水质易受外界因素影响,如山洪雨水带入的杂质、取水口附近动物尸体腐烂所产生的细菌病毒等。为了保证大家的健康,千万不能生喝山泉水,

即使做了沉淀、净化处理也不能生喝。山泉水中含有大肠菌群，还可能含有寄生虫、泥沙等，生喝之后可能会导致急性胃肠炎、细菌性痢疾、寄生虫感染、病毒性肝炎等，对身体带来伤害。

任务要求

本任务以校园湖水为样品，测定水中粪大肠菌群含量。

要求：

1. 查阅操作手册和标准规范，根据工作场景制订监测方案。
2. 正确采集样品，选择合适的监测方法，测定样品粪大肠菌群含量。
3. 按规范填写原始记录表并出具结果报告。

任务目标

知识目标

1. 掌握水中粪大肠菌群的测定原理。
2. 掌握水中粪大肠菌群的测定步骤。
3. 掌握水中粪大肠菌群的计算方法。

能力目标

1. 能够正确对样品进行稀释。
2. 能够正确对样品进行接种与培养。
3. 能够正确计算粪大肠菌群含量。

素质目标

1. 培养环境保护意识。
2. 培养勤学善思的工作精神。
3. 培养团结协作精神。

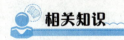

一、粪大肠菌群

粪大肠菌群（Fecal Coliforms）又称为耐热大肠菌群（Thermotolerant Coliforms），是总大肠菌群中的一部分，主要来自粪便。在44.5 ℃温度下能生长并发酵乳糖产酸产气的大肠菌群称为粪大肠菌群。用提高培养温度的方法，造成不利于来自自然环境的大肠菌群生长的条件，使培养出来的菌主要为来自粪便中的大肠菌群，从而更准确地反映出水质受粪便污染的情况。粪大肠菌群的测定常用多管发酵法、滤膜法等。

多管发酵法对粪大肠菌群的定义为44.5 ℃培养24 h，能发酵乳糖产酸产气的需氧及兼性厌氧革兰氏阴性无芽孢杆菌。

滤膜法对粪大肠菌群的定义为 44.5 ℃培养 24 h，能在 MFC 选择性培养基上生长，发酵乳糖产酸，并形成蓝色或蓝绿色菌落的肠杆菌科细菌。

二、多管发酵法

1. 原理

将样品加入含乳糖蛋白胨培养基的试管中，37 ℃初发酵富集培养，大肠菌群在培养基中生长繁殖，分解乳糖产酸产气，产生的酸使溴甲酚紫指示剂由紫色变为黄色，产生的气体进入倒管中，指示产气。44.5 ℃复发酵培养，培养基中的胆盐三号可抑制革兰氏阳性菌的生长，最后产气的细菌确定为粪大肠菌群。通过查 MPN 指数表（附录二），得出粪大肠菌群浓度值。

多管发酵法测定水中耐热大肠菌群试验流程图如图 6-9 所示。

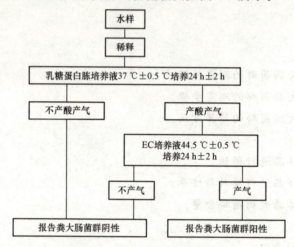

图 6-9　粪大肠菌群检验流程图

2. 培养基

(1)乳糖蛋白胨培养液。

成分：蛋白胨 10 g，牛肉膏 3 g，乳糖 5 g，氯化钠 5 g，16 g/L 溴钾酚紫溶液 1 mL，蒸馏水 1 000 mL。

制法：将蛋白胨、牛肉膏、乳糖及氯化钠溶于纯水中，调整 pH 值为 7.2～7.4，再加入 1 mL 16 g/L 的溴甲酚紫乙醇溶液，充分混合均匀，分装于装有小倒管的试管中，经 115 ℃高压蒸汽灭菌 20 min 后，于 0～4 ℃冷藏避光保存。

(2)三倍乳糖蛋白胨培养液。纯水为 333 mL，其他与"(1)乳糖蛋白胨培养液"相同。

(3)EC 培养基。

成分：胰胨 20 g，乳糖 5 g，胆盐三号 1.5 g，磷酸氢二钾 4 g，磷酸二氢钾 1.5 g，氯化钠 5 g，将上述成分或含有上述成分的市售成品加热溶解于 1 000 mL 水中，然后分装于有玻璃倒管的试管中，115 ℃高压蒸汽灭菌 20 min，灭菌后 pH 值应在 6.9 左右。

配制好的培养基避光、干燥保存，必要时在 5 ℃±3 ℃冰箱中保存，通常瓶装及试管装培养基保存时间不超过 3～6 个月。配制好的培养基要避免杂菌侵入和水分蒸发，当培养基颜色变化或体积变化明显时废弃不用。

3. 样品采集

水中粪大肠菌群测定的采样及保存要求与水中菌落总数的水样采样要求相同。

4. 接种与培养

(1)样品稀释(15 管法)。将样品充分混合均匀后，在 5 支装有已灭菌的 5 mL 三倍乳糖蛋白胨培养基的试管中(内有倒管)，按无菌操作要求各加入 1 mL 水样。另外，在 5 支装有已灭菌的 10 mL 单倍乳糖蛋白胨培养基的试管中(内有倒管)，按无菌操作要求各加入 1 mL 样品。最后在 5 支装有已灭菌的 10 mL 单倍乳糖蛋白胨培养基的试管中(内有倒管)，按无菌操作要求各加入 0.1 mL 样品。

对于受到污染的样品，先将样品稀释后再按照上述操作接种，以生活污水为例，先将样品稀释 10^4 倍，然后按照上述操作步骤分别接种 10 mL、1 mL 和 0.1 mL。15 管法样品接种量见表 6-31。

表 6-31 15 管法样品接种量参考表

水样类型			接种量/mL							
			10	1	0.1	10^{-2}	10^{-3}	10^{-4}	10^{-5}	10^{-6}
地表水	水源水		▲	▲	▲					
	湖泊(水库)		▲	▲	▲					
	河流			▲	▲	▲				
废水	生活污水						▲	▲	▲	
	工业废水	处理前					▲	▲	▲	
		处理后	▲	▲	▲					
地下水			▲	▲	▲					

当样品接种量小于 1 mL 时，应将样品制成稀释样品后使用。按无菌操作要求方式吸取 10 mL 充分混合均匀的样品，注入盛有 90 mL 无菌水的三角烧瓶中，混合均匀成 1∶10 稀释样品。吸取 1∶10 的稀释样品 10 mL 注入盛有 90 mL 无菌水的三角烧瓶中，混合均匀成 1∶100 稀释样品。其他接种量的稀释样品依次类推。

(2)初发酵。将水样分别接种到盛有乳糖蛋白胨培养液的发酵管中，在 37 ℃±0.5 ℃下培养 24 h±2 h。发酵试管颜色变黄为产酸，小玻璃倒管内有气泡为产气。产酸和产气的试管表明试验阳性。如在倒管内产气不明显，可轻拍试管，有小气泡升起的为阳性。

(3)复发酵。轻微振荡在初发酵试验中显示为阳性或疑似阳性(只产酸未产气)的试管，用经火焰灼烧灭菌并冷却后的接种环将培养物分别转接到装有 EC 培养基的试管中。在 44.5 ℃±0.5 ℃下培养 24 h±2 h。转接后所有试管必须在 30 min 内放进恒温培养箱或水浴锅中。培养后立即观察，倒管中产气证实为粪大肠菌群阳性。

5. 质量控制

（1）空白对照试验。每次试验都要用无菌水按照样品测定相同的步骤进行实验室空白测定。

（2）阴性和阳性对照试验。将粪大肠菌群的阳性菌株（如大肠埃希氏菌）和阴性菌株（如产气肠杆菌）配制成浓度为 300～3 000 MPN/L 的菌悬液，分别取相应体积的菌悬液按接种的要求接种于试管中，然后按初发酵试验和复发酵试验要求培养，阳性菌株应呈现阳性反应，阴性菌株应呈现阴性反应；否则，该次样品测定结果无效，应查明原因后重新测定。

更换不同批次培养基时要进行阳性和阴性菌株检验。

6. 结果与计算

15 管法查附录二得到 MPN 值，再按照以下公式换算样品中粪大肠菌群数（MPN/L）：

$$C = 100 \times \frac{MPN \text{ 值}}{f}$$

式中　C——样品中粪大肠菌群数（MPN/L）；

　　　MPN 值——每 100 mL 样品中粪大肠菌群数（MPN/100 mL）；

　　　100——10×10 mL，其中，10 将 MPN 值的单位 MPN/100 mL 转换为 MPN/L，

　　　　　　 10 mL 为 MPN 表中最大接种量；

　　　f——实际样品最大接种量（mL）。

测定结果保留至整数位，最多保留两位有效数字，当测定结果≥100 MPN/L 时，以科学计数法表示；当测定结果低于检出限时，15 管法以"未检出"或"<20 MPN/L"表示。

三、滤膜法

1. 原理

样品经过孔径为 0.45 mm 的滤膜过滤，细菌被截留在滤膜上，然后将滤膜置于 MFC 选择性培养基上，在特定的温度（44.5 ℃）下培养 24 h，胆盐三号可抑制革兰氏阳性菌的生长，粪大肠菌群能生长并发酵乳糖产酸使指示剂变色，通过颜色判断是否产酸，并通过呈蓝色或蓝绿色菌落计数，测定样品中粪大肠菌群浓度。

2. MFC 培养基

成分：胰胨 10 g，多胨 5 g，酵母膏粉 3 g，氯化钠 5 g，乳糖 12.5 g，胆盐三号 1.5 g，琼脂 15 g，玫红酸 0.1 g，苯胺蓝 0.1 g，蒸馏水 1 000 mL，最终 pH 值为 7.4±0.2。

胰胨 10 g，蛋白胨 5 g，酵母浸膏 3 g，氯化钠 5 g，乳糖 12.5 g，胆盐 1.5 g，1％苯胺蓝水溶液 10 mL，1％玫瑰红酸溶液（溶于 8.0 g/L 氢氧化钠液中）10 mL。

制法：将上述成分混合后，加热溶解，调整 pH 值为 7.4±0.2，分装于玻璃容器中，经 115 ℃高压蒸汽灭菌 20 min。

配制好的培养基避光、干燥保存，必要时在 5 ℃±3 ℃冰箱中保存，分装到平皿中

的培养基可保存 2～4 周。配制好的培养基不能进行多次融化操作，以少量勤配为宜。当培养基颜色变化，或脱水明显时，应废弃不用。

3. 无菌滤膜

直径为 50 mm、孔径为 0.45 mm 的醋酸纤维滤膜，按无菌操作要求包扎，经 121 ℃高压蒸汽灭菌 20 min，晾干备用；或将滤膜放入烧杯中，加入试验用水，煮沸灭菌 3 次，15 min/次，前两次煮沸后需更换水洗涤 2～3 次。

4. 样品采集

水样采样要求与多管发酵法相同。

5. 接种与培养

（1）过滤。根据样品的种类判断接种量，最小过滤体积为 10 mL，如接种量小于 10 mL，应逐级稀释。先估计出适合在滤膜上计数所使用的体积，然后取这个体积的 1/10 和 10 倍，分别过滤。理想的样品接种量是滤膜上生长的粪大肠菌群菌落数为 20～60 个，总菌落数不得超过 200 个。当最小过滤体积为 10 mL，滤膜上菌落密度仍过大时，则应对样品进行稀释。1:10 稀释的方法：吸取 10 mL 样品，注入盛有 90 mL 无菌水的三角烧瓶中，混合均匀，配制成 1:10 稀释样品。样品接种量见表 6-32。用灭菌镊子以无菌操作夹取无菌滤膜贴放在已灭菌的过滤装置上，固定好过滤装置，将样品充分混合均匀后抽滤，以无菌水冲洗器壁 2～3 次。样品过滤完成后，再抽气约 5 s，关上开关。

表 6-32　样品接种量参考表

水样类型			接种量/mL							
			100	10	1	0.1	10^{-2}	10^{-3}	10^{-4}	10^{-5}
地表水	水源水		▲	▲	▲	▲				
	湖泊（水库）			▲	▲	▲				
	河流			▲	▲	▲				
废水	生活污水							▲	▲	▲
	工业废水	处理前						▲	▲	▲
		处理后		▲	▲	▲				
地下水				▲	▲	▲				

（2）培养。用灭菌镊子夹取滤膜移放在 MFC 培养基上，滤膜截留细菌面向上，滤膜应与培养基完全贴紧，两者间不得留有气泡，然后将培养皿倒置，放入恒温培养箱内，44.5 ℃±0.5 ℃培养 24 h±2 h。

6. 质量控制

（1）空白对照试验。每次试验都要用无菌水按照样品测定相同的步骤进行实验室空白测定。

（2）阴性和阳性对照试验。将粪大肠菌群的阳性菌株（如大肠埃希氏菌）和阴性菌株

（如产气肠杆菌）配制成浓度为 40～600 CFU/L 的菌悬液，分别按接种和培养步骤进行培养，阳性菌株应呈现阳性反应，阴性菌株应呈现阴性反应；否则，该次样品测定结果无效，应查明原因后重新测定。

（3）培养基检验。更换不同批次培养基时要进行阳性和阴性菌株检验，将粪大肠菌群测定的阳性菌株（如大肠埃希氏菌）和阴性菌株（如产气肠杆菌）配制成适宜浓度，按样品过滤的要求使滤膜上生长的菌落数为 20～60 个，然后按培养的要求进行操作，阳性菌株应生长为蓝色或蓝绿色菌落，阴性菌株应生长为灰色、淡黄色、无色或无菌落生长；否则，该次样品测定结果无效，应查明原因后重新测定。

7. 结果与计算

（1）结果判读。MFC 培养基上呈蓝色或蓝绿色的菌落为粪大肠菌群菌落，予以计数。MFC 培养基上呈灰色、淡黄色或无色的菌落为非粪大肠菌群菌落，不予计数。结果判读参考图片如图 6-10 所示。

（2）结果计算。样品中的粪大肠菌群数（CFU/L），按照以下式子进行计算：

$$C = 1\,000 \times \frac{C_1}{f}$$

式中　C——样品中粪大肠菌群数（CFU/L）；

　　　C_1——滤膜上生长的粪大肠菌群菌落总数（个）；

　　　$1\,000$——将过滤体积的单位由 mL 转换为 L；

　　　f——样品接种量（mL）。

若平行样结果都为 20～60 CFU/L 范围内，最终结果取平均值以几何平均计算。

测定结果保留至整数位，最多保留两位有效数字，当测定结果≥100 CFU/L 时，以科学计数法表示。

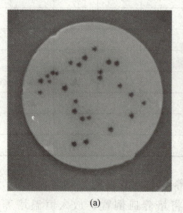
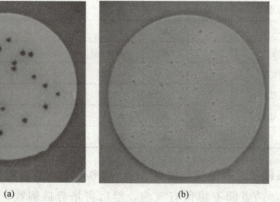

(a)　　　　　　　　　　　(b)

彩图 6-10

图 6-10　结果判读参考图片

（a）阳性菌落（大肠埃希氏菌）；（b）阴性菌落（鼠伤寒沙门菌）

任务实施1——多管发酵法

一、操作准备

根据监测方案准备试剂药品、仪器和用具，填写备料清单(表 6-33)。

表 6-33　备料清单

试剂和药品							
序号	名称	规格	数量	序号	名称	规格	数量
仪器和用具							
序号	名称	规格	数量	序号	名称	规格	数量
备注							

二、操作过程

多管发酵法测定校园湖水总粪大肠菌群含量的参考步骤见表 6-34，可根据实际情况进行调整，完成任务。

表 6-34　测定步骤

序号	步骤	操作方法	说明
1	配制和分装培养基	1. 三倍乳糖蛋白胨培养液：称取_____ g 乳糖蛋白胨粉末加到装有_____ mL 蒸馏水的烧杯中，加热搅拌至溶液呈紫色透明；分装到 5 支发酵管中，每支 5 mL，放入小倒管并塞上硅胶塞，编号，包扎。 2. 单倍乳糖蛋白胨培养液：称取_____ g 乳糖蛋白胨粉末加到装有_____ mL 蒸馏水的烧杯中，加热搅拌至溶液呈紫色透明；分装到 20 支发酵管中，每支 10 mL，放入小倒管并塞上硅胶塞，编号，包扎。 3. EC 培养液：称取_____ g EC 培养基粉末到装有_____ mL 蒸馏水的烧杯中，边搅拌边加热至完全溶解；将培养基转移到锥形瓶内，并塞上硅胶塞，包扎。 4. 无菌水：准备_____个锥形瓶，分别加入 90 mL 蒸馏水和数颗玻璃珠，塞上硅胶塞，包扎	

序号	步骤	操作方法	说明
2	包扎器皿	1. 采样瓶：洗净，塞上硅胶塞，用报纸包装； 2. 吸量管：取 10 mL 吸量管 _____ 支，1 mL 吸量管 _____ 支，顶部塞入棉花，用报纸包装	
3	灭菌	1. 将包装好的三倍和单倍乳糖蛋白胨培养液、伊红美蓝培养液放入高压蒸汽灭菌锅，115 ℃灭菌 20 min；无菌水、采样瓶、吸量管等不含培养基的器皿 121 ℃灭菌 20 min。 2. 清理超净工作台，关上超净工作台窗门，使用前打开紫外线灯照射 30 min	
4	采样	到达采样点，按微生物采样要求采水样。将采样瓶口朝水流的方向放入水中，拔出瓶塞使湖水灌入瓶内，采集完毕塞上瓶塞，再拿出水面，并填写采样记录表	采集水样不超过80%的瓶子体积。采样后迅速拿回实验室检测
5	水样稀释	1∶10 稀释水样：吸取 10 mL 水样，注入盛有 90 mL 无菌水的试管中，混合均匀，配制成 1∶10 稀释样品。 同法按需制作合适稀释度的水样	
6	初发酵	取上述合适稀释度水样进行接种： A组：向装有 5 mL 三倍乳糖蛋白胨培养液的5个试管，分别加入 10 mL 稀释水样； B组：向装有 10 mL 乳糖蛋白胨培养液的5个试管，分别加入 1 mL 稀释水样； C组：向装有 10 mL 乳糖蛋白胨培养液的5个试管中，分别加入 0.1 mL 稀释水样。做法：将上述已稀释的水样再稀释10倍后，取 1 mL 加入。 共计 15 管，三个稀释度。将各管充分混合均匀，置于 37 ℃恒温箱内培养 24 h。 发酵试管颜色变黄为产酸，小玻璃倒管内有气泡为产气。产酸和产气的试管记录为阳性管	1. 所有步骤需按无菌操作要求进行。 2. 采样瓶表面消毒后再放入超净工作台内。 3. 吸取水样前需要充分振摇均匀
7	空白对照	用无菌水按照样品测定相同的步骤进行实验室空白测定	
8	复发酵	1. 挑出上述阳性或疑似阳性(只产酸未产气)的试管，配套相同数量的已灭菌的 EC 培养液试管，编号。 2. 在无菌超净工作台内，将 3mm 接种环在酒精灯上烧红灭菌，在阳性试管内冷却后，轻轻蘸取阳性试管内的菌液，转接到 EC 培养液中，轻轻晃动摇匀，每支阳性试管接种两次，塞好塞子，包扎。在 44.5 ℃下培养 24 h	转接后所有试管必须在 30 min 内放进恒温培养箱或水浴锅中
9	计数	培养后立即观察，倒管中产气证实为粪大肠菌群阳性，即阳性管。记录阳性管数，查数 MPN 指数表，报告每升水样中的总大肠菌群数，填写试验报告	如在倒管内产气不明显，可轻拍试管，有小气泡升起的为阳性
10	清洁	消毒和清洗器皿，整理实验室	

三、注意事项

1. 干扰消除

活性氯具有氧化性，重金属离子具有细胞毒性，均能破坏微生物细胞内的酶活性，导致细胞死亡，可在样品采集时加入硫代硫酸钠溶液或乙二胺四乙酸二钠溶液，以消除干扰。

2. 质控

每批样品按对照试验进行空白对照测定，定期使用有证标准菌株进行阳性和阴性对照试验。

🧰 任务实施2——滤膜法

一、操作准备

根据监测方案准备试剂药品、仪器和用具，填写备料清单（表6-35）。

表 6-35 备料清单

试剂和药品							
序号	名称	规格	数量	序号	名称	规格	数量
仪器和用具							
序号	名称	规格	数量	序号	名称	规格	数量
备注							

二、操作过程

采用滤膜法测定校园湖水总大肠菌群含量的参考步骤见表6-36，可根据实际情况进行调整，完成任务。

表 6-36 测定步骤

序号	步骤	操作方法	说明
1	配制和分装培养基	1. MFC 培养基：称取_____g MFC 培养基粉末加到装有_____mL 蒸馏水的烧杯中，边搅拌边加热至完全溶解；将培养基转移到锥形瓶内，并塞上硅胶塞，包扎。 2. 无菌水：准备_____个锥形瓶，分别加入 90 mL 蒸馏水，塞上硅胶塞，包扎	
2	包扎器皿	1. 采样瓶：洗净，塞上硅胶塞，用报纸包装； 2. 吸量管：取 10 mL 吸量管_____支，顶部塞入棉花，用报纸包装	
3	灭菌	1. 将包装好的 MFC 培养基放入高压蒸汽灭菌锅，115 ℃灭菌 20 min；无菌水、采样瓶、吸量管等不含培养基的器皿 121 ℃灭菌 20 min。 2. 清理超净工作台，关上超净工作台窗门，使用前打开紫外线灯照射 30 min	
4	倒平板	已灭菌的培养基冷却至 45 ℃左右后，按照无菌操作的要求，倒入平皿内，每个平皿 15～20 mL，形成约为 0.5 cm 的厚度平面培养基，然后放在超净工作台内冷却凝固，并编号	
5	采样	到达采样点，按微生物采样要求采水样。将采样瓶口朝水流的方向放入水中，拔出瓶塞使湖水灌入瓶内，采集完毕塞上瓶塞，再拿出水面，并填写采样记录表	采集水样不超过 80% 的瓶子体积。采样后迅速拿回实验室检测
6	水样稀释	若预计水样接种量为 1 mL，先将水样进行稀释： 1：10 稀释水样：吸取 10 mL 水样，注入盛有 90 mL 无菌水的试管中，混合均匀，配制成 1：10 稀释样品。 同法按需制作 1：100 稀释水样	1. 采样瓶表面消毒后再放入超净工作台内。 2. 吸取水样前需要充分振摇均匀
7	过滤	1. 安装砂芯过滤器，用火焰枪灼烧砂芯，用 75% 酒精擦拭过滤杯。将无菌滤膜贴放在砂芯上，放上过滤杯，夹紧固定夹。 2. 开启真空泵，缓缓加入 100 mL 充分振摇均匀的 1：10 稀释水样进行抽滤。过滤完成后，以无菌水冲洗器壁 2～3 次，抽气约为 5 s，再关上开关。 3. 用灭菌镊子夹取滤膜贴放在 MFC 培养基上培养。 4. 将过滤器洗净，重复上述步骤，过滤 10 mL 1：10 稀释水样和 10 mL 1：100 稀释水样	每次过滤器均需消毒砂芯和过滤杯
8	空白对照	取 100 mL 无菌过滤和培养，进行实验室空白测定	
9	培养	MFC 培养基上的滤膜截留细菌面向上，滤膜应与培养基完全贴紧，两者间不得留有气泡，将培养皿倒置，放入恒温培养箱内，44.5 ℃培养 24 h	

序号	步骤	操作方法	说明
10	计数	MFC 培养基上呈蓝色或蓝绿色的菌落为粪大肠菌群菌落，予以计数，报告每升水样中的粪大肠菌群数，填写试验报告	若平行样结果都为 20～60 CFU/L，则结果以几何平均计
11	清洁	消毒和清洗器皿，整理实验室	

三、注意事项

（1）所有步骤均应按微生物试验操作规范进行。

（2）干扰消除：活性氯具有氧化性，重金属离子具有细胞毒性，均能破坏微生物细胞内的酶活性，导致细胞死亡，可在样品采集时加入硫代硫酸钠溶液或乙二胺四乙酸二钠溶液，以消除干扰。

（3）质控：每批样品按对照试验进行空白对照测定，定期使用有证标准菌株进行阳性和阴性对照试验。

结果报告

水样采样原始记录表，见表 6-37；试验原始记录表，见表 6-38 和表 6-39；结果报告表，见表 6-40。

表 6-37　水样采样原始记录表

采样日期：		采样地点：		样品类型：			采样容器：	
气温：		气压：		天气：			水流流速：	
样品编号	点位		采样时间	采样深度/m		采样量/L	样品状态	备注

备注：
样品类型：地表水、地下水、水源水、饮用水、出厂水、管网水、自来水、其他。
容器类型：玻璃容器、塑料容器。
样品状态：颜色气味漂浮物等状况

现场情况及采样点位示意图：

采样人：　　　　　　　　　校核人：　　　　　　　　　审核人：

表 6-38　试验原始记录表（多管发酵法）

样品名称：				样品编号：							
收样日期：				分析日期：			检测项目：				
检测方法：				方法依据：			标准方法名称：				
灭菌锅编号：				灭菌温度：			培养箱编号：				
初发酵日期和时间：　　　　至　　　　　培养温度：											
复发酵日期和时间：　　　　至　　　　　培养温度：											
空白试验结果：											
样品稀释倍数（D）											
发酵管编号											
接种水样量/mL											
初发酵	浑浊										
	产酸										
	产气										
	阴/阳性管										
复发酵	浑浊										
	产酸										
	产气										
	阴/阳性管										
复发酵阳性管数											
MPN 指数（MPN/100 mL）				粪大肠菌群数/（个·L^{-1}）							
计算公式											
备注											
检测人：				校核人：				审核人：			

表 6-39 试验原始记录表(滤膜法)

样品名称：		样品编号：			
收样日期：		分析日期：		检测项目：	
检测方法：		方法依据：		标准方法名称：	
灭菌锅编号：		灭菌温度：		培养箱编号：	
培养日期和时间：_____ 至 _____ 培养温度：					
空白试验结果					
样品稀释倍数(D)					
滤膜编号					
接种水样量 /mL					
滤膜上粪大肠菌落数/(个·皿$^{-1}$)					
样品中粪大肠菌群数/(CFU·L^{-1})					
计算公式					
备注					
检测人：		校核人：		审核人：	

表 6-40 结果报告表

样品来源				
采/送样日期		分析日期		
样品数量				
样品状态				
监测点位		监测频次		
标准方法名称		标准方法编号		
样品编号	测定值	监测结果		备注
备注				
报告人：		校核人：		审核人：

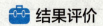 结果评价

结果评价表，见表6-41。

表 6-41　结果评价表

类别	内容	评分要点	配分	评分
职业素养 (30 分)	纪律情况 (10 分)	不迟到，不早退	2	
		着装符合要求	2	
		实训资料齐备	3	
		遵守试验秩序	3	
	道德素质 (10 分)	爱岗敬业，按标准完成实训任务	4	
		实事求是，对数据不弄虚作假	4	
		坚持不懈，不怕失败，认真总结经验	2	
	职业素质 (10 分)	团队合作	2	
		认真思考	4	
		沟通顺畅	4	
职业能力 (70 分)	任务准备 (10 分)	设备准备齐全	5	
		提前预习	5	
	实施过程 (25 分)	正确制备无菌水	2	
		正确包扎器皿	2	
		灭菌操作规范	2	
		采样操作规范	2	
		稀释与接种操作规范	2	
		培养操作规范	3	
		对照试验操作规范	3	
		培养条件正确	3	
		计数方法正确	3	
		结果表示正确	3	
	任务结束 (10 分)	清洁仪器，设备复位	3	
		收拾工作台	3	
		按时完成	4	
	质量评价 (25 分)	接种量选择正确	5	
		阳性判断正确	5	
		结果报告正确	5	
		报告整洁	5	
		书写规范	5	

1. 粪大肠菌群多管发酵法的初发酵试验，是将水样分别接种到盛有乳糖蛋白胨培养液的发酵管中，在_____℃培养_____h，产酸、产气发酵管表明试验阳性。

2. 粪大肠菌群多管发酵法的复发酵试验，是将培养物转接到 EC 培养液中，在 35 ℃下培养 24 h。（　　　）

3. 我国目前粪大肠菌群以（　　）为报告单位。

A. MPN/L　　　　　B. 个/mL　　　　　C. 个/100 mL　　　　D. 个/皿

4. 在 MFC 培养基上生长的粪大肠菌群为（　　）的群落。

A. 淡黄色　　　　　　　　　　　B. 无色

C. 蓝色　　　　　　　　　　　　D. 蓝绿色

5. 滤膜法测定水中粪大肠菌群，若平行样结果都为 20～60 CFU/L，最终结果取（　　）计算。

A. 算术平均值　　　　　　　　　B. 几何均值

C. 中位数　　　　　　　　　　　D. 以上都不是

拓展阅读：我国主要河流水系粪大肠菌群污染情况

6. 粪大肠菌群的概念是什么？

7. 简述多管发酵法测定水中粪大肠菌群的原理、流程和注意事项。

8. 简述滤膜法测定水中粪大肠菌群的原理、流程和注意事项。

任务六　测定水中大肠埃希氏菌

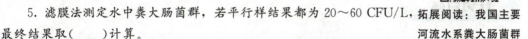

任务情景

2020 年 3 月 24 日起，某地中学高三部分学生先后出现不同程度的发热、腹痛腹泻症状。事件发生后，县委、县政府立即组织县教育科技局、县卫生健康局、县医共体县级医院、县市场监管局、县疾控中心等部门第一时间赶赴现场开展救治、调查工作。据调查结果显示，因当地市政停水，学校紧急启用了备用水源，即备用水井，但因为水井水质不达标，水中的大肠杆菌超标造成学生疑似食物中毒的症状，导致 199 人住院治疗，学生很快就全部治愈。

对生活饮用水、水源水、地表水等进行卫生评价时，总大肠菌群（Total Coliforms）和大肠埃希氏菌（Escherichia Coli）是判定水质是否被粪便污染的两个重要指标，尤其是大肠埃希氏菌是粪便污染最有意义的指示菌，已被世界上许多组织、国家和地区使用。新的国家标准《生活饮用水卫生标准》（GB 5749—2022）中加入大肠埃希氏菌指标，规定生活饮用水不得检出总大肠菌群和大肠埃希氏菌，若检出总大肠菌群，必须进行大肠埃希氏菌检测。若水样中检出大肠埃希氏菌，则说明水质可能受到严重污染，必须采取相应措施。酶底物法是检测水中大肠埃希氏菌的方法之一，具有操作方便、快速、结果容易判断等特点，适用于快速检测和应急检测，对水的卫生学状况能够及时快速准确地作出监测和评价，从而有效预报和控制流行疾病的发生与传播具有重要的意义。

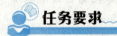 **任务要求**

本任务以校园湖水为样品，使用酶底物法测定水中大肠埃希氏菌含量。

要求：

1. 查阅操作手册和标准规范，根据工作场景制订监测方案。

2. 正确采集样品，以酶底物法测定样品中大肠埃希氏菌含量。

3. 按规范填写原始记录表并出具结果报告。

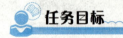 **任务目标**

知识目标

1. 掌握酶底物法测定水中大肠埃希氏菌测定的原理。

2. 掌握酶底物法测定水中大肠埃希氏菌测定的步骤。

3. 掌握酶底物法测定水中大肠埃希氏菌的计数方法。

能力目标

1. 能够正确对样品进行稀释。

2. 能够正确对样品进行接种与培养。

3. 能够正确计算大肠埃希氏菌含量。

素质目标

1. 增强环境保护的责任感和使命感。

2. 提升生物监测创新意识。

3. 培养实事求是的职业素养。

 **相关知识**

一、大肠埃希氏菌

大肠埃希氏菌，俗称大肠杆菌，是一种革兰氏阴性短杆菌，周身鞭毛，能运动，无芽孢。它是最常见的栖居菌，能寄居在人体和动物肠道内，通常情况下不会对健康构成威胁。然而，大肠埃希氏菌在一定条件下可引起人和动物腹泻、败血症等感染。它的致病物质主要包括毒素和侵袭性酶。其中，肠毒素可引起腹泻、呕吐等症状，而侵袭性酶则有助于细菌侵入组织细胞。此外，大肠埃希氏菌还能引起尿路感染、腹腔感染等其他感染。

目前，大肠埃希氏菌主要有六个种类，即能够致使胃肠道感染的肠致病性大肠杆菌

（EPEC）、肠道产毒素性的大肠杆菌（ETEC）、肠侵袭性大肠杆菌（EIEC）、肠出血性大肠杆菌（EHEC）、肠聚集性大肠杆菌（EAEC），以及近年来发现的肠产志贺样毒素同时具有一定侵袭力的大肠杆菌（ESIES），另外，还有能够致使尿道感染的尿道致病性的大肠杆菌（UPEC），以及最新命名的肠道集聚性的黏附大肠杆菌（EAggEC）。

大肠埃希氏菌在普通培养基上生长良好，最适生长温度为 37 ℃，最适 pH 值为 7.2～7.4。它能在含有乳糖的普通肉汤培养基中生长，形成圆形、凸起、湿润、有光泽的菌落。对于大肠埃希氏菌的检测，常用的方法包括细菌分离培养、生化试验和免疫学检测等。其中，细菌分离培养是诊断大肠埃希氏菌感染的金标准方法；生化试验可用于鉴定细菌的种属；免疫学检测则具有特异性强、灵敏度高的优点。

酶底物法对大肠埃希氏菌的定义是 37 ℃ 培养 24 h，能产生 β-半乳糖苷酶（β-D-galactosidase），分解选择性培养基中的邻硝基苯-β-D-吡喃半乳糖苷（ONPG）生成黄色的邻硝基苯酚，同时产生 β-葡萄糖醛酸酶（β-Glucuronidase），分解选择性培养基中的 4-甲基伞形酮-β-D-葡萄糖醛酸苷（MUG）释放出荧光物质（4-甲基伞形酮）的肠杆菌科细菌。

二、酶底物法

1. 原理

在特定温度下培养特定的时间，大肠埃希氏菌能产生 β-半乳糖苷酶，将选择性培养基中的无色底物邻硝基苯-β-D-吡喃半乳糖苷（ONPG）分解为黄色的邻硝基苯酚（ONP）；大肠埃希氏菌同时又能产生 β-葡萄糖醛酸酶，将选择性培养基中的 4-甲基伞形酮-β-D-葡萄糖醛酸苷（MUG）分解为 4-甲基伞形酮，在紫外线灯照射下产生荧光。统计阳性反应出现数量，查 MPN 表可计算样品中大肠埃希氏菌的浓度值。

2. 培养基

（1）Minimal Medium ONPG-MUG 培养基。

成分：硫酸铵 5.0 g，无水硫酸锰 0.5 mg，无水硫酸锌 0.5 mg，无水硫酸镁 100 mg，氯化钠 10.0 g，氯化钙 50 mg，亚硫酸钠 40 mg，两性霉素 B（AmphotericinB）1 mg，邻硝基苯-3-D-吡喃半乳糖苷（ONPG）500 mg，4-甲基伞形酮-β-D-葡萄糖醛酸苷（MUG）75 mg，茄属植物萃取物（Solanium）500 mg，N-2-羟乙基哌嗪-N-2-乙磺酸钠盐（HEPES）5.3 g，N-2-羟乙基哌嗪-N-2-乙磺酸（HEPES）6.9 g，纯水 1 000 mL。

制法：每 100 mL 样品需使用培养基粉末 2.7 g±0.5 g，也可采用市售商品化培养基制品，按照说明配制。

（2）生理盐水。

成分：氯化钠 8.5 g，纯水 1 000 mL。

制法：溶解后，分装到稀释瓶内，每瓶 90 mL，121 ℃ 高压蒸汽灭菌 20 min。

3. 97 孔定量盘

含 49 个大孔，48 个小孔。其中，每个小孔可容纳 0.186 mL 样品，大孔中 48 个大孔每个可容纳 1.86 mL 样品，一个顶部大孔可容纳 11 mL 样品，也有经环氧乙烷灭菌的市售商品化成品。

4. 样品采集

水中大肠埃希氏菌测定的采样及保存要求与水中菌落总数的水样采样要求相同。

5. 接种与培养

(1)样品稀释。根据样品污染程度确定接种量(表 6-42)。较清洁的水源水直接取 100 mL 接种;污染严重的水样稀释后接种,接种量为 10 mL 时,取 10 mL 样品加入盛有 90 mL 无菌水的三角瓶中混合均匀配制成 1∶10 的稀释样品,其他接种量的稀释样品依次类推。对于未知样品,可选用多个接种量进行检测。检测结果应避免接种样品培养后 97 孔定量盘出现全部阳性或全部阴性的现象。

表 6-42 样品接种量参考表

水样类型			接种量/mL				
			10^2	10	1	0.1	10^{-2}
地表水	水源水		▲				
	湖泊(水库)		▲				
	河流		▲	▲	▲		
废水	生活污水		▲	▲	▲	▲	
	工业废水	处理前		▲	▲	▲	▲
		处理后	▲				
地下水			▲				

(2)接种。量取 100 mL 样品或稀释样品于灭菌后的三角瓶,加入 2.7 g±0.5 g 培养基粉末,充分混合均匀,完全溶解后,全部倒入 97 孔定量盘内,以手抚平 97 孔定量盘背面,赶除孔内气泡,然后用程控定量封口机封口。观察 97 孔定量盘颜色,若出现类似或深于标准阳性比色盘的颜色,则需排查样品、培养基、无菌水等一系列因素后,终止试验或重新操作。上述步骤在野外操作时应避开明显局部污染源,建议使用一次性手套、口罩、酒精灯等。

(3)培养。将封口后的 97 孔定量盘放入恒温培养箱中 37 ℃±1 ℃下培养 24 h。

6. 结果与计算

(1)计数。对培养 24 h 后的 97 孔定量盘进行结果判读,样品变黄色且在紫外线灯照射下有蓝色荧光,判断为大肠埃希氏菌阳性。如果结果可疑,可延长培养至 28 h 进行结果判读,超过 28 h 后出现的颜色反应不作为阳性结果。可使用保质期内的标准阳性比色盘以辅助判读。记录 97 孔定量盘中大孔和小孔的阳性孔数量。

(2)计算。从 97 孔定量盘法 MPN 表(附录三)中查得每 100 mL 样品中大肠埃希氏菌的 MPN 值后,再根据样品不同的稀释度,按照以下公式换算样品中大肠埃希氏菌浓度,单位为 MPN/L。

$$C = 1\,000 \times \frac{\text{MPN 值}}{f}$$

式中　C——样品中大肠埃希氏菌浓度（MPN/L）；

$\quad\quad$ MPN 值——每 100 mL 样品中大肠埃希氏菌浓度（MPN/100 mL）；

$\quad\quad$ 1 000——将 C 单位由 MPN/mL 转换为 MPN/L；

$\quad\quad$ f——最大接种量（mL）。

测定结果保留两位有效数字，当测定结果≥100 MPN/L 时，以科学计数法表示；若 97 孔均为阴性，可报告为大肠埃希氏菌未检出或＜10 MPN/L。

7. 质量控制

（1）空白对照试验。每次试验都要用无菌水按照前面步骤进行实验室空白测定。培养后的 97 孔定量盘不得有任何颜色反应；否则，该次样品测定结果无效，应查明原因后重新测定。

（2）阴性和阳性对照试验。阳性对照标准菌种选择大肠埃希氏菌；阴性对照标准菌种可选择金黄色葡萄球菌、假单胞菌属。

将标准菌株制成 300～3 000 个/mL 的菌悬液，可先制备较高浓度的悬菌液，再采用血球计数器在显微镜下对其浓度进行初步测定，然后根据实际情况用无菌水稀释至 300～3 000 个/mL。将菌悬液按接种和培养要求操作，阳性菌株应呈现阳性反应；阴性菌株应呈现阴性反应；否则，该次样品测定结果无效，应重新测定。

（3）质量保证。每批样品按对照试验进行空白对照测定，定期使用有证标准菌株进行阳性和阴性对照试验。每 20 个样品或每批次样品（≤20 个/批）测定一个平行双样。对每批次培养基须使用有证标准菌株进行培养基质量检验。定期使用有证标准菌株/标准样品进行质量控制。

🧰 任务实施

一、操作准备

根据监测方案准备试剂药品、仪器和用具，填写备料清单（表 6-43）。

表 6-43　备料清单

试剂和药品							
序号	名称	规格	数量	序号	名称	规格	数量
仪器和用具							
序号	名称	规格	数量	序号	名称	规格	数量
备注							

二、操作过程

酶底物法测定校园湖水大肠埃希氏菌含量的参考步骤见表 6-44，可根据实际情况进行调整，完成任务。

表 6-44 大肠埃希氏菌含量测定步骤

序号	步骤	操作方法	说明
1	配制试剂	无菌水：准备_____个 250 mL 锥形瓶，分别加入 90 mL 蒸馏水，塞上硅胶塞，包扎	
2	包扎器皿	1. 采样瓶：洗净，塞上硅胶塞，用报纸包装； 2. 吸管：取 10 mL 吸量管_____支，1 mL 吸量管_____支，顶部塞入棉花，用报纸包装	
3	灭菌	1. 将包装好的无菌水、采样瓶、吸量管等器皿 121 ℃灭菌 20 min。 2. 清理超净工作台，关上超净工作台窗门，使用前打开紫外线灯照射 30 min	
4	采样	到达采样点，按微生物采样要求采水样。将采样瓶口朝水流的方向放入水中，拔出瓶塞使湖水灌入瓶内，采集完毕塞上瓶塞，再拿出水面，并填写采样记录表	采集水样不超过 80% 的瓶子体积。采样后迅速拿回实验室检测
5	水样稀释	1∶10 稀释水样：吸取 10 mL 水样，注入盛有 90 mL 无菌水的锥形瓶中，混合均匀，配制成 1∶10 稀释样品。同法按需制作 1∶100、1∶1 000 稀释水样	
6	接种	选择 100 mL 合适稀释度的水样，向锥形瓶加入 2.7 g±0.5 g 培养基粉末，充分混合均匀，完全溶解后，全部倒入 97 孔定量盘内，以手抚平 97 孔定量盘背面，赶除孔内气泡，然后用程控定量封口机封口。观察 97 孔定量盘颜色，若出现类似或深于标准阳性比色盘的颜色，则需排查样品、培养基、无菌水等一系列因素后，终止试验或重新操作。 根据实际情况课选用多个稀释度进行检测。同时做空白试验和对照试验	1. 所有步骤需按无菌操作要求进行。 2. 采样瓶表面消毒后再放入超净工作台内。 3. 吸取水样前需要充分振摇均匀
7	培养	将封口后的 97 孔定量盘放入恒温培养箱中（37±1）℃下培养 24 h	
8	判断结果	培养结束后，样品变黄色且在紫外线灯照射下有蓝色荧光，判断为大肠埃希氏菌呈阳性。记录阳性空孔数。如果结果可疑，可延长培养至 28 h 进行结果判读，超过 28 h 后出现的颜色反应不作为阳性结果	可使用保质期内的标准阳性比色盘以辅助判读
9	计算	从 97 孔定量盘法 MPN 表中查得每 100 mL 样品中大肠埃希氏菌的 MPN 值后，再根据样品不同的稀释度，按照公式换算样品中大肠埃希氏菌浓度（MPN/L），填写试验记录表	
10	清洁	消毒和清洗器皿，整理实验室	

三、注意事项

1. 干扰消除

活性氯具有氧化性，重金属离子具有细胞毒性，均能破坏微生物细胞内的酶活性，导致细胞死亡，可在样品采集时加入硫代硫酸钠溶液或乙二胺四乙酸二钠溶液消除干扰。

2. 质控

每批样品按对照试验进行空白对照测定，定期使用有证标准菌株进行阳性和阴性对照试验。每 20 个样品或每批次样品(≤20 个/批)测定一个平行双样。对每批次培养基须使用有证标准菌株进行培养基质量检验。

结果报告

水样采样原始记录表，见表 6-45；试验原始记录表，见表 6-46；结果报告表，见表 6-47。

表 6-45　水样采样原始记录表

采样日期:		采样地点:		样品类型:		采样容器:	
气温:		气压:		天气:		水流流速:	
样品编号	点位	采样时间	采样深度/m	采样量/L		样品状态	备注
备注: 样品类型:地表水、地下水、水源水、饮用水、出厂水、管网水、自来水、其他。 容器类型:玻璃容器、塑料容器。 样品状态:颜色气味漂浮物等状况							
现场情况及采样点位示意图: 							
采样人:			校核人:			审核人:	

表 6-46　试验原始记录表

样品名称：		样品编号：			

收样日期：		分析日期：		检测项目：

检测方法：		方法依据：		标准方法名称：

灭菌锅编号：		灭菌温度：		培养箱编号：

培养日期和时间：_____ 至 _____　　培养温度：

空白试验结果：

编号	水样接种量 （按稀释前计，mL）	定量盘大孔 阳性孔数	定量盘小孔 阳性孔数	MPN 指数 （MPN/100 mL）	样品浓度 /(MPN·L^{-1})

计算公式：

备注

检测人：	校核人：	审核人：

表 6-47　结果报告表

样品来源			
采/送样日期		分析日期	
样品数量			
样品状态			
监测点位		监测频次	
标准方法名称		标准方法编号	

样品编号	测定值	监测结果

备注

检测人：	校核人：	审核人：

结果评价

结果评价表，见表6-48。

表 6-48　结果评价表

类别	内容	评分要点	配分	评分
职业素养 （30分）	纪律情况 （10分）	不迟到，不早退	2	
		着装符合要求	2	
		实训资料齐备	3	
		遵守试验秩序	3	
	道德素质 （10分）	爱岗敬业，按标准完成实训任务	4	
		实事求是，对数据不弄虚作假	4	
		坚持不懈，不怕失败，认真总结经验	2	
	职业素质 （10分）	团队合作	2	
		认真思考	4	
		沟通顺畅	4	
职业能力 （70分）	任务准备 （10分）	设备准备齐全	5	
		提前预习	5	
	实施过程 （25分）	正确制备无菌水	2	
		正确包扎器皿	2	
		灭菌操作规范	2	
		采样操作规范	2	
		稀释与接种操作规范	2	
		培养操作规范	3	
		对照试验操作规范	3	
		培养条件正确	3	
		计数方法正确	3	
		结果表示正确	3	
	任务结束 （10分）	清洁仪器，设备复位	3	
		收拾工作台	3	
		按时完成	4	
	质量评价 （25分）	接种量正确	5	
		阳性判断正确	5	
		结果报告正确	5	
		报告整洁	5	
		书写规范	5	

 **任务测验**

1. 以下水体样品采集操作错误的是(　　)。
A. 采集河流、湖库等地表水样品时，可握住瓶子下部直接将带塞采样瓶插入水中，距水面 10~15 cm，瓶口朝水流方向进行采样
B. 如果没有水流，可握住瓶子水平往前推。采样量一般为装满整个采样瓶容量。样品采集完毕后，迅速扎上无菌包装纸
C. 从水龙头装置采集样品时，不要选用漏水龙头，采水前将水龙头打开至最大，放水 3~5 min，然后将水龙头关闭，用火焰灼烧约 3 min 灭菌或用 70%~75% 的酒精对水龙头进行消毒，开足水龙头，再放水 1 min，以充分除去水管中的滞留杂质
D. 采集地表水、废水样品及一定深度的样品时，也可使用灭菌过的专用采样装置采样。在同一采样点进行分层采样时，应自上而下进行，以免不同层次的搅扰

2. 下列水样样品保存方式错误的是(　　)。
A. 采样后应在 2 h 内检测
B. 采样后不能在 2 h 内检测的，应在 10 ℃ 以下冷藏但不得超过 6 h
C. 实验室接样后，应立即开展检测的
D. 实验室接样后，不能立即开展检测的，应将样品于 4 ℃ 以下冷藏并在 6 h 内检测

3. 酶底物法测定水中大肠埃希氏菌时选用(　　)培养基。
A. 乳糖蛋白胨培养基　　　　　　　B. 营养琼脂培养基
C. ONPG-MUG 培养基　　　　　　　D. 伊红美蓝培养基

4. 酶底物法测定水中大肠埃希氏菌时，从 97 孔定量盘法 MPN 表中查的大肠埃希氏菌的 MPN 值单位是(　　)。
A. MPN/100 mL　　　　　　　　　　B. MPN/mL
C. MPN/L　　　　　　　　　　　　　D. 个/L

5. 酶底物法测定水中大肠埃希氏菌时，质量保证和质量控制中错误的是(　　)。
A. 每批样品按对照试验进行空白对照测定，定期使用有证标准菌株进行阳性和阴性对照试验
B. 每 20 个样品或每批次样品(≤20 个/批)测定一个平行双样
C. 对每批次培养基须使用有证标准菌株进行培养基质量检验
D. 不需使用有证标准菌株/标准样品进行质量控制

拓展阅读：大肠杆菌分离培养基简介

6. 大肠埃希氏菌的概念是什么？
7. 简述酶底物法测定水中粪大肠菌群的原理、流程和注意事项。

任务七　测定生活饮用水中两虫

**任务情景**

　　贾第鞭毛虫和隐孢子虫（简称"两虫"）是两种严重危害水质安全的病原性原生动物，致病剂量低，其引发的疾病分别称为贾第鞭毛虫病和隐孢子虫病，呈世界性分布，在寄生虫性腹泻中占首位或第二位。隐孢子虫是水源性传染病和免疫功能低下患者出现腹泻疾病的主要病原体之一，也可能导致儿童出现营养不良等并发症，甚至导致死亡。自20世纪70年代以来，在欧洲和北美洲等地区以饮用水为媒介引发了较大规模的隐孢子虫病暴发流行。1993年，美国密尔沃基市暴发的大规模隐孢子虫水污染事件，是历史上最著名的隐孢子虫污染事件，不仅迫使密尔沃基市政府对饮用水处理厂进行了大规模改造，成为水处理技术的"硅谷"，还促使密尔沃基市及其他城市开始通过全流域治理保护水源地，直接推动了美国环保局出台隐孢子虫检测方法，并在《地表水处理条例》的基础上制定《加强地表水处理条例》，将隐孢子虫列入优先监控清单。我国于1987年在南京市区首次发现了隐孢子虫病例，随后在徐州、安徽、内蒙古、福建、山东和湖南等省市均发现了病例。

　　贾第鞭毛虫和隐孢子虫感染后无特殊临床症状，无预防疫苗，绝大多数抗生素无效，治疗依赖于人体自身的抵抗力，水源性感染已成为最大的感染源，但隐孢子虫/贾第虫的孢/卵囊对传统的水处理法中氯化消毒有抗性，膜过滤法也不能完全去除。城市供水系统中的隐孢子虫和贾第鞭毛虫直接威胁饮用水安全，并对城市水环境带来生态和健康风险。

　　为进一步保障水质的安全，根据《生活饮用水卫生标准》（GB 5749—2022）的要求，某市自来水厂每半年对出厂水和供水管网水进行贾第鞭毛虫和隐孢子虫的检测。

任务要求

　　本任务以自来水为样品，使用免疫磁分离荧光抗体法测定水中贾第鞭毛虫/隐孢子虫含量。
要求：
1. 查阅操作手册和标准规范，根据工作场景制订监测方案。
2. 正确采集样品，以免疫磁分离荧光抗体法测定样品两虫含量。
3. 按规范填写原始记录表并出具结果报告。

任务目标

知识目标
1. 掌握免疫磁分离荧光抗体法的原理。
2. 掌握测定贾第鞭毛虫和隐孢子虫操作流程。

3. 掌握贾第鞭毛虫和隐孢子虫测定结果计算与表示方法。

能力目标

1. 能够正确对水样进行采集淘洗浓缩。

2. 能够正确对水样进行免疫磁分离。

3. 能够正确辨认贾第鞭毛虫和隐孢子虫标本。

素质目标

1. 树立尽职尽责的工作信念。

2. 培养认真务实的工作习惯。

3. 培养诚实守信的工作态度。

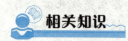 **相关知识**

一、贾第鞭毛虫孢囊和隐孢子虫卵囊的特征

贾第鞭毛虫的孢囊呈椭圆形，长度为 $8\sim14\ \mu m$，宽度为 $7\sim10\ \mu m$。在 FITC 模式（400 倍蓝光激发）下，孢囊壁会发出苹果绿色的荧光。在 DAPI 模式（400 倍紫外光激发）下，当内部呈现亮蓝色或者观察到 $1\sim4$ 个细胞核时，呈 DAPI 阳性，可确认为贾第鞭毛虫孢囊；若呈现边缘绿色，内部浅蓝色时，呈 DAPI 阴性，建议采用 DIC 模式进一步观察，若能看到孢囊的细胞核、中轴等内部结构，可确认为贾第鞭毛虫孢囊。

隐孢子虫的卵囊呈稍微椭圆的圆形，直径为 $4\sim8\ \mu m$。在 FITC 模式下，卵囊壁有苹果绿色荧光。在 DAPI 模式下，当内部呈现亮蓝色或观察到 $1\sim4$ 个细胞核时，呈 DAPI 阳性，可确认为隐孢子虫卵囊；若呈现边缘绿色，内部浅蓝色时，呈 DAPI 阴性，建议采用 DIC 模式进一步观察，若能看到卵囊内有 $1\sim4$ 个月牙形子孢子，可确认为隐孢子虫卵囊。

二、免疫磁分离荧光抗体法

1. 原理

采用过滤和反向冲洗技术从水样中富集贾第鞭毛虫孢囊和隐孢子虫卵囊，借助免疫磁分离技术将贾第鞭毛虫孢囊和隐孢子虫孢囊从其他杂质中分离出来，再经过酸化脱磁、异硫氰酸荧光素酯/4',6-二脒基-2-苯基吲哚（FITC/DAPI）染色，最后经过显微镜镜检确认和计数的方法。

2. 主要试剂与设备

（1）试剂。贾第鞭毛虫/隐孢子虫免疫磁分离试剂盒：包含抗隐孢子虫单克隆抗体磁微粒，抗贾第鞭毛虫单克隆抗体磁微粒，缓冲液 A（15 mL），缓冲液 B（10 mL）。免疫磁分离试剂盒，于 $0\sim4\ ℃$冷藏保存。

免疫荧光染色试剂盒：抗隐孢子虫/贾第鞭毛虫单克隆抗体－异硫氰酸盐荧光素试剂盒置于 $0\sim4\ ℃$冷藏保存。

磷酸盐缓冲液（PBS 溶液）：称量氯化钠 8.0 g，氯化钾 0.2 g，磷酸氢二钠 1.44 g，

磷酸二氢钾0.24 g，溶解于1 L纯水后，用1 mol/L盐酸或氢氧化钠溶液将pH值调到7.1～7.3置于0～4 ℃冷藏保存可储存1周。

封固剂（2% DABCO/甘油）：按DABCO 2.0 g，甘油/PBS缓冲盐溶液（60%/40%）100 mL的比例配制，室温下储存12个月。

1 mol/L Tris溶液：在1 000 mL纯水中溶解132.2 g的Tris盐酸（$C_4H_{12}ClNO_3$），然后加19.4 g的Tris碱（$C_4H_{12}ClNO_3$）。用1 mol/L盐酸或氢氧化钠溶液将pH值调到7.3～7.5。用孔径为0.22 μm的滤膜过滤灭菌后，移动到一个无菌的塑料容器中。在室温条件下可储存6个月。

0.5mol/L Na_2EDTA二水合物溶液：将37.22 g乙二胺四乙酸二钠盐二水化合物溶解到200 mL的纯水中，然后用1 mol/L盐酸或氢氧化钠溶液将pH值调到7.9～8.1，室温条件下可储存6个月。

淘洗液A：称取1.0 g月桂醇聚醚—12到玻璃烧杯中，然后加入100 mL纯水。用电炉将烧杯加热，使月桂醇聚醚-12溶解，然后将其转移到1 000 mL有刻度的量筒中。用纯水将烧杯冲洗几次，确保所有的冲洗液都转移到量筒中。加入10 mL pH值为7.4的Tris溶液、2 mL pH值为8.0的Na_2EDTA二水合物溶液和150 μLA型止泡剂。最后用纯水稀释到1 000 mL。室温条件下可储存1个月。

淘洗液B：将1.44 g磷酸氢二钠、0.2 g磷酸二氢钾、0.2 g氯化钾及8.0 g氯化钠加入900 mL纯水，搅拌20 min至完全溶解，加入0.1 mL吐温-20并继续搅拌10 min，然后用纯水稀释至1 000 mL。

淘洗液C：将0.2 g焦磷酸四钠，0.3 g EDTA柠檬酸三钠加入900 mL纯水，搅拌10 min至完全溶解，加入10 mL Tris－HCl（1 mol/L）并搅拌5 min使之混合。再加入0.1 mL吐温-80并继续搅拌10 min，然后用纯水稀释至1 000 mL，并调节pH值为7.2～7.6。

DAPI储备溶液：在微型离心管中加入1 mg DAPI，然后加入500 μL的甲醇（2 mg/mL）。可于0～4 ℃冷藏避光保存15 d。

DAPI染色溶液：用50 mLPBS稀释10 μL DAPI母液，用时配制，于0～4 ℃冷藏避光保存。

（2）设备。

1)多孔海绵滤膜模块过滤的仪器设备。

①滤芯：压缩后的多孔海绵滤膜模块（600 mm压缩到30 mm的60层多孔海绵滤膜，其中单层多孔海绵滤膜厚10 mm，外径55 mm，内径18 mm）。

②滤器：带进出水样接口及配套软管和辅助工具。流量控制阀：可控制流量1～4 L/min。

2)多孔海绵滤膜模块快速淘洗/浓缩/纯化的设备。多孔海绵滤膜模块快速淘洗装置：可压缩空气与淘洗液，自动完成8次及以上反向冲洗程序。空气压缩机：压力大于0.5 MPa，可压缩15 L空气。离心机：2 000 g离心力。锥形离心管：500 mL。磁粒浓缩器1：适合Leighton管内液体磁分离。磁粒浓缩器2：适合微型离心管内液体磁分离。

3)染色仪器设备。包含三通真空泵，湿度孵化盒，载玻片，盖玻片，培养箱，荧光显微镜，450～480 nm 的蓝色滤光片，330～385 nm 的紫外光滤光片测微计，移液器：5～20 μL、20～200 μL、200～1 000 μL 巴斯德玻璃吸管。

4）20 L 小口塑料瓶或玻璃瓶。所有玻璃器皿和塑料器皿都应在使用后及洗涤前经高压消毒。用热浓洗涤剂溶液清洁器材，然后将它们放到不低于 50.0 g/L 的次氯酸钠溶液中，至少在室温浸泡 30 min。用纯水冲洗器材，然后将其放到没有卵囊的环境中干燥。宜尽可能使用一次性物品。

3. 多孔海绵滤膜模块采样及快速淘洗

（1）采样。水样中的卵囊数量很少，因此需要浓缩较大体积的水样，采样的体积取决于水样的类型，水源水可采集 20 L，生活饮用水采集 100 L。

将滤芯（螺栓头朝下）安装在支架上，拧紧盖子（盖子即为进样口）。将滤器连接到需采样的水源进行采样。为使液体流经滤芯需在顶部施加 0.05 MPa 的压力。推荐的 0.05 MPa 工作压力形成的液体流速为 3～4 L/min。工作压力最大不超过 0.8 MPa。采样时如使用导流泵、蠕动泵等泵类装置，安装在滤器上游。样品采集可在水源现场或实验室完成。过滤后，于 0～4 ℃冷藏避光保存滤囊，一般不要超过 72 h。本方法也适用于浊度高的水源水的采样。

（2）淘洗。采用符合技术参数要求的多孔海绵滤膜模块快速压力淘洗装置可使淘洗过程全自动完成，将压力淘洗装置准备就绪，向淘洗液瓶中加入足量的淘洗液 C，利用连接锁将淘洗液瓶与压力淘洗装置连接，确保两者之间形成良好密封。连接压缩空气源和压力淘洗装置，保证足够的空气压力和体积。打开压力淘洗设备的舱门。滤器进样口朝上，移开样品阻留器，连接分流调节器（滤芯仍在滤器内）。将滤器倒转，用快接头连接到压力淘洗器上。将 500 mL 锥形离心瓶放置在样品收集器支架上，关闭压力淘洗装置。开始自动淘洗。淘洗结束时，打开压力淘洗装置。卸下滤器，再取下分流调节器，打开滤器，弃掉滤芯。将离心瓶盖好，从样品收集器支架中取出。

（3）浓缩。将装有 2 000 g 淘洗液样本置于中离心瓶离心 15 min。慢慢减速（勿用制动器），以免搅起沉淀物。记录沉淀物体积。离心后，用吸气装置将沉淀物上层悬浮液体吸出，保留 8～10 mL 液体（吸气装置的压力应小于 3.3 kPa）。

如果压实的沉淀物体积小于或等于 0.5 mL，将试管置于旋转式搅拌器中 20 s，然后将样品转入 Leighton 管中；用 1 mL 纯水冲洗离心瓶二次，清洗液转入同一 Leighton 管中。如果压实的沉淀物体积大于 0.5 mL，用以下公式确定在离心管中需要的总体积，以便将再悬浮的沉淀物调整到相当于 0.5 mL 压实沉淀物的体积。

$$需要的总体积（mL）=沉淀物体积×10 \text{ mL}/0.5 \text{ mL}$$

加纯水到离心管中，使其总体积到上面计算的水平。将试管旋转搅拌 10～15 s，以便使沉淀物再悬浮。记录这个再悬浮物的体积。

4. 免疫磁分离

长时间在 0～4 ℃冷藏保存后，可能会在缓冲液 A 中形成一些结晶沉淀。为了确保这些沉淀的结晶能够再溶解，使用前应将其置室温（15～22 ℃）中直至结晶溶解。

加入 1 mL 缓冲液 A 和 1 mL 缓冲液 B 到 Leighton 管中。定量转移 10 mL 水样浓缩物到

Leighton 管中。将抗隐孢子虫抗体和抗贾第鞭毛虫抗体的磁微粒原液置于旋涡混合器上搅拌，以便使珠粒悬浮。通过倒置试管的方法保证珠粒再悬浮，并确定底部没有残留的小团。

向含有水样浓缩物和缓冲液样品的 Leighton 管中各加入 100 μL 上述悬浮的微粒。将含有样品的 Leighton 管固定到旋转式的搅拌器上，25 r/min 旋转 1 h。将试管从搅拌器上取下，然后将其放在磁粒浓缩器 1 上，并将试管有平面的一边朝向磁铁。

用手柔和地以大约 90°头尾相连地摇动试管，使试管的盖顶和基底轮流上下倾斜。以每秒大约倾斜一次的频率持续 2 min。如果磁粒浓缩器 1 中的样品静置 10 s 以上，就要在进行下一个步骤之前，重复摇动试管。

立即打开顶端的盖，同时将固定在磁粒浓缩器 1 上的试管中的所有上清液倒到废液器中。做这一步骤时，不要摇动试管，也不要将试管从磁粒浓缩器 1 上取下。将试管从磁粒浓缩器 1 上取下，加入 1 mL 缓冲液 A。非常柔和地将试管中的所有物质再悬浮。不要形成旋涡。将试管中的所有液体定量转移到有标签的 1.5 mL 微量离心管中。将微量离心管放到未加磁条的磁粒子浓缩器中，然后加入磁条。用手 180°轻轻地摇动试管。每秒大约摇动一个 180°，持续大约 1 min。在这一步结束时，珠粒和卵囊会在试管的背面形成一个褐色圆点。

立即将固定在磁粒浓缩器 2 上的离心管和顶盖中的上清液吸出。如果同时处理一个以上的样品，就要在吸去每个离心管的上清液之前，进行 3 个 180°的摇动动作，不要扰乱磁铁邻近管壁上的附着物、不要摇动离心管也不要将离心管从磁粒浓缩器 2 上取下。

将磁条从磁粒浓缩器 2 上取下。加入 50 μL 0.1 mol/L 的盐酸至上述微量离心管中，涡旋混合 10 s。将试管放在磁粒浓缩器 2 上，室温垂直静置 10 min。用力涡旋 5～10 s。保证所有样品都在试管的底部，然后将微量离心管放在磁粒浓缩器 2 上。再将磁条放到磁粒浓缩器 2 上，以大约 90°头尾相连地轻轻摇动试管。使试管的盖顶和基底轮流上下倾斜，以每秒大约倾斜一次的频率持续 30 s。

准备一个载玻片，加入 5 μL 1 mol/L 的氢氧化钠溶液至样品井中。不要将微量离心管从磁粒浓缩器 2 上取下。将所有样品从磁粒浓缩器 2 上的微量离心管中转移到有氢氧化钠的样品井中。不要扰乱试管背壁上的珠粒。

5. 染色

将有样品的载玻片置于 37 ℃培养箱中干燥不超过 2 h，或置于室温避光自然风干。在该载玻片上加一滴（50 μL）的纯甲醇，然后让它自然干燥 3～5 min。

用试管准备所需体积（50 μL）的抗隐孢子虫单克隆抗体和抗贾第鞭毛虫单克隆抗体 FITC 工作稀释液（1/1：Cellabs/PBS）。加入 50 μL 上述 FITC 单克隆抗体工作稀释液至载玻片上。将载玻片放到湿盒中于 36 ℃±1 ℃培养 30 min 左右。

30 min 后，取出载玻片，然后用一个干净的顶端带有真空源的巴斯德玻璃吸管轻轻地吸掉过量的荧光素标记单克隆抗体。在每个玻片上加入 70 μL 的 PBS，静置 1～2 min 后，吸掉多余的 PBS。加入 50 μL DAPI 溶液（使用时配制，即加入 10 μL 2 mg/mL 溶于纯甲醇中的 DAPI 于 50 mL 的 PBS 中）到载玻片上，然后让它在室温静置 2 min 左右。吸掉过量的 DAPI 溶液。加入 70 μL 的 PBS 到载玻片上，静置 1～2 min 后，吸掉多余的 PBS。加入 70 μL 的纯水到载玻片上，静置 1 min 后，吸掉多余的纯水。

让载玻片在暗处干燥后，加一滴封固剂，盖上盖玻片，然后将它存放在干燥的暗盒中，备查。

6. 镜检

打开显微镜，预热 15 min 后，在 200 倍的荧光显微镜下检查，再依次在 400 倍的蓝光激发（FITC 模式），400 倍的紫外激发（DAPI 模式）下进一步证实。若 DAPI 染色结果不能确认时，可以使用 DIC 模式观察孢囊内部结构进行确认。计数整个玻片染色区域，呈现表 6-49 所述特征的可判断为孢（卵）囊，两虫镜检如图 6-11 所示。

表 6-49　贾第鞭毛虫孢囊与隐孢子虫卵囊的特征

标准	重要性	备注
苹果绿色荧光的膜	+++	荧光强度可变
大小	+++	贾第鞭毛虫：$(8\sim14\ \mu m)\times(7\sim10\ \mu m)$；隐孢子虫：$4\sim8\ \mu m$
膜与细胞质的对照	++	膜的荧光强度大于细胞质
形状	++	贾第鞭毛虫：椭圆形；隐孢子虫：圆形
孢囊壁的完整性	+	孢囊壁会因破损而失去形状

注：1. 紫外激发光下观察 DAPI 染色结果用于确认是否为孢（卵）囊，因为假孢（卵）囊（苹果绿色物体）呈 DAPI 阴性（无 4 个亮蓝色核，只有亮蓝色胞浆），出现 4 个亮蓝色核和亮蓝色胞浆为 DAPI 阳性，为真孢（卵）囊。

2. 当 DAPI 染色不能确认时，可以使用 DIC 模式观察孢（卵）囊内部结构。

3. 如 DIC 模式下结构清楚，有助于真孢（卵）囊计数，如结构不清楚且只有囊壁呈苹果绿色荧光时，可能是空的孢（卵）囊，或带有无定形结构的孢（卵）囊，也可能是有内部结构的孢（卵）囊。

(a)　　　　　　　　　　　　(b)
图 6-11　两虫镜检图

彩图 6-11

（a）400 倍蓝光下贾第鞭毛虫孢囊（左）和隐孢子虫卵囊（右）。
在 FITC 模式下囊壁呈现苹果绿色荧光；
（b）400 倍紫外光下贾第鞭毛虫孢囊和隐孢子虫卵囊。
在 DAPI 模式下囊内部呈现亮蓝色或观察到 1~4 个细胞核

7. 结果计算

按以下公式计算每 10 L 样本中的孢（卵）数：

$$Y=\frac{X\times V}{V_1\times V_2}\times 10$$

式中　Y——每 10 L 水中孢囊或卵囊的数目（个/10 L）；

　　　X——计数样本的体积中孢囊或卵囊的数目（个）；

　　　V——离心后再悬浮的体积（mL）；

　　　V_1——计数样品的体积（mL）；

　　　V_2——过滤后水的体积（L）。

8. 质量控制

(1)免疫荧光质量控制。免疫荧光试剂盒的质量控制应每批次试验做一次，由阳性对照和阴性对照组成。

1)阴性对照：准备一个载玻片，加入 50 μL 纯水，然后将它放在培养箱中干燥。按步骤进行染色。对整个染色区域进行计数，不应找出任何贾第鞭毛虫孢囊和隐孢子虫的卵囊。

2)阳性对照：准备一个载玻片。将阳性对照样品涡旋 2 min，以混合均匀储存的原虫孢(卵)囊。在玻片上滴加 5 μL 贾第鞭毛虫孢囊和 5 μL 隐孢子虫卵囊阳性样本，然后放在培养箱中干燥。按步骤进行染色。对整个染色区域进行计数，应找到符合表 6-49 中描述的规则而均匀的染色孢囊和卵囊。

(2)试验全程的质量控制。整个步骤(从采样到显微镜检查)的质量控制应每三个月做一次。它由两个试验组成：20 L 加有原虫的水作为阳性对照，20 L 的纯水作为阴性对照。

1)阴性对照：加入 20 L 纯水到小口塑料瓶中。按样品分析步骤分析阴性对照水样。不应找到任何贾第鞭毛虫孢囊和隐孢子虫卵囊。

2)阳性对照：在装有 10 L 纯水的小口塑料或玻璃瓶中加入 500 个贾第鞭毛虫的孢囊和 500 个隐孢子虫的卵囊。过滤该水样，用 10 L 纯水冲洗小口塑料瓶，然后继续过滤。按样品分析步骤分析阳性对照水样。如回收率在 10%～100%，则符合质量控制要求；如不在此范围，需检查所有的设备和试剂，同时再做一个阳性对照。

(3)原虫接种液的计数。涡旋 2 min 储存的原虫孢(卵)囊。在一个有 10 mL 纯水的烧杯中加一些孢囊和卵囊，以便得到一个最终浓度大约 5×10^4 个/mL 孢(卵)囊的溶液。用磁棒搅拌 30 min。用载玻片测定这种溶液的浓度 10 次。用载玻片[加大约 250 个孢(卵)囊到玻片上]测定这种溶液的浓度 5 次。

计数这两种方法的浓度和标准差。如果标准差小于 25%，那么就可以把这个读数看作是正确的。如果标准差大于 25%，就要制备新的原虫接种液，然后测定它的浓度。

🧰 任务实施

一、操作准备

根据监测方案准备试剂药品、仪器和用具，填写备料清单(表 6-50)。

表 6-50　备料清单

试剂和药品							
序号	名称	规格	数量	序号	名称	规格	数量
仪器和用具							
序号	名称	规格	数量	序号	名称	规格	数量
备注							

二、操作过程

免疫磁分离荧光抗体发测定自来水中贾第鞭毛虫和隐孢子虫参考步骤见表 6-51，可根据实际情况进行调整，完成任务。

表 6-51 水样的前处理步骤

序号	步骤	操作方法	说明
1	采样	将滤芯安装在滤器，拧紧盖子，将整个装有滤芯的滤器装在两虫采样箱里，将两虫采样箱进水口的管连接到需采样的水样里，按开关开始抽滤；水样采样体积为 100 L，空白取样体积为 20 L	需要做质控样时按照说明配制并抽滤；两虫采样箱设置 3～4 L/min 的流速；过滤后于 0～4 ℃冷藏避光保存滤囊，不超过 72 h
2	淘洗	提前往淘洗装置连接的瓶子中加入淘洗液。打开淘洗装置的舱门，将分流调节器连接在滤器进样口，向下。滤器的另一端连接在自动淘洗装置上；将 500 mL 锥形离心瓶放在样品收集槽，关闭舱门；开始自动淘洗；淘洗结束，打开舱门，将离心瓶盖好从样品收集槽拿出。取下滤器并打开盖子后，弃掉滤芯	淘洗期间，不能打开淘洗装置舱门；此步骤目的是将收集到滤芯的虫卵冲洗下来
3	浓缩	将装有淘洗液样本的离心瓶置于两虫专用离心机，离心 15 min；离心后慢慢放置于桌面（避免搅起沉淀物），用吸气装置将上清液吸出，保留 8～10 mL 的液体	离心结束，应等离心机不再转动后再慢慢拿出样品；吸气装置的吸管随着液面缓缓向下，直到留够 8～10 mL 的液体
4	转移浓缩的水样	将浓缩液全部移取到 L 形平面试管内；用纯水清洗两次离心管，每次各 1 mL，并全部移取到 L 型试管内	移取前要先将浓缩液用吹吸的方式混合均匀；全部液体最好不要超过 L 形试管的 1/2
5	加入缓冲液	向上述 L 形试管内分别加入 1 mL 的 Buffer A 和 Buffer B。试剂盒在 0～4 ℃保存，Buffer A 可能会有晶体析出，使用前放室温充分溶解	Buffer A 和 Buffer B 是分选试剂盒（包括 Buffer A、Buffer B 和贾第鞭毛虫及隐孢子虫磁珠）里的现成试剂
6	加磁珠孵育	向上述 L 形试管内分别加入 100 μL 的贾第鞭毛虫和隐孢子虫磁珠；盖上 L 形试管盖，置于旋转式的搅拌器（MXI 混合器）上混合均匀孵育 1～1.5 h	磁珠加入前用旋涡混合器混合均匀；混合均匀孵育目的是磁珠对虫卵进行捕获
7	分离	孵育结束，将 L 形试管置于磁极 1 上，试管的平坦面朝向磁极，将整个固定有试管的磁极 1 呈 90°慢慢摇动 2 min；打开固定在磁极 1 上的 L 形试管盖子，将所有液体倒到废液杯（此时磁珠吸附在 L 形试管壁，所以不能从磁极 1 上拿走 L 形试管）；	此操作目的将把两虫磁珠从液体中分离出。此阶段需要获得的是磁珠

序号	步骤	操作方法	说明
7	分离	将 L 形试管从磁极 1 上拿下，分三次共加入 1.2 mL 稀释 10 倍的 Buffer A 到 L 形试管中清洗，并依次将所有的液体和磁珠转移至 1.5 mL 微型离心管内； 将装有上述溶液的 1.5 mL 微型离心管放在磁极上，加入磁条，整个磁极 2 呈 180°转动 1 min； 此时磁珠也全部吸附在微型离心管壁上。打开微型离心管的盖子，用移液枪将液体全部吸出，包括盖子的（不能把磁条从磁极中抽出）。 全部吸出液体后，微型离心管内只剩下两虫磁珠	此操作目的是把两虫磁珠从液体中分离出来。此阶段需要获得的是磁珠
8	酸化脱磁	将磁极 2 的磁条从磁极中抽出，向只装有磁珠的微型离心管加入 50 μL 0.1 mol/L 盐酸溶液，使用旋涡混合器混合均匀 10 s，并在室温下放置 15 min； 再用力涡旋混合 10 s； 将磁条插回磁极 2 中，此时磁珠再次吸附在离心管壁上与液体分离，静置 10 s； 准备一个有凹槽的载玻片，向载玻片凹槽加入 5 μL 1 mol/L 氢氧化钠溶液； 将上述离心管内的溶液全部转移到凹槽内，不包括磁珠（不能取下磁条，转移时不要遇到微型离心管壁上的磁珠）	此操作目的是得到将虫卵从磁珠上洗脱的盐酸溶液； 氢氧化钠溶液用于中和盐酸溶液
9	染色制片	对上述的装有溶液的载玻片置于 37 ℃ 培养箱中干燥不超过 2 h，或不需要立即染色的可放入 4 ℃ 冰箱中过夜干燥； 向上述已干燥的载玻片中加入 50 μL 的分析级甲醇，增强染色效果。静置 15 min 至完全干燥； 加入 1 滴（50 μL）DAPI 染色试剂，静置 2 min，用滤纸在凹槽边缘吸掉表面的 DAPI 染色试剂； 加入 50 μL 纯水，静置 1 min 后用滤纸吸掉表面的纯水； 加入 1 滴（50 μL）Easystain 染色剂后把载玻片放到一个潮湿的黑色容器内在 37 ℃ 培养箱放置至少 15 min，或把容器放室温至少 30 min； 拿出载玻片，吸掉表面的 Easystain 染色剂后缓慢加入 200 μL 的洗脱液，用移液枪立即吸掉，一共洗两次； 加入 5 μL 的封固剂充满凹槽，盖上盖玻片，并在盖玻片周围涂上透明的指甲油进行固定	此操作所用到的潮湿黑色容器就是往一个黑色的塑料盒加点水，并提前放于 37 ℃ 培养箱预热； 每次做样品染色时，同时进行一次阳性参照和阴性参照染色（分别吸取 10～15 μL 两虫阳性参照物和 50 μL 纯水至两个载玻片，与样品同时进行此操作）； 此操作使用的是商业现成的染色试剂盒（包括洗脱液、封固剂、两虫阳性参照物、Easystain 荧光抗体染色试剂和 DAPI 染色试剂）

序号	步骤	操作方法	说明
10	镜检	打开显微镜，预热 15 min 后，在 200 倍的荧光显微镜下检查，再依次在 400 倍的蓝光激发（FITC 模式）、400 倍的紫外激发（DAPI 模式）下进一步证实。若 DAPI 染色结果不能确认时，可以使用 DIC 模式观察孢囊内部结构进行确认	
11	计算	记录数据，计算每 10 L 样本中贾第鞭毛虫和隐孢子虫的孢（卵）数	

结果报告

　　水样采样原始记录表，见表 6-52；试验原始记录表，见表 6-53；结果报告表，见表 6-54。

表 6-52　水样采样原始记录表

采样日期：		采样地点：		样品类型：		采样容器：	
气温：		气压：		天气：		水流流速：	
样品编号	点位	采样时间	采样深度/m	采样量/L	样品状态	备注	

备注：
样品类型：地表水、地下水、水源水、饮用水、出厂水、管网水、自来水、其他。
容器类型：玻璃容器、塑料容器。
样品状态：颜色气味漂浮物等状况

现场情况及采样点位示意图：

采样人：　　　　　　　　　　校核人：　　　　　　　　　审核人：

表 6-53　试验原始记录表

样品名称：			样品编号：			
收样日期：			分析日期：		检测项目：	
检测方法：			方法依据：		标准方法名称：	
仪器名称：			仪器型号：		仪器编号：	
环境条件：　　温度：＿＿＿＿＿℃；　　湿度：＿＿＿＿＿％						
计数样品的体积/mL：				离心后再悬浮的体积/mL：		

编号	样品	取样体积/L	贾第鞭毛虫计数		隐孢子虫计数	
			个	个/10L	个	个/10L

计算公式：

阳性参照结果：□阳性　　□阴性
阴性参照结果：□阳性　　□阴性

检测人：	校核人：	审核人：

表 6-54　结果报告表

样品来源				
采/送样日期			分析日期	
样品数量				
样品状态				
监测点位			监测频次	
标准方法名称			标准方法编号	

样品编号	测定值	监测结果

备注

报告人：	校核人：	审核人：

结果评价

结果评价表，见表6-55。

表 6-55　结果评价表

类别	内容	评分要点	配分	评分
职业素养 （30 分）	纪律情况 （10 分）	不迟到，不早退	2	
		着装符合要求	2	
		实训资料齐备	3	
		遵守试验秩序	3	
	道德素质 （10 分）	爱岗敬业，按标准完成实训任务	4	
		实事求是，对数据不弄虚作假	4	
		坚持不懈，不怕失败，认真总结经验	2	
	职业素质 （10 分）	团队合作	2	
		认真思考	4	
		沟通顺畅	4	
职业能力 （70 分）	任务准备 （10 分）	设备准备齐全	5	
		提前预习	5	
	实施过程 （25 分）	正确采集两虫水样	2	
		正确淘洗水样	2	
		正确浓缩水样	2	
		正确转移水样	2	
		正确使用缓冲液	2	
		免疫磁分离操作规范	3	
		染色操作规范	3	
		镜检操作规范	3	
		计数方法正确	3	
		结果表示正确	3	
	任务结束 （10 分）	清洁仪器，设备复位	3	
		收拾工作台	3	
		按时完成	4	
	质量评价 （25 分）	接种量选择正确	5	
		阳性判断正确	5	
		结果报告正确	5	
		报告整洁	5	
		书写规范	5	

1. 显微镜在 FITC 模式下，贾第鞭毛虫孢囊壁和隐孢子虫卵囊壁会发出(　　　)。

A. 苹果绿色的荧光　　　　　　　　　B. 亮蓝色的荧光

C. 紫色的荧光　　　　　　　　　　　D. 红色的荧光

2. 在显微镜 DAPI 模式下，在贾第鞭毛虫孢囊壁和隐孢子虫卵囊内部呈现(　　　)或者观察到(　　　)个细胞核。

A. 亮蓝色，1～5　　　　　　　　　　B. 亮蓝色，1～4

C. 苹果绿色，1～5　　　　　　　　　D. 苹果绿色，1～4

3. 加入磁珠的目的是 _____。

4. 加入盐酸溶液的目的是 _____。

5. 为增强染色效果，可在染色前向已干燥的载玻片中加入 $50\ \mu L$ 的 _____ 溶液。

6. 贾第鞭毛虫孢囊和隐孢子虫卵囊的特征有哪些？

7. 简述生活饮用水中两虫测定的原理、步骤和注意事项。

拓展阅读：全球重大生态环境

污染事件——密尔

沃基市隐孢子虫水污染

项目七　水污染生物监测

任务一　测定浮游植物

任务情景

2007 年夏季，我国太湖蓝藻水华事件，造成环太湖居民"饮用水危机"；2008 年夏季，我国三峡坝前支流香溪河库湾首次大规模暴发蓝藻水华的事件，引起生态环境学家们的高度关注；我国滇池常年暴发的蓝藻水华，国家每年都要投放大量人力、物力予以治理。2018 年，中国水产科学研究院珠江水产研究所渔业环境保护研究室科技人员在西江水质监控的常规采样中发现大量有害藻类——微囊藻群体，引起了当地有关部门的高度重视。

浮游植物可以作为衡量水质好坏的指示生物，水质与浮游生物的丰富程度及群落组成有很大关系，如水体中大量有害微囊藻群体的繁殖，会导致水质恶化，影响饮用水质量，最终对人体产生危害。通过对水中浮游植物数量的测定，可以初步判定水质情况。

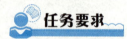

任务要求

本任务以校园湖水为样品，用计数框—显微镜计数法测定湖水浮游植物的含量。
要求：

1. 查找和研读相关标准，以校园湖水浮游植物为监测对象，制订监测方案。
2. 正确采集湖水样品，并测定湖水浮游植物的含量。
3. 按规范填写原始记录表并出具结果报告。

任务目标

知识目标

1. 熟悉常见浮游生物。
2. 掌握浮游生物的采样方法。
3. 掌握浮游生物的测定方法。

能力目标

1. 能够区分常见浮游生物。

2. 能够对地表水浮游生物进行定量采集。

3. 能够使用显微镜对浮游生物进行测定。

素质目标

1. 培养社会主义生态文明观。

2. 肩负水生态环境监测的专业责任。

3. 培养实事求是、科学监测的精神。

相关知识

一、浮游生物

浮游生物是指行动能力微弱，完全受水流支配，个体很小的水生生物。浮游生物是水生生态系统的重要成分，它包括隶属生产者、消费者和分解者的许多种类，有些种类是鱼类的饵料，有些种类是水体污染的指示生物。浮游生物是一个数量多而又非常复杂的生态类群，主要包括浮游植物、浮游动物、浮游微生物三大类。

(1)浮游植物：在水中营浮游生活的微小藻类植物，通常浮游植物就是浮游藻类，包括原核的蓝藻和其他各类真核藻类。浮游植物密度用单位体积的浮游植物的细胞数表示，单位为 cells/L。

(2)浮游动物：在水中营浮游生活的，不具备游泳能力或者游泳能力弱的一类动物类群，主要包括原生动物(Protozoa)、轮虫(Rotifer)、枝角类(Cladocera)、桡足类(Copepod)。

(3)浮游微生物：主要是指各类水生细菌。

浮游生物在水域中呈现出垂直的分层分布规律。垂直分布的总趋势是由浅到深种类数增加，生物量减少。此外，气候的变化、季节的变化和食料的分布也会影响浮游生物的垂直分布。大部分浮游生物在白天大多栖息于深层，而在夜间则上升到表层，这种昼夜变化非常明显。

二、主要设备及试剂

1. 采样瓶和样品瓶

定性采样瓶：30~100 mL 广口聚乙烯瓶；定量采样瓶：1~2 L 广口聚乙烯瓶；样品瓶：50 mL 具塞棕色玻璃广口瓶。

2. 采水器

采水器有不锈钢和有机玻璃材质，圆柱形(图 7-1)。容量和深度规格要满足采样要求。

3. 浮游生物网

浮游生物网是由不同号码的筛绢做成的，见表 7-1。普通用的小型浮游生物网为圆锥形，口径为 20 cm，网长为 60 cm。制作时，可用直径为 3~4 cm 的铜条或铝线做一环，

用来支撑网口；用金属或玻璃小筒，套结在网底，称为网头或集中杯，用来收集过滤的浮游生物。采集定性标本时，小型浮游生物用25号网（网孔直径为0.064 mm）（图7-2），大型浮游生物用13号网，在表层至0.5 m深处捞取1~3 min，或在水中拖滤1.5~5.0 m³水的体积，具体情况视浮游生物密度而定。

定量网与定性网的主要区别是在前端装上一个帆布附加套（图7-3），可以减少浮游生物在网口的损失。如果知道定性网在水中拖曳的距离或时间及网口的面积，就可以计算出滤水容积，从而推算出一定容积（m³）内的浮游生物数量。

图7-1 有机玻璃和不锈钢材质采样器

表7-1 定性浮游生物网规格

网名	筛绢号数	每英寸多孔数	网孔大小/mm	采集目的
很粗网	000	23	1.024	巨型浮游动物
粗网	3	58	0.333	大型浮游动物
中网	10	109	0.158	小型浮游动物
中细网	13	130	0.112	小型浮游动物（如支角类、桡足类）
细网	25	200	0.064	浮游植物（如藻类）

图7-2 25号浮游生物网   图7-3 浮游生物定量网

4. 浓缩装置
1~2 L筒形分液漏斗或量筒。

5. 计数框
用于光学显微镜下鉴定和统计水样中的浮游植物（藻类）与小型浮游动物（图7-4）。

6. 鲁哥氏液

称取 60 g 碘化钾，溶于 100 mL 水中，再加入 40 g 碘，充分搅拌使其完全溶解，加水定容至 1 000 mL，转移至棕色磨口玻璃瓶，室温避光保存。

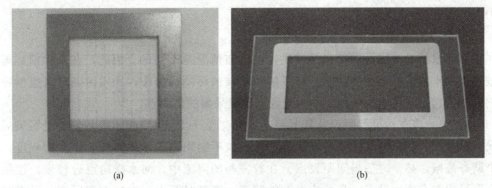

(a)　　　　　　　　　　　　　　(b)

图 7-4　不同规格浮游生物计数框

(a)0.1 mL 计数框；(b)1 mL 计数框

三、样品采集

1. 水生生物监测断面布设原则

(1)断面布设要有代表性。根据调查计划方案的目的要求，选择具有代表性的水域布设断面，以获得所需要的代表性样品。例如，在江河中，应在污染源附近及其上下游设断面(或站点)，以反映受污染和未受污染的河段状况；在排污口下游则往往要多设断面(或站点)，以反映不同距离受污染和恢复的程度；对整个调查流域，必要时按适当间距设断面(或站点)。这样才能获得代表性的生物样品。

(2)与水化学监测断面布设的一致性。水生生物指标是评价水体水质和生态状况的重要参数，只有与水化学监测指标结合起来进行污染与生物效应的相关分析，才能全面地评价水环境质量及生态状况。因此，水生生物监测断面的布设要尽可能与水化学监测断面相一致，以利于时空同步采样，相互比对的数据，这样才能更全面地评价水环境质量及生态状况。

(3)断面布设要考虑水环境的整体性。水生生物监测断面布设要有整体观点，从一条河流(河段)、一个湖泊的环境总体考虑，以获得反映一个水体的宏观总体数据，以满足对水体环境综合评价分析的需要。例如，流经城市的河段设监测断面时，既要了解河流流入城市河段前的水生生物状况，又要掌握由于城市排污对水体生态状况的影响，以及水体是否有自净能力等。故其监测断面至少要在河流流入城市前、流经城市排污段，以及出城市河段布设 3 个断面，即上(对照断面)、中(污见断面)、下(观察断面)，以便了解河流流经城市河段的整体情况，为综合评价该城市排污对水环境生态的影响提供依据。

(4)断面布设的经济性。断面布设方案提出后，要进行优化验证，以期用最少的断面和人力、物力，获得具有最大效益且有代表性的数据。同时，要尽可能布设在交通方便、采样安全的地段，以保证人身安全和样品的及时运输。

(5)断面布设的连续性。环境监测断面的布设，不仅要考虑反映环境生态现状的需要，而且要考虑长期的趋势分析研究的需要，以观测环境质量变化趋势、评价环境效益、强化环境管理服务。为了获得长期的、连续的，且具有可比性的数据，断面布设经确定，就不能随意改动。

2. 采样点的布设

在不同水域或不同污染区，浮游生物的分布情况是不同的。因此，在采样前，需要对被调查的水域进行全面的勘察，以了解该水域的污染源分布，水质污染对水生生物的影响，然后选择有代表性的地点作为定性和定量采集的监测点。

(1)江河：应在污染源附近及其上游、下游设监测点，以反映未受污染和受污染后的状况。在排污口下游则往往要多设站点，以反映不同距离的水体污染和恢复的程度，对整个调查流域，必要时适当间距设点。在较宽阔的河流中，河水横向混合较慢，往往需要在近岸的左右两边设点。受潮汐影响的河流，涨潮时污水有时向上游回溯，设点时也应考虑。

(2)湖泊、水库：若水体是近圆形的，则应从此岸至彼岸至少设两个互相垂直的采样断面。若是狭长的水域，则至少应设三个互相平行，间隔均匀的断面。第一个断面设在排污口附近，另一个断面在中间，再一个断面在靠近出口处。此外，采样点的位置尽可能与理化监测采样点相一致，以便将所得结果作比较。在非污染区设点对照很重要，若整个水体均受污染，则往往须在邻近找一非污染的类似水体设点作为对照，在整理调查结果时可作比较。

3. 采样层次

浮游生物在水体中不仅水平分布上有差异，而且垂直分布上也有不同。若只采集表层水就不能代表整个水层浮游生物的实际情况。因此，要根据各种水体的具体情况采取不同的取样层次。浮游植物分层采样时当水深小于 5 m 或混合均匀的水体，在水面下 0.5 m 处布设一个采样点；当水深为 5～10 m 时，分别在水面下 0.5 m 处和透光层底部各布设一个采样点(透光层深度以 3 倍透明度计)，进行分层采样或取混合样；当水深大于 10 m 时，分别在水面下 0.5 m、1/2 透光层处及透光层底部各布设 1 个采样点，进行分层采样或取混合样。

4. 采样频次

浮游植物监测频次取决于监测目的。一般情况下，监测频次按照季节、水期(丰水期、平水期、枯水期)或月份确定。若进行逐季或逐月监测，各季或各月监测时间间隔应基本相同；同一水体的监测应使水质、水文及生物采样时间保持一致。

5. 浮游植物采样方法

(1)定性样品。使用 25 号浮游生物网采集定性样品。关闭浮游生物网底端出水活塞开关，在水面表层至 0.5 m 深处以 20～30 cm/s 的速度做"∞"形往复，缓慢拖动 1～3 min，待网中明显有浮游植物进入，将浮游生物网提出水面，网内水自然通过网孔滤出，待底部还剩少许水样(5～10 mL)时，将底端出口移入定性采样瓶中，打开底端活塞开关收集定性样品。采集分层样品时，用 25 号浮游生物网过滤特定水层样品，其他步骤同采集表层样品。如果水层太浅，不宜用网时，可用容器舀水至网中过滤。样品采集后冷藏避光运输。样品采集完成后及时将浮游生物网清洗干净，悬挂阴干，妥善保存备用。

（2）定量样品。使用采水器采集样品至定量采样瓶中，一般采集不少于 500 mL 样品。若水体透明度较高，浮游植物数量较少时，应酌情增加采样体积。定量样品采集后，样品瓶不应装满，以便振摇均匀。

有些浮游植物（如蓝藻）常浮于水面或成片、条带分布，可在此水华密集区域采样作为峰值参考。定量样品采集应在定性样品采集之前。应保持固定时间段采样，以便结果之间可相互比较。

四、样品的固定与保存

1. 浮游植物定性样品保存方法

定性样品采集后立即加入鲁哥氏液，用量为水样体积的 1.0%～1.5%。镜检活体样品不加鲁哥氏液固定。定性样品在室温避光条件下可保存 3 周；1～5 ℃冷藏避光条件下可保存 12 个月。活体样品在 4～10 ℃避光条件下可保存 36 h。

2. 浮游植物定量样品保存方法

定量样品采集后立即加入鲁哥氏液固定，用量为水样体积的 1.0%～1.5%。也可将鲁哥氏液提前加入定量采样瓶中带至现场使用。定量样品在室温避光条件下可保存 3 周；1～5 ℃冷藏避光条件下可保存 12 个月。

样品在保存过程中，应每周检查鲁哥氏液的氧化程度，若样品颜色变浅，应向样品中补加适量的鲁哥氏液，直到样品的颜色恢复为黄褐色。

若样品需长期保存，应加入甲醛溶液，用量为水样体积的 4%。

五、浮游生物样品定性分析

浮游生物的定性测定就是对采集来的样品进行分类鉴定，以确定其中的种类组成。分类鉴定最好用活体观察，也可用固定的样品进行鉴定。每次定性检测取样前，采用上下颠倒至少 30 次的方式充分混合均匀所采样品，混合均匀动作要轻。鉴定时，用微量移液器在样品瓶底部吸取 60 μL 左右的定性样品，滴于载玻片上，盖上盖玻片，制成临时装片，在显微镜下观察。优势种类鉴定到种，其他种类至少应鉴定到属。每个样品应观察 2～3 个装片。种类鉴定除用定性样品观察外，还可吸取已完成计数的定量样品进行观察。

六、浮游植物样品定量分析

1. 试样制备

（1）预检。

1）装片：将样品放至室温，加样之前要将盖玻片斜盖在计数框上，用微量移液器取定量混合均匀样品准确注入，在计数框中一边进样，另一边出气，这样可避免气泡产生

（图 7-5）。注满后把盖玻片移正。用盖玻片将计数框完全盖住，静置片刻，无气泡可观察样品，如有气泡应重新取样。可根据需要，用滴管吸取少许丙三醇均匀涂抹在盖玻片四周，以防止计数框水分蒸发形成气泡。涂抹时应避免渗入计数框。

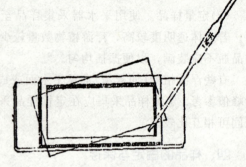

图 7-5　浮游生物计数框

2）观察：随机选取若干计数小格或视野，初步估计浮游植物的数量。

3）判断：对于含有细胞聚集成团的浮游植物样品，当不满足以下两个条件中的任何一个时，应进行超声波分散处理。

①群体中的浮游植物细胞个体较易辨识，能够对群体中的细胞进行计数；

②当群体中所含细胞数量与群体体积或长度有固定比例时，如空星藻、盘星藻、丝状藻等，可以将群体作为计数对象，依据比例得到浮游植物细胞数量。

（2）调整浮游生物密度。定量测定时，浮游生物数量应在适宜的范围内，如浮游植物适宜测定的密度为 $10^7 \sim 10^8$ cells/L。若定量样品中的浮游植物细胞密度低于 10^7 cells/L，应浓缩样品；若定量样品中的浮游植物细胞密度高于 10^8 cells/L，应稀释样品。

最终使加入计数框中的 0.1 mL 样品含有 $500 \sim 10\,000$ 个浮游植物细胞。

1）样品浓缩：将全部定量样品振摇均匀倒入浓缩装置（$1 \sim 2$ L 筒形分液漏斗或量筒，下同）中，避免在阳光直射的环境下，静置 48 h。用细小虹吸管吸取上清液置于烧杯中，直至浮游植物沉淀物体积约为 20 mL。旋开浓缩装置底部活塞，将浮游植物沉淀物放入 100 mL 量筒中。用少许上清液冲洗浓缩装置 $1 \sim 3$ 次，将冲洗水一并放入量筒中，再用上清液定容至所需浓缩倍数的体积。为了减少浮游植物吸附在浓缩装置壁上，在静置初期，应适时轻敲浓缩装置器壁。在虹吸过程中，吸液口与浮游植物沉淀物间距离应大于 3 cm。如水样中浮游植物密度极低，采样量 1 L 及以上时，可多次浓缩，即每次浓缩后再静置 $24 \sim 48$ h，重复浓缩操作，调整至所需浓缩倍数体积。浓缩后的样品可根据需要，经超声处理后计数。

2）样品稀释：根据稀释倍数，选取相应体积的容量瓶，量取不少于 25 mL 混合均匀后的定量样品或经超声分散处理后的样品，用水定容至刻线。如要保存稀释后的样品，应注意补充鲁哥氏液，使稀释后的样品中的鲁哥氏液浓度与稀释前一致。

超声波分散处理具体步骤为取混合均匀的定量样品于样品瓶中，用超声波发生装置处理约 10 min 后，在显微镜下观察，如仍存在大量未分散的细胞团，则应延长超声波处理时间，直至能够准确计数。超声波在分散处理过程中应注意水温，防止过热造成水分蒸发和浮游植物细胞结构被破坏。

2. 装片

样品浓缩或稀释至合适的生物数量范围后。按照预检中装片的步骤重新装片。

3. 计数

根据调整后样品中浮游植物的密度，选用一种适当的计数方式，使测定过程中浮游植物细胞的总计数量为 500～1 500 个。当计数框中 0.1 mL 样品含有的浮游植物细胞数（cells）在 500～1 500 时，推荐全片计数；当 cells 为 1 500～5 000 时，推荐行格计数；当 cells 为 5 000～10 000 时，推荐对角线计数、随机视野计数。

计数时，要求每个样品装片计数两次。两次浮游植物细胞总计数量结果相对偏差应在±15％，否则应增加计数一次，直至某两次计数结果符合这一要求为止。测定结果为相对偏差在±15％的两次计数结果的平均值。

计数前应测量或计算显微镜视野面积，方法参考"项目三的任务一"。

(1)全片计数方式。在 40×物镜下，逐一观察浮游植物计数框中全部 100 个小方格，分类计数每个小方格内所有浮游植物细胞，并记录每行的分类计数结果。若浮游植物细胞体积较大，可降低物镜倍数。

(2)行格计数方式（图 7-6）。在 40×物镜下，逐一观察浮游植物计数框中第 2、5、8 行，共 30 个小方格，分类计数每个小方格内所有浮游植物细胞，并记录每个小格的分类计数结果。若浮游植物细胞体积较大时，可降低物镜倍数。

(3)对角线计数方式（图 7-7）。在 40×物镜下，逐一观察位于浮游植物计数框对角线位置上的 10 个小方格，分类计数每个小方格内所有浮游植物细胞，并记录每个小格的分类计数结果。若浮游植物细胞体积较大，可降低物镜倍数。

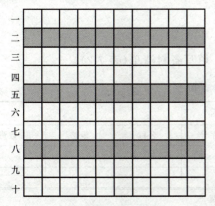

图 7-6　行格计数方式

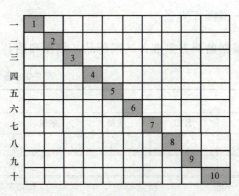

图 7-7　对角线计数方式

(4)随机视野计数方式。在 40×物镜下，随机抽取一定数量的视野，分类计数每个视野内所有浮游植物细胞，并记录每个视野的分类计数结果。若浮游植物细胞体积较大时，可降低物镜倍数。计数前应测量或计算显微镜视野面积。

4. 结果计算

当使用计数框法对样品计数时，样品中浮游植物细胞密度（cells/L），按照以下公式进行计算测定，结果以科学计数法表示，保留两位有效数字。

$$N = \frac{A}{A_c} \times \frac{n}{V} \times \frac{V_1}{V_0} \times 1\,000$$

式中　N——样品中浮游植物细胞密度(cells/L)；

　　　A——计数框面积(mm^2)；

　　　A_c——计数面积：当计数方式为对角线、行格和全片时，计数面积分别为 $A/10$、$3A/10$ 和 A；当计数方式为随机视野时，计数面积为计数的总视野面积(mm^2)；

　　　n——浮游植物细胞显微镜计数量(cells)；

　　　V——计数框容积(mL)；

　　　V_0——稀释或浓缩前的取样体积(mL)；

　　　V_1——稀释或浓缩后的试样体积(mL)；

　　　1 000——体积换算系数(mL/L)。

5. 质量控制

(1)浮游植物的均匀性。在开始显微镜计数前，应确认浮游植物在计数框中分布的均匀性。使用低倍数物镜观察浮游植物在整个计数框中的分布情况，若分布不均匀，应重新取样。

(2)最少计数量。在单次测定中，浮游植物细胞总计数量应不少于 500 个。如果测定精度难以达到要求，可适当增加每次测定中浮游植物细胞的计数总量。

📦 任务实施

一、操作准备

根据监测方案准备试剂药品、仪器和用具，填写备料清单(表 7-2)。

表 7-2　备料清单

试剂和药品							
序号	名称	规格	数量	序号	名称	规格	数量
仪器和用具							
序号	名称	规格	数量	序号	名称	规格	数量
备注							

二、操作过程

浮游植物测定步骤见表 7-3，可根据实际情况进行调整，完成任务。

表 7-3　浮游植物测定步骤

序号	步骤	操作方法	说明
1	试剂配制	鲁哥氏液：称取 1.2 g 碘化钾溶于 4 mL 蒸馏水中，搅拌到溶解后，加入 0.8 g 碘，待碘充分溶解后，再加入 16 mL 蒸馏水，混合均匀备用	每升水样中加入约 15 mL 鲁哥氏液固定保存。根据样品量确定配制量
2	样品采集与固定	使用有机玻璃采样器采集 _____ mL 水样，转入广口瓶中(定量采样瓶)，立即加入鲁哥氏液固定，用量为水样体积的 1.0%～1.5%(5～7.5 mL)	也可将鲁哥氏液提前加入定量采样瓶中带至现场使用
3	预检	用微量移液器取定量混合均匀样品，准确注入计数框中，用盖玻片将计数框完全盖住，静置片刻后进行观察，判断是否需要进行超声波分散处理，并初步估计浮游植物的数量	根据预估浮游植物数量进行稀释或浓缩
4	水样的浓缩	将定量样品倒入浓缩装置，避光静置 48 h。用虹吸管(橡皮管，内径为 3～5 mm)小心缓慢地抽掉上层清液，余下 20～25 mL 沉淀物，转入 _____ mL 容量瓶，用少量上清液洗涤浓缩装置数次，合并溶液定容至刻度线	注意虹吸时避免沉淀物的损失
5	标定显微镜	使用载物台测微计和目镜分划板，测量视野的直径 d，再用圆面积公式计算 _____ 倍物镜视野面积 s。也可通过目镜视场数和标准物镜放大率计算出直径 d，再用圆面积公式计算 _____ 倍物镜视野面积 s	详细请参照"项目三任务一"
6	装片	将样品放至室温，加样之前将盖玻片斜盖在计数框上，用微量移液器取定量混合均匀样品并准确注入，在计数框中一边进样，另一边出气，这样可避免气泡产生。注满后把盖玻片移正。用盖玻片将计数框完全盖住，静置片刻，如无气泡可观察样品，如有气泡应重新取样	可根据需要，用滴管吸取少许丙三醇均匀涂抹盖玻片四周，以防止计数框水分蒸发形成气泡。涂抹时应避免渗入计数框
7	计数	采用随机视野计数方式，在 _____ 倍物镜下，随机抽取一定数量的视野，分类计数每个视野内所有浮游植物细胞，并记录每个视野的分类计数结果；每一样品装片计数两次	两次浮游植物细胞总计数量结果相对偏差应在 ±15%；若浮游植物细胞体积较大时，可降低物镜倍数
8	计算	计算样品中浮游植物的细胞密度，测定结果为相对偏差在 ±15% 的两次计数结果的平均值。并填写数据记录表	结果以科学计数法表示，保留两位有效数字

三、注意事项

（1）如果一个浮游植物细胞的一部分在行格或视野内，而另一部分在行格或视野外，则按照在行格上边界及左边界或视野上半圈的细胞不计数，在行格下边界及右边界或视野下半圈的细胞计数。破损细胞或细胞残体不计数。

（2）在计数过程中，如果发生样品水分蒸发，在计数框中形成气泡，则弃去本片重新取样计数。

结果报告

水样采样原始记录表，见表7-4；浮游植物计数原始记录表，见表7-5；结果报告表，见表7-6。

表 7-4　水样采样原始记录表

采样日期：		采样地点：		样品类型：		采样容器：	
气温：		气压：		天气：		水流流速：	
样品编号	点位	采样时间	采样深度/m	采样量/L	样品状态	备注	
备注： 样品类型：地表水、地下水、水源水、饮用水、出厂水、管网水、自来水、其他。 容器类型：玻璃容器、塑料容器。 样品状态：颜色气味漂浮物等状况							
现场情况及采样点位示意图：							
采样人：　　　　　　　　　　　校核人：　　　　　　　　　　　审核人：							

表 7-5 浮游植物计数原始记录表

样品名称：					样品编号：						
方法名称及依据：					设备名称及编号：						
样品状态感官描述：					固定剂：						
测定试样体积/mL：					稀释/浓缩后样品体积/mL：						
计数面积/mm²：					计数框容积/mL：						
计数方式：□全片计　　□行格　　□对角线　　□随机视野											

浮游植物名称	第一片计数量/cells										
	1	2	3	4	5	6	7	8	9	10	合计
总计											

浮游植物名称	第二片计数量/cells										
	1	2	3	4	5	6	7	8	9	10	合计
总计											

两片计数相对偏差/%：	计数总数平均值/cells：
计算公式：	样品浓度/(cells·L⁻¹)：

注：1. 本表格为计数中使用的原始记录表格；
　　2. 计数量序号"1～10"，可根据计数方式按小格、行和视野填入计数结果。

检测人：	校核人：	审核人：

表 7-6　结果报告表

样品来源		检测项目	
采/送样日期		分析日期	
样品数量			
样品状态			
监测点位		监测频次	
标准方法名称		标准方法编号	

样品编号	测定值	监测结果	备注
备注			
报告人：　　　　　　　　　　　校核人：　　　　　　　　　　　审核人：			

结果评价

结果评价表，见表7-7。

表7-7　结果评价表

类别	内容	评分要点	配分	评分
职业素养 （30分）	纪律情况 （10分）	不迟到，不早退	2	
		着装符合要求	2	
		实训资料齐备	3	
		遵守试验秩序	3	
	道德素质 （10分）	爱岗敬业，按标准完成实训任务	4	
		实事求是，对数据不弄虚作假	4	
		坚持不懈，不怕失败，认真总结经验	2	
	职业素质 （10分）	团队合作	2	
		认真思考	4	
		沟通顺畅	4	
职业能力 （70分）	任务准备 （10分）	仪器和用具准备齐全	5	
		试剂和样品准备齐全	5	
	实施过程 （25分）	规范采集样品	5	
		规范固定样品	5	
		规范浓缩/稀释样品	5	
		规范测量视野面积	5	
		正确选择计数方式	5	
	任务结束 （10分）	收拾工作台，整理仪器	4	
		按时提交报告	6	
	质量评价 （25分）	装片均匀	5	
		两片计数相对偏差±15％	5	
		计算结果正确	5	
		报告整洁	5	
		书写规范	5	

任务测验

1. 若需要长期保存浮游生物样品，则应加入的试剂是（　　）。

A. 鲁哥氏液　　　　B. 酒精　　　　　　C. 乙二醇　　　　　D. 甲醛溶液

2. 当水样中浮游生物密度比较时，需要进行浓缩。假设采样量为1 L，静置后用虹吸管小心缓慢地抽掉上层清液，余下25 mL左右沉淀物，转入100 mL容量瓶定容到刻度线，则浓缩倍数是(　　)。

　　A. 40　　　　　　　B. 25　　　　　　　C. 10　　　　　　　D. 4

　　3. 假设目镜视场数为 20，标准物镜放大率为 40×，则显微镜视野直径为(　　)mm。

　　A. 0.5　　　　　　　　　　　　B. 1

　　C. 2　　　　　　　　　　　　　D. 800

　　4. 两次浮游植物细胞总计数量结果相对偏差应在(　　)，否则应增加计数一次，直至某两次计数结果符合这一要求为止。

　　A. ±5%　　　　　　　　　　　B. ±10%

　　C. ±15%　　　　　　　　　　　D. ±20%

　　5. 浮游植物细胞计数时，应尽量全部计数，破损细胞或细胞残体也要计数。　　　　　　　　　　　　　　　　　　　　　　　　(　　)

拓展阅读：

大海中的"阳光使者"——浮游生物

　　6. 浮游生物主要包括哪几大类？

　　7. 浮游植物的概念是什么？

　　8. 浮游生物在水域中的分布特点是什么？

　　9. 浮游生物的固定试剂有哪些？

　　10. 如何对浮游植物进行定性和定量分析？

任务二　测定底栖动物

任务情景

　　《诗经》有云："蜉蝣之羽，衣裳楚楚。心之忧矣，於我归处。"道尽了蜉蝣短暂凄美的虫生，《赤壁赋》中"寄蜉蝣于天地，渺沧海于一粟"，借蜉蝣短暂一生感叹心中万千豪情。蜉蝣是一种底栖动物，是一类古老的昆虫，被认为是活化石之一。其成虫的寿命极短，多数只有数小时或 1～2 d 的存活时间，有"朝生暮死"之说。由于对环境的敏感度高，蜉蝣数量可作为衡量环境污染程度的标尺。石蝇、石蛾与蜉蝣共栖于同一生境且对水质污染敏感度极高，特别适合作为水生态监测与评价的对象。研究人员取其各自拉丁名首字母，组成 EPT 类群，享有"清洁水质指标生物三巨头"的美誉。研究表明，底栖动物的物种分布与活性磷酸盐、叶绿素 a、COD_{Mn}、pH 值和溶解氧等环境因子密切相关，因此可以利用底栖动物对水质污染进行监测与评价。

　　2023 年 6 月，生态环境部、发展改革委、农业农村部、水利部 4 部委联合印发实施《长江流域水生态考核指标评分细则(试行)》，明确提出 2022—2024 年在长江流域 17 省(自治区、直辖市)开展水生态考核试点。评分细则按河流、湖泊、水库进行分类评价。其中，河流有 10 个指标，湖泊有 11 个指标，底栖动物物种数被纳入河流和湖泊的考核指标之中。底栖动物一直"隐藏"在水下，但它们数量庞大种类繁多，是水生态系统的重要指示生物，广泛用于水生生态系统健康评价。

任务要求

本任务以校园湖泊为监测对象，采集和测定湖水底栖动物量，对湖泊的水生态环境进行评价。

要求：

1. 查找和研读相关标准，以校园湖水底栖动物为监测对象，制订监测方案。
2. 正确采集湖水样品，并测定湖水底栖动物量。
3. 按规范填写原始记录表并出具结果报告。

任务目标

知识目标

1. 熟悉常见底栖动物。
2. 掌握底栖动物的采样方法。
3. 掌握底栖动物的测定方法。

能力目标

1. 能够区分常见底栖动物。
2. 能够对地表水底栖动物进行采集。
3. 能够对底栖动物进行初步鉴定与计数。

素质目标

1. 培养社会主义生态文明观。
2. 肩负水生态环境监测的专业责任。
3. 培养求真务实、团结合作的精神。

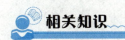

相关知识

一、底栖动物

底栖动物是指生活史全部或至少一个时期栖息于内陆淡水（包括流水与静水）水体底部表面或基质中且个体不能通过 425 μm（40 目）网筛的无脊椎动物，它们具有相对稳定的生活环境，移动能力差。淡水中常见的大型底栖无脊椎动物主要包括水生的扁形动物（Platyhel Minthes）、线形动物（Nematomorpha）、环节动物（Annelida）、软体动物（Mollusca）、节肢动物（Arthropoda）等。用单位面积（或一定体积）内某种（类）或全部淡水大型底栖无脊椎动物分类单元的湿重来表示底栖动物生物量。其中，软体动物应为带壳湿重。

底栖动物有相对稳定的生活环境，它们本身移动能力差。在未受到干扰的情况下，底栖动物的种群和群落结构是比较稳定的。但由于生活周期的不同，某些种类(如水生昆虫的羽化)的生物量会有较大的变动。在正常环境下比较稳定的水体中，底栖动物群落结构稳定，多样性指数高；水体受到污染后，生物的种类和数量都会相应产生改变，而底栖动物可以稳定地反映这种改变。因此可以利用其群落结构的变化来监测和评价污染。

当水体受到严重的有机污染和重金属污染时，水中溶解氧将大幅度降低，以致多数较为敏感的种类逐渐消失，而仅保留耐污种类，这些耐污种类的密度会逐渐增加而成为优势种。另外，重金属及各种盐类在水体中的严重污染，也会影响底栖动物区系的分布，乃至区系组成全部消失。底栖动物承受污染时会显示出种类数量和多样性的差异，可以客观地反映环境质量的变化，因此利用底栖动物对污染水体进行监测和评价，已被各国广泛应用。同时，底栖动物可以被动地忍受毒物的刺激，富集有毒物质，因此测定底栖动物体内有毒物质含量，有助于了解该水体的污染历史，也是进行毒理学研究的良好资料。

二、主要设备及试剂

1. 采样器

(1)采泥器。采泥器适用于底质类型：淤泥、泥沙等软质底质生境。水体类型：湖泊、水库、不可涉水河流。

1)彼得生(Peterson)采泥器(图 7-8)：开口面积为 0.062 5 m^2；打开闭合夹双页，挂好两侧提钩；缓慢放至水底，采泥器触底后继续放绳，抖脱两侧提钩；轻轻向上拉紧提绳使闭合夹双页慢慢闭合采集底质，手感提绳变沉后，双页即闭合完成；将采泥器拉出水面，置于桶或盆内，打开闭合夹双页获取采得的底质。

(a)   (b)

图 7-8　彼得生采泥器及改良式彼得生采泥器

(a)彼得生采泥器；(b)改良式彼得生采泥器

2)Ekman 采泥器(图 7-9)：开口面积为 0.04 m^2；拉起闭合夹拉绳，固定在拉绳固定器上；缓慢放至水底，采泥器触底后，将使锤沿不锈钢缆或尼龙绳释放落下；等待使锤落下片刻即闭合夹闭合(落下的使锤击中弹簧释放管后，闭合夹拉绳会从拉绳固定器上脱落，闭合夹弹簧会使闭合夹闭合)；将采泥器拉出水面、置于桶或盆内，打开闭合夹拉绳获取采得的底质。

3)Van Veen 采泥器(图 7-10)：开口面积 0.062 5 m^2；打开闭合夹双侧连接杆，挂上挂钩；缓慢放至水底，采泥器触底后，挂钩自动脱落，闭合夹被释放；缓慢拉紧提绳，闭合夹就会慢慢关闭，手感提绳变沉后，双页即闭合完成；将采泥器拉出水面、置于桶或盆内，打开闭合夹双侧连接杆获取采得的底质。

图 7-9　Ekman 采泥器　　　　　　　　图 7-10　Van Veen 采泥器

（2）索伯网。索伯网适用于底质类型：沙质、砂石、碎石、石块等。水体类型：涉水可过河流（图 7-11）。

网框边长为 30 cm×30 cm，高为 30 cm，网孔径为 425 μm（40 目）；将网开口面向水流方向，用铁锹将采样框范围内的泥砂、植物根垫、枯枝落叶等均装进索伯网；如有石块等较大的基质，则将其表面生物洗进索伯网后弃去；反复冲洗纱网袋将所有生物冲进底部收集区中。

（3）三角拖网。三角拖网适用于地质类型：淤泥、泥沙等软质底质生境；硬质底质生境；草型生境等。水体类型：湖泊和水库不可涉水的采样区域，不可涉水河流（图 7-12）。

图 7-11　索伯网　　　　　　　　　　　图 7-12　三角拖网

网框边长为 30 cm×30 cm×30 cm，网孔径为 425 μm（40 目）。当使用船采样时，选择三角拖网采集样品。在船静止状态下抛入水中，沉底后拉紧拖绳，在水底缓慢拖行，累计拖拽距离一般为 10～15 m。其中，淤积较为严重的点可以适当缩短拖拽距离约为 5 m，以硬质底为主的点可以适当延长拖拽距离至 20～30 m。当流速较快时，需配重锤，避免拖网上浮。

（4）D 形/直角手抄网。D 形/直角手抄网适用于地质类型：淤泥、泥沙等软质底质生境；硬质底质生境；草型生境等。水体类型：湖泊和水库不可涉水的采样区域，不可涉水河流（图 7-13 和图 7-14）。

图 7-13　D 型手抄网　　　　　　　　　　　　　　图 7-14　直角手抄网

网框底边长为 30 cm，网孔径为 425 μm（40 目）；当沿岸水深不超过 1 m 时，使用手抄网采集样品。使手抄网底的直边紧贴底质，迎向水流方向移动手抄网一定距离，采集点位附近所有底质类型，累计扫过底质的距离为 3～5 m。

（5）踢网。踢网适用于底质类型：沙质、砂石、碎石、石块等。水体类型：涉水可过河流（图 7-15）。

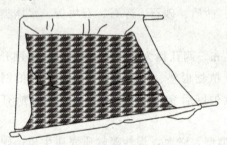 

图 7-15　踢网

底边长为 1 m，网孔径为 425 μm（40 目）；迎向水流方向布置踢网，以石头将其底边压实，于上游不断踢动不同生境底质，累计采集时间一般为 15 min。

（6）篮式采样器。篮式采样器适用于底质类型：不限。水体类型：水深大于 20 cm 的河流或湖泊、水库滨岸带（图 7-16）。

高为 20 cm、直径为 18 cm 的圆柱形铁笼，用 8 号和 14 号钢丝编织，孔径面积为 4～6 cm^2；笼底先铺一层尼龙筛绢，再放上长约为 8 cm 的卵石，样方要选择采样区域上下一定范围内生境最好的（最具代表性）点位，以便表达出水质最佳（最具代表性）的状态。每个监测点位至少放置两个采样器，两个采样器用 5～6 m 的尼龙绳连接，或用尼龙绳固定在岸边的固定物上，或用浮漂做标记。采样器安放的位置要考虑流速和生境的不同，放置时间为 14 d。

（7）十字采样器。十字采样器适用于底质类型：不限。水体类型：水深大于 20 cm 的河流或湖泊、水库滨岸带（图 7-17）。

边长为 40 cm，高为 20 cm，中间十字分格，用钢丝编织或用塑料网包围；采样器中分别放置鹅卵石、水草、泥和沙等不同的基质，鹅卵石、水草下面放一层尼龙筛绢铺底，泥、沙放入尼龙筛绢制作的网兜里，安置方法与篮式采样器采集方法相同。

（8）地笼。地笼适用于地质类型：不限。水体类型：不限（图 7-18）。

边框圆形或拱形或长方形，边长或直径为 10～30 cm，网布孔径＞3mm；笼做好浮球标记，放置于水底一段时间后，收取笼具内所获。

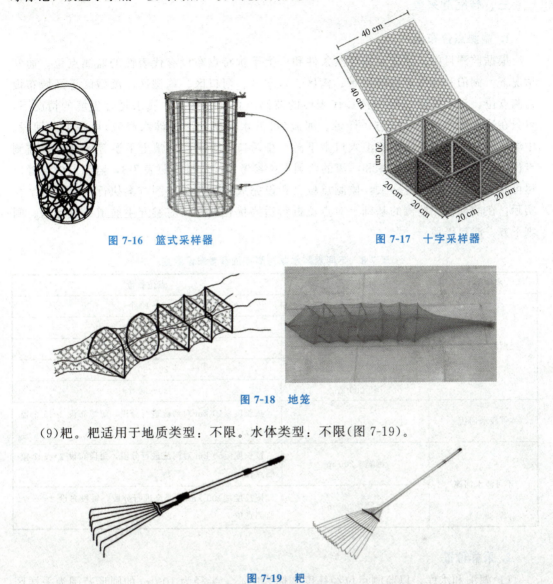

图 7-16 篮式采样器

图 7-17 十字采样器

图 7-18 地笼

（9）耙。耙适用于地质类型：不限。水体类型：不限（图 7-19）。

图 7-19 耙

耙齿长＞10 cm，耙齿间距＞2 cm；耙齿向下在水底基质中拖动一段距离后，转至耙齿向上出水，收取耙齿内所获。

2. 筛网

孔径为 425 μm（40 目），筛网材质为钢质、尼龙质或其他不易破损的材料。

3. 普氏（Puris）胶

将 8 g 阿拉伯胶和 10 mL 蒸馏水加入烧杯中，并将其置于 80 ℃ 恒温水浴中，用玻璃棒搅动，待胶溶后，依次加入 30 g 水合氯醛、7 mL 甘油和 3 mL 冰醋酸，继续用玻璃棒搅拌均匀，最后以薄棉过滤即成。

三、样品的采集

1. 监测点位布设

根据监测目的，结合水体自然条件和人类干扰特点布设有代表性的监测点位。通常情况下，湖泊和水库可在沿岸带、湾区、敞水区、河口区、草型区、藻型区等区域布设监测点位，深水区应仅设少量具代表性的监测点位；在深水、浅水复合生境的情况下，可只在浅水区设置采样样方、样带。河流（可涉水河流和不可涉水河流）可在上游河段、中游河段、下游河段、支流汇入口上下游、排污口上下游、城镇上下游等区域布设监测点位。不同规模湖泊、水库和河流的监测点位参考布设数量参照表7-8，监测点位设置应尽可能与理化监测点位一致，监测点位已布设完成的按相关监测方案执行，同时可结合实际，在前期摸底监测的基础上对点位进行适当优化调整，应避开主航道、航标塔、闸坝下方、渡口等地。

表 7-8　不同规模水体监测点位参考布设数量

水体类型	水体规模	点位数量
湖泊、水库	<50 km²	3～10 个
	50～500 km²	10～15 个
	500～1 000 km²	15～20 个
	1 000～2 000 km²	20～30 个
	>2 000 km²	30～50 个
可涉水河流		按长度≤10 km 对河流进行分段，每段布设 2～5 个监测点位
不可涉水河流	河宽≤200 m	按长度≤50 km 对河流进行分段，每段布设 2～5 个监测点位
	河宽>200 m	按长度≤100 km 对河流进行分段，每段布设 2～5 个监测点位

2. 采样位置

(1)湖泊和水库。以监测点位经纬度坐标为中心，半径为 100 m 的圆形范围为采样区域，根据采样区域内的不同生境选定样方或样带。每个不同生境至少选择一个样方，样带必须覆盖采样区域的主要生境，单个采样区域中设置不少于 4 个定量采集的样方和 1 个半定量采集的样带，单个样方不少于 0.062 5 m²，单个样带不少于 0.9 m²，或单个采样区域放置不少于 2 个人工基质采样器（篮式采样器或十字采样器）。湖泊和水库的监测点位、采样区域、样方和样带的空间关系如图 7-20(a)所示。

(2)河流。对于可涉水河流，以监测点位经纬度坐标为中心，上下游各 50 m 范围的河段为采样区域；对于不可涉水河流，当河宽不超过 200 m 时，以监测点位经纬度坐标为中心，上下游各 100 m 范围的河段为采样区域，当河宽为 200 m 及以上时，以监测点位经纬度坐标为中心，上下游各 200 m 范围的河段为采样区域。根据采样区域内的不同生境选定样方或样带，每个不同生境至少选择一个样方，样带必须覆盖采样区域的主要生境，单个采样区域中设置不少于 4 个定量采集的样方和 1 个半定量采集的样带，单个样方不少于 0.062 5 m^2，单个样带不少于 0.9 m^2，单个采样区域放置不少于 2 个人工基质采样器(篮式采样器或十字采样器)。监测点位、采样区域、样方和样带的空间关系如图 7-20(b)所示。

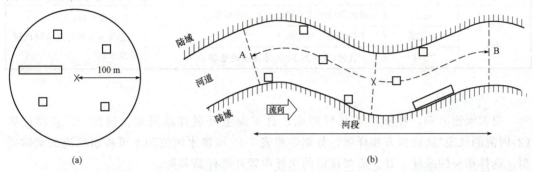

(a)   (b)

图 7-20　湖泊和水库监测点位、采样区域、样方和样带的空间关系示意

(a)湖泊和水库；(b)河流(A−B 之间的河段为采样区域)

(图例：×监测点位，○采样区域，□样方，▭样带)

3. 采样量

一般情况下，湖泊和水库总采样量不低于 1.5 m^2 或两个人工基质采样器(篮式采样器或十字采样器)；河流总采样量不低于 1.36 m^2 或两个人工基质采样器(篮式采样器或十字采样器)。

4. 监测频次及时间

以年为周期，每年至少监测两次，可分别在春、秋季开展监测。对于特殊区域，如底栖生物生长繁殖仅有一季的区域则可选择适宜生物生长、繁殖的时段每年仅进行 1 次监测。对于地区特定种类有特殊繁殖时间段的，采样时间需要在此繁殖时间段内。

5. 湖泊和水库采样

根据 2. 采样位置(1)选湖泊和水库的规定样方和样带，参照表 7-9 湖泊和水库的水体类型选择相应的采样工具。依据规定的采样位置开展样品采集。采样一般顺序依次为定量采样、半定量采样和定性采样。结合定量、半定量和定性等各种采样方式。如需了解湖泊和水库的底栖生物整体状况，则必须采集滨岸带的底栖生物。

表 7-9　湖泊和水库的水体类型选择相应的采样工具

水体类型	采样方式	采样工具	备注
湖泊和水库	定量	采泥器或篮式采样器或十字采样器	需多人辅助或借助机械绞盘采集
	半定量	手抄网或三角拖网等	
	定性	借助铲子的手工捡拾或大孔径(孔径为 1 cm)拖网或地笼或耙	

水体类型	采样方式	采样工具	备注
可涉水河流	定量	索伯网或篮式采样器或十字采样器	逆流采样
	半定量	手抄网或踢网等	
	定性	借助铲子的手工捡拾等	
不可涉水河流	定量	采泥器或篮式采样器或十字采样器	①逆流采样；②需多人辅助或借助机械绞盘采集
	半定量	手抄网或三角拖网等	
	定性	大孔径(孔径为1 cm)拖网或地笼等	

6. 河流采样

根据水流方向，按照逆流采样原则，自下而上开展样品采集。根据"2. 采样位置(2)河流的规定"选定样方和样带，分别参照表 7-10 可涉水河流和不可涉水河流的水体类型，选择相应的采样工具。依据规定的采样位置开展样品采集。

表 7-10 大型底栖无脊椎动物多样性生境影响因子梯度分布表

生境影响因子			物种多样性由高到低的一般顺序		
物理条件	底质	硬质底质	鹅卵石、砾石	基岩、漂石	砂石
		软质底质	软泥	黏土	
	水深		可涉水河流、湖泊和水库的沿岸带浅水区	不可涉水河流、湖泊和水库的深水区	
	流速		0.3～1.2 m/s	1.2 m/s～5.5 m/s	<0.3 m/s 或>5.5 m/s
	水位		平水期	枯水期	丰水期
	水体	河流	常年流水	季节河流	
		湖泊和水库	沿岸带及水量稳定	沿岸带破碎，水量涨落频繁	
	地形地貌		低山丘陵	平原	高山
	土地利用		林地、湿地	农田	城镇
化学条件	溶解氧		5～7.5 mg/L	<5 mg/L 或>7.5 mg/L	
	污染程度		清洁	污染	严重污染
生物条件	水生植物		有适量水生植物	无水生植物或被大量水生植物覆盖	

7. 样品筛选

某监测点位的样品采集完成后，彻底冲洗并仔细检查采样器具，冲洗水过筛网，避免有动物个体残留造成交叉干扰。

通常情况下，将每个监测点位的样品经孔径为 425 μm(40 目)的筛网筛洗，直至过筛网后的出水澄清。拣出筛网内较大的杂物，如叶片、植物残枝、石块、塑料袋等，将附着在其表面的动物个体冲洗入筛网后丢弃。

当样品中含有较多沙粒、砂石和石块时，可将样品放入塑料盆内冲水进行浮洗分离，将上层泥水等混合物倒入筛网，如此重复3～5次。肉眼检查塑料盆内剩余残渣，将遗留的动物个体挑拣放入筛内，确认无遗留后丢弃残渣。当样品较干净且挑拣条件具备时，可在现场开展样品挑拣，否则将样品筛洗、封装并按要求保存后，运送回驻地或实验室进行处理。

8. 样品封装、运输和保存

将样品筛洗后的剩余物全部装入塑料自封袋或广口塑料瓶内，并检查筛网，确保无动物个体遗留。贴上标签，注明监测点位名称、样品采集日期、采集人员及样品唯一性标识码等信息，当某个点位的样品需分装多个样品袋或样品瓶时，标明样品编号及总数；必要时，可在样品袋或样品瓶内放入相同信息的标签。封好袋口或盖紧瓶盖，填写现场采样记录表。整理、清点、核对样品无误后，冷藏保存并运送回实验室处理。

若样品中的动物样本无法及时挑拣(冷藏保存一般不宜超过24 h，室温保存一般不宜超过5 h)，则在样品袋或样品瓶中加入适量的无水乙醇或4%甲醛溶液进行固定。需保证样品袋或样品瓶中乙醇终浓度约为75%或甲醛终浓度约为4%，以防止样品腐烂。固定保存时间一般不超过2周。

四、样品分析

1. 样品前处理

将现场采回的样品，参照样品筛选方法使用自来水再次筛洗，直至出水完全澄清。若样品中已添加了固定液，则将样品在水中浸泡15 min左右，洗脱固定液并使动物样本充分吸水。

若某个点位的同一采样方式(如定量、半定量和定性)样品分装了多个样品袋或样品瓶时，将其合并处理，并在筛洗过程中保持水流速度较缓，轻轻搅动，混合均匀。

2. 样品挑拣

挑拣动物样本(不包括空壳)，如挑拣出大量动物空壳，则要重新设置采样时间或采样位置。

一般情况下，样品中的动物个体全部挑拣。将经过前处理的单个样品放入1个到数个搪瓷盘中，由数个挑拣人员挑拣，首先通过肉眼观察，使用镊子挑拣出个体相对较大的动物样本，再使用镊子或细口吸管挑拣出个体相对较小的动物样本，当肉眼视力无法识别时，借助放大镜或体视显微镜挑拣。当日的挑拣工作出现中断时，将待挑拣样品冷藏保存，保存时间一般不超过24 h。

当单个样品量很大且杂质很多时，先对整个样品进行初步查看，将形态、大小、颜色等有明显特征差异的较特别动物个体挑出，再对样品进行均等分样，直至分样中的动物个体数约为10头，则停止分样，所得的分样称为最小分样单元。随机选取最小分样单元，逐一进行动物个体挑拣，按形态、大小、颜色等差异特征分不同组分别放置。当任一组内挑拣到的动物个体达50头时，继续挑拣该最小分样单元，完成后，停止样品挑拣。对单个样品多人累计挑拣时间达8 h，仍无法完成的，应停止挑拣。记录样品的挑拣比例。在挑拣过程中，若发现小个体样本、偶见物种样本或暂时难以辨认的样本，单独保存，并予以记录。

对每个挑样人员挑拣的搪瓷盘样品，由挑拣经验丰富的质控人员抽取不低于10％的量进行复拣，记录拣出的底栖生物个体数，并按照要求进行样品挑拣质控。将拣出的物种样本合并于相应监测点位的样品瓶中。

挑拣结束前，检查并确保用于样品挑拣的工具均无动物样本残留，避免交叉干扰。根据样品挑拣情况，填写记录表。

3. 样品固定

软体动物和水生昆虫样本先用 4％甲醛溶液至少固定 2 d 以上，随后可用孔径为 425 μm(40 目)的筛网兜住瓶口，将甲醛固定液倒出并加入 75％乙醇溶液固定。水栖寡毛类和其他动物先放入培养皿中，加少量水，并缓缓滴加数滴 75％乙醇溶液将其麻醉，待其完全舒展伸直后，按软体动物和水生昆虫样本固定方法进行固定。无法进行甲醛溶液和 75％乙醇溶液方法进行固定时，可直接用无水乙醇固定，固定液中乙醇终浓度约为 75％。挑拣剩余的样品用无水乙醇固定，固定液中乙醇终浓度约为 75％，保存备检。

固定液完全浸没动物样本，加入固定液后的 2～3 d 检查固定液是否澄清，如出现浑浊，则需更换一次固定液。在动物样本瓶外贴上标签，注明监测点位名称、样品固定日期、样品处理人员、样品挑拣比例等相关信息，当某个点位的动物样本需分装多个样本瓶或样本盒时，标明样本编号及分装总数；必要时，可在样本瓶或样本盒内放入相同信息的标签。填写记录表。倒出的乙醇溶液和甲醛溶液等固定液存放至专用的废液桶，按危险废物处理。

4. 样品分析

(1)物种鉴定。根据动物样本的大小，选择肉眼、放大镜、体视显微镜或生物显微镜对其进行形态学观察，进行分类鉴定。若存在卵、蛹等且可以被鉴定的，标明其生命阶段。使用生物显微镜对摇蚊幼虫、寡毛纲等类群中的一些较小个体样本进行制片观察时，滴加 1～2 滴丙三醇，增加透光性，辅助观察分类特征。

一般情况下，物种的鉴定要求分类到属，区分到种，也可依据监测工作目标的实际需求，将其鉴定到不同分类级别。鉴定完成后，将个体完整、分类特征明显的样本单独存放，添加约 75％的乙醇溶液进行固定。需要进一步观察、研究或尚有异议的物种，用加拿大树胶或普氏胶制作典型分类特征部位的封片，保存待研究。

建议对于一些不能确认的物种，拍摄典型特征照片或提供动物样本，邀请专家指导鉴定，做好信息记录，包括鉴定人姓名、所在单位、日期等；对于样品中完整个体较少且鉴定过程会造成不可逆破坏的样本(如需制片观察的摇蚊幼虫)，尽可能多地拍摄典型特征照片，以备复核和长期保存。此外，建议有条件的实验室可借助分子生物学技术辅助鉴定。

当发现外来入侵物种时，单独保存并记录。

至少选择10％已完成分析的样品，开展实验室内人员比对或实验室间比对或与分类鉴定质控专家比对。

(2)计数和称重。每个监测点位的物种按鉴定结果分别——对应统计个体数。若遇到不完整的动物个体,一般只以头部计数,其中节肢动物只统计包含头节和胸节的个体,不统计零散的腹部、附肢等。大型底栖无脊椎动物的空壳、枝角类(Cladocera)、桡足类(Copepoda)及陆生无脊椎动物不计。

有生物量测定需求时,按动物样本的个体大小选择相应量程及分度值的天平,对每个监测点位的物种进行分类称重。去除待称重个体样本附着的杂物,使用吸水纸吸干表面水分。吸干软体动物等外套腔内的水分,并带壳称重。对于个体较小且无法直接称量获得生物量数据的物种,其生物量以天平的最小分度值(0.000 1 g)计。

五、结果计算

(1)根据物种鉴定技术及称重结果,按以下公式计算底栖动物分类单元的密度和生物量:

$$D_i = d_i(A_c A)$$

式中　D_i——分类单元 i 的密度(ind. /m² 或 ind. /笼);

　　　d_i——样品计数所得分类单元 i 的个体数量[个(ind.)];

　　　A_c——样品的挑拣比例,以分数表示;

　　　A——现场样品采集面积或体积(m² 或笼数)。

$$B_i = b_i/(A_c A)$$

B_i——分类单元 i 的生物量(g/m² 或 g/笼);

b_i——样品称重所得分类单元 i 的质量(g)。

(2)基于不同的采样方式,监测点位的底栖动物分类单元的密度和生物量分别按以下公式计算:

$$D = \sum_{i=1}^{N} D_1$$

式中　D——基于某种采样方式的监测点位底栖动物分类单元的密度(ind. /m² 或 ind. /笼);

　　　N——基于某种采样方式的监测点位底栖动物分类单元数。

$$B = \sum_{i=1}^{N} B_i$$

式中　B——基于某种采样方式的监测点位底栖动物分类单元的生物量(g/m² 或 g/笼)。

(3)挑拣遗漏比(Picking Omissions Ratio,POR)按以下公式计算:

$$POR = P/C$$

式中　POR——挑拣遗漏比,无量纲;

　　　P——挑样人员发现的底栖动物个体数[个(ind.)];

　　　C——挑拣质控人员发现的底栖动物个体数[个(ind.)]。

(4)物种分类差异百分比(Percent Taxonomic Disagreement,PTD)按以下公式计算:

$$PTD = \left(1 - \frac{\text{comp}p_{\text{pos}}}{M}\right) \times 100\%$$

式中 PTD——物种分类差异百分比(%);

compp_{pos}——比对分类结果中,物种分类一致的数量[个(ind.)];

M——比对分类结果中,物种分类单元较多一方数量[个(ind.)]。

(5)计数差异百分比(Percent Difference in Enumeration,PDE)按以下公式计算:

$$PDE = \frac{|n_1 - n_2|}{n_1 + n_2} \times 100\%$$

式中 PDE——计数差异百分比(%);

n_1——比对计数结果1[个(ind.)];

n_2——比对计数结果2[个(ind.)]。

监测点位上所有样方、样带分别使用定量、半定量和定性方式采集的,分类单元以所有不同采样方式结果的并集计。对于所出现的每个分类单元,当定量和半定量结果均无时,则仅用"+"标注物种分类单元存在,其余情况均不考虑定性结果。当定量和半定量结果均有时,个体较大(如大型蚌类等)及移动能力较强(如十足目、半翅目和鞘翅目等)动物的密度和生物量以半定量方式的结果计,其余以定量方式的结果计。

密度计算结果≥1时,精确到"个"数位;密度计算结果<1时,精确到一位小数;密度计算结果等于0时,按"未检出"计。生物量计算结果精确到四位小数,生物量计算结果等于0时,按"未检出"计。计算完成后,填写统计记录表。

六、质量控制

1. 样品挑拣质控

对每个挑样人员挑拣的搪瓷盘样品,由挑拣经验丰富的质控人员抽取不低于10%的量进行复拣,记录拣出的底栖生物个体数,将拣出的物种样本合并于相应监测点位的样品瓶中。在每批样品中,每个挑拣员的任一挑拣遗漏比(POR)应≥10,否则该挑拣员所挑拣的搪瓷盘样品应重新挑拣。

2. 样品鉴定质控

至少选择10%已完成分析的样品,开展实验室内人员比对或实验室间比对或与分类鉴定质控专家比对。

3. 样品分析质控

样品分析结果应满足物种分类差异百分比(PTD)≤15%;计数差异百分比(PDE)≤5%,分析结果方为有效;否则,查明原因后按样品分析步骤重新进行样品相应分析。

🧰 任务实施

一、操作准备

根据监测方案准备试剂药品、仪器和用具,填写备料清单(表7-11)。

表 7-11　备料清单

试剂和药品							
序号	名称	规格	数量	序号	名称	规格	数量
仪器和用具							
序号	名称	规格	数量	序号	名称	规格	数量
备注							

二、操作过程

底栖动物测定步骤见表 7-12，可根据实际情况进行调整，完成任务。

表 7-12　底栖生物测定操作流程

序号	步骤	操作方法	说明
1	试剂配制	4％甲醛溶液：量取 37％～40％的甲醛溶液约 10 mL，用水定容至 100 mL； 75％乙醇溶液：量取无水乙醇 75 mL，用水定容至 100 mL	
2	采样	在校园湖泊中根据面积设置 3 个监测点位，以点位经纬度坐标为中心，半径为 100 m 的圆形范围为采样区域。单个采样区域中设置不少于 4 个定量采集的样方和 1 个半定量采集的样带进行采样	采样前对校园湖水生境进行调研，确定生境种类
3	现场初筛	将每个监测点位的样品经孔径为 425 μm(40 目)的筛网筛洗，直至过筛后的出水澄清。拣出筛网内较大的杂物，将附着在其表面的动物个体冲洗入筛网后丢弃。当样品中含有较多沙粒、砂石和石块时，可将样品放入塑料盆内冲水进行浮洗分离，将上层泥水等混合物倒入筛网，如此重复 3～5 次。肉眼检查塑料盆内剩余残渣，将遗留的动物个体挑拣放入筛内，确认无遗留后丢弃残渣	某监测点位的样品采集完成后，彻底冲洗并仔细检查采样器具，冲洗水过筛网，避免有动物个体残留造成交叉干扰。若样品比较干净，可以现场进行挑拣，否则应妥善保存，带回实验室进行挑拣
4	样品保存	若样品中的动物样本无法及时挑拣(冷藏保存一般不宜超过 24 h，室温保存一般不宜超过 5 h)，则在样品袋或样品瓶中加入适量的无水乙醇或 4％甲醛溶液进行固定。需保证样品袋或样品瓶中乙醇终浓度约 75％或甲醛终浓度约 4％，以防止样品腐烂	固定保存时间一般不超过 2 周

序号	步骤	操作方法	说明
5	前处理	将现场采回的样品，参照样品筛选方法使用自来水再次筛洗，直至出水完全澄清。若样品中已添加了固定液，则将样品在水中浸泡 15 min 左右，洗脱固定液并使动物样本充分吸水	
6	挑拣样品	挑拣动物样本，当单个样品量很大且杂质很多时，先对整个样品进行初步查看，将有明显特征差异的较特别动物个体挑出，再对样品进行均等分样，直至分样中的动物个体约数 10 头，停止分样。 小个体样本、偶见物种样本或暂时难以辨认的样本，应单独保存，并予以记录。挑拣结束前，检查并确保用于样品挑拣的工具均无动物样本残留。 根据样品挑拣情况，填写记录表	对每个挑样人员挑拣的搪瓷盘样品，由挑拣经验丰富的质控人员抽取不低于 10%的量进行复拣，记录拣出的底栖生物个体数。将拣出的物种样本合并于相应监测点位的样品瓶中
7	固定	(1)软体动物和水生昆虫样本先用 4%甲醛溶液至少固定 2 d 以上，随后可用孔径为 425 μm(40 目)的筛网兜住瓶口，将甲醛固定液倒出并加入 75%乙醇溶液固定。 (2)水栖寡毛类及其他动物先放入培养皿中，加少量水，并缓缓滴加数滴 75%乙醇溶液将其麻醉，待其完全舒展伸直后，按软体动物和水生昆虫样本固定方法进行固定。 (3)无法进行甲醛溶液和 75%乙醇溶液方法进行固定时，可直接用无水乙醇固定，固定液中乙醇终浓度约 75%	样品固定使用后的乙醇溶液和甲醛溶液等固定液放至专用的废液桶，按危险废物处理
8	物种鉴定	根据动物样本的大小，选择肉眼、放大镜、体视显微镜或生物显微镜对其进行形态学观察，进行分类鉴定。若存在卵、蛹等且可以被鉴定的，标明其生命阶段。使用生物显微镜对摇蚊幼虫、寡毛纲等类群中的一些较小个体样本进行制片观察时，滴加 1～2 滴丙三醇，增加透光性，辅助观察分类特征。 一般情况下，物种的鉴定要求分类到属，区分到种，也可依据监测工作目标的实际需求，将其鉴定到不同分类级别	需进一步观察、研究或尚有异议的物种，用加拿大树胶或普氏胶制作典型分类特征部位的封片，保存待研究。 当发现外来入侵物种时，单独保存并记录
9	样品计数	每个监测点位的物种按鉴定结果分别一一对应统计个体数。若遇不完整的动物个体，一般只以头部计数，其中节肢动物只统计包含头节和胸节的个体，不统计零散的腹部、附肢等。 大型底栖无脊椎动物的空壳、枝角类(Cladocera)、桡足类(Copepoda)及陆生无脊椎动物不计	有生物量测定需求时，按动物样本的个体大小选择相应量程及分度值的天平，对每个监测点位的物种进行分类称重
10	计算	根据公式计算出监测点位的底栖动物分类单元的密度和生物量，并填写统计记录表	

三、注意事项

(1)采样时注意安全，做好防护。防护设备包括但不限于救生衣、防水裤、防水服、防晒服、防寒服、高筒胶鞋、橡胶手套、帽子、急救包(含各类药品)等。

(2)注意，对现场情况做好记录，包括但不限于记笔记、拍摄等。

结果报告

底栖动物采样记录表，见表 7-13；底栖生物分析记录表，见表 7-14；底栖生物质控记录表，见表 7-15；底栖动物统计表，见表 7-16。

表 7-13　底栖动物采样记录表

采样日期：		采样时间：	
点位编号：		点位名称：	
采样面积：		采样体积：	
采样工具：		设备编号：	
现场采样示意图：			
采样点水体类型：　○湖泊　　○水库　　○涉水可过河流　　○涉水不可过河流　　○不可涉水河流			
生境类型：○鹅卵石、砾石　　○基岩、漂石　　○砂石　　○软泥　　○黏土 水草生长情况：　　　　　　　　　　　　藻类水华情况：			
样品名称：		样品标识码：	
样品是否分装：　○是，分装数量：＿＿＿＿＿　　○否			
样品保存条件：○常温保存　　○冷藏保存　　○添加固定剂(□无水乙醇(终浓度约 75%)，□甲醛溶液(终浓度约 4%) 保存时间：＿＿＿＿时＿＿＿＿分			
天气状况：当天和前一周			
采样人：＿＿＿＿　　复核人：＿＿＿＿　　现场负责人：＿＿＿＿			

表 7-14　底栖生物分析记录表

样品名称：				样品编号：				
样品类型：○定量样品　　○半定量样品　　○定性样品								
采样面积：＿＿＿＿m^2；采样体积：＿＿＿＿笼								
采样日期：＿＿＿＿　　分析日期：＿＿＿＿								
体视显微镜编号：　　　　生物显微镜编号：　　　　电子天平编号：								
序号	挑拣比例	类群	中文学名	拉丁名	数量/ind.	质量/g	分析结果	
							密度 /(ind. · m^{-2})	生物量 /(g · m^{-2})
分析人：　　　　　　　　　复核人：　　　　　　　　　审核人：								

表 7-15　底栖生物质控记录表

| 样品名称： | | | | 样品编号： | | | |

| 采样日期： | | 分析日期： | | | | |

| 挑样质控日期： | | 分析质控日期： | | | | |

| 体视显微镜编号： | | 生物显微镜编号： | | 电子天平编号： | | |

	搪瓷盘编号	挑样人员发现的大型底栖无脊椎动物个体数/ind.	挑样质控人员发现的大型底栖无脊椎动物个体数/ind.	POR 值	挑样员	质控员	挑样质控结果
挑样质控							

	样品编号	群类	中文学名	拉丁名		分析结果/ind.
分析质控						
	比对方 1 鉴定物种数：_____		比对方 1 计数数量：_____ ind.			
	比对方 1 分析人员：_____		比对方 1 审核人员：_____			
	比对方 2 鉴定物种数：_____		比对方 2 计数数量：_____ ind.			
	比对方 2 分析人员：_____		比对方 2 审核人员：_____			
	比对方 1：_____		比对方 1：_____			
	PTD 值：_____　　PDE 值：_____		质控结果：○合格　○重新分析			

表 7-16　底栖动物统计表

| 采样日期： | | | | | | | 分析日期： | | |

| 样品名称： | | | | | | | 样品编号： | | |

| 编号 | 底栖动物分类 | | | | | | | 定量/半定量 | | 定性 |
	门	纲	目	科	亚科	属	种	密度/(ind.·m^{-2})	生物量/(g·m^{-2})	监测点位名称、采样时间、采样方法

备注：定性采样方式仅用"＋"标注物种分类单元存在

| 报告人： | | 校核人： | | 审核人： |

结果评价

结果评价表，见表 7-17。

表 7-17 结果评价表

类别	内容	评分要点	配分	评分
职业素养 （30分）	纪律情况 （10分）	不迟到，不早退	2	
		着装符合要求	2	
		实训资料齐备	3	
		遵守试验秩序	3	
	道德素质 （10分）	爱岗敬业，按标准完成实训任务	4	
		实事求是，对数据不弄虚作假	4	
		坚持不懈，不怕失败，认真总结经验	2	
	职业素质 （10分）	团队合作	2	
		认真思考	4	
		沟通顺畅	4	
职业能力 （70分）	任务准备 （10分）	仪器和用具准备齐全	5	
		试剂和样品准备齐全	5	
	实施过程 （35分）	样品采集	5	
		样品初筛选	5	
		样品的保存	5	
		样品前处理	5	
		样品的挑拣	5	
		样品的鉴定	5	
		样品的计数	5	
	任务结束 （10分）	收拾工作台，整理仪器	4	
		按时提交报告	6	
	质量评价 （15分）	计数正确	5	
		报告整洁	5	
		书写规范	5	

任务测验

1. 下列试剂中不用于固定底栖生物的是（　　）。

A. 乙醇溶液　　　　B. 丙三醇　　　　C. 无水乙醇　　　　D. 甲醛溶液

2. 若样品中的动物样本无法及时挑拣，样品冷藏保存时间不宜超过（　　）h。

A. 5　　　　　　　B. 12　　　　　　C. 24　　　　　　D. 48

3. 通常情况下，将每个监测点位的样品经孔径为（　　）目的筛网筛洗，直至过筛网后的出水澄清。

A. 20　　　　　　B. 40　　　　　　C. 80　　　　　　D. 100

4. 样品在挑拣过程中由挑拣经验丰富的质控人员抽取不低于（　　　）的量进行复拣。
　A. 5％　　　　　　　B. 10％　　　　　　　C. 15％　　　　　　　D. 20％

5. 底栖动物监测频次以年为周期，每年至少监测 2 次，可分别在春、秋季开展监测。　　　　　　　　　　　　　　　　　　　　　　　　　　　　　　　　　　（　　　）

6. 底栖动物的概念是什么？

7. 底栖生物定量采样工具和定性采样工具分别有什么？

8. 如何选择固定试剂固定底栖动物？

任务三　测定叶绿素 a 含量

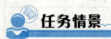 **任务情景**

　　蓝藻是一种细菌，又称为蓝绿藻。蓝藻水华多发生在 5—9 月，有明显的季节性，受温度、阳光、营养物质的影响。在温度 20 ℃以上、水体 pH 值偏高、光照度强且时间久的条件下，蓝藻会浮至水面并且迅速繁殖，形成蓝藻水华的现象。当蓝藻大量生长时，常在下风头水面漂浮形成一层蓝绿色的水华或薄膜，草、青、鲢等鱼类吃了不能消化，影响它们的生长。覆盖在水面上的蓝藻达到一定厚度，会使水体中含氧量迅速降低，最终为细菌分解腐败有机体产生二甲基三硫提供了有利的"厌氧条件"，而硫化物是水体产生异味的主要原因。当蓝藻大量死亡后，在腐败、被分解的过程中，也要消耗水中大量的溶解氧，加剧水体恶臭的味道。而造成水华现象的出现，主要原因还是水域沿线大量施用化肥、围水养殖、居民生活污水和工业废水大量排入江河湖泊，致使江河湖泊中氮、磷等营养物质含量上升。

　　自然水体的富营养化，导致水体中的藻类物质大量繁殖，叶绿素 a 是藻类物质中的物质，是估算浮游植物生物量的重要指标，可以通过测定水中浮游植物叶绿素 a 的含量，掌握水体的初级生产力情况和富营养化水平，在环境监测中，叶绿素 a 含量是评价水体富营养化的指标之一。

任务要求

　　本任务以校园湖水为样品，使用分光光度法测定湖水叶绿素 a 含量。
　　要求：
　　1. 查找和研读相关标准，以校园湖水叶绿素 a 为监测对象，制订监测方案。
　　2. 正确采集湖水样品，并测定叶绿素 a 的含量。
　　3. 按规范填写原始记录表并出具结果报告。

任务目标

知识目标

1. 掌握水中叶绿素 a 含量测定原理。

2. 掌握水中叶绿素 a 含量测定步骤。

3. 掌握水中叶绿素 a 含量计算方法。

能力目标

1. 能按照标准进行规范采样。

2. 能正确使用分光光度计对样品进行多波长检测。

3. 能够正确计算样品含量。

素质目标

1. 树立水环境资源保护意识。

2. 培养科学监测态度。

3. 提升综合知识运用能力。

相关知识

一、水体初级生产力

水体生产力是指水生植物(主要是浮游植物)进行光合作用的强度。水中浮游植物光合作用的强弱可通过叶绿素的含量及光合作用产生氧气的量来反映。

叶绿素是植物光合作用中的重要光合色素。通过测定浮游植物叶绿素,可掌握水体的初级生产力情况。叶绿素 a 的量越多,说明水体富营养化越严重。当叶绿素 a 的含量大于 10 μg/L,则说明水体已富营养化。

二、分光光度法测定叶绿素 a

1. 原理

将一定量水样用滤膜过滤截留藻类,研磨破碎藻类细胞,用丙酮溶液提取叶绿素,离心分离后分别于 750 nm、664 nm、647 nm 和 630 nm 波长处测定提取液吸光度,根据公式计算水中叶绿素 a 的浓度。

2. 主要设备及试剂

(1)9+1 丙酮溶液:在 900 mL 丙酮中加入 100 mL 试验用水。

(2)碳酸镁悬浊液:称取 1.0 g 碳酸镁,加入 100 mL 试验用水,搅拌成悬浊液(使用前充分振摇均匀)。

(3)玻璃纤维滤膜:直径为 47 mm,孔径为 0.45~0.7 μm。

(4)采样瓶:1 L 或 500 mL 具磨口塞的棕色玻璃瓶。

(5)过滤装置：配真空泵和玻璃砂芯过滤装置。

(6)研磨装置：玻璃研钵或其他组织研磨器。

(7)针式滤器：0.45 μm 聚四氟乙烯有机相针式滤器。

(8)离心机：相对离心力可达到 1 000×g（转速为 3 000～4 000 r/min）。

(9)可见分光光度计：配制 10 mm 石英比色皿。

3. 样品采集

样品采集一般使用有机玻璃采水器或其他适当的采样器采集水面下 0.5 m 样品，湖泊、水库根据需要可进行分层采样或混合采样，采样体积为 1 L 或 500 mL。如果样品中含沉降性固体（如泥沙等），应将样品振摇均匀后倒入 2 L 量筒，避光静置 30 min，取水面下 5 cm 样品，转移至采样瓶。在每升样品中加入 1 mL 碳酸镁悬浊液，以防止酸化引起色素溶解。水深不足 0.5 m 的，在水深 1/2 处采集样品，但不得混入水面漂浮物。

样品采集后，应尽快分析。否则应在 0～4 ℃ 避光保存、运输，24 h 内运送至检测实验室过滤（若样品 24 h 内不能送达检测实验室，应现场过滤，滤膜避光冷冻运输），样品滤膜于−20 ℃ 避光保存，14 d 内分析完毕。

4. 样品制备

(1)过滤。根据水体的营养状态确定取样体积，见表 7-18，用量筒量取一定体积的混匀样品，进行过滤，最后用少量蒸馏水冲洗滤器壁。过滤时负压不超过 50 kPa，在样品刚刚完全通过滤膜时结束抽滤，用镊子将滤膜取出，将有样品的一面对折，用滤纸吸干滤膜水分。

仅在富营养化水体的样品无法通过玻璃纤维滤膜时，可采用离心法浓缩样品，但转移过程中应保证提取效率，避免叶绿素 a 的损失及水分对丙酮溶液浓度的影响。

表 7-18　参考过滤样品体积

营养状态	富营养	中营养	贫营养
过滤体积/mL	100～200		500～1 000

(2)研磨。将样品滤膜放置于研磨装置中，加入 3～4 mL 丙酮溶液，研磨至糊状。补加 3～4 mL 丙酮溶液，继续研磨，并重复 1～2 次，保证充分研磨 5 min 以上。将完全破碎后的细胞提取液转移至玻璃刻度离心管中，用丙酮溶液冲洗研钵及研磨杆，一并转入离心管中，定容至 10 mL。叶绿素对光及酸性物质敏感，实验室光线应尽量微弱，能进行分析操作即可，所有器皿不能用酸浸泡或洗涤。

(3)提取。将离心管中的研磨提取液充分振荡混合均匀后，用铝箔包好，放置于 4 ℃ 避光浸泡提取 2 h 以上，不超过 24 h。在浸泡过程中要颠倒振摇均匀 2～3 次。

(4)离心。将离心管放入离心机，以相对离心力 1 000×g（转速 3 000～4 000 r/min）离心 10 min。然后用针式滤器过滤上清液得到叶绿素 a 的丙酮提取液（试样）待测。

5. 测定

将试样移至比色皿中，以丙酮溶液为参比溶液，于波长为 750 nm、664 nm、647 nm、630 nm 处测量吸光度。750 nm 波长处的吸光度应小于 0.005；否则需要重新用针式滤器过滤后测定。

按照与试样测定相同的步骤进行实验室空白试样的测定。

6. 结果与计算

试样中叶绿素 a 的质量浓度（mg/L），按照以下公式进行计算：

$$\rho_1 = 11.85 \times (A_{664} - A_{750}) - 1.54 \times (A_{647} - A_{750}) - 0.08 \times (A_{630} - A_{750})$$

式中　ρ_1——试样中叶绿素 a 的质量浓度（mg/L）；

　　　A_{664}——试样在 664 nm 波长下的吸光度值；

　　　A_{647}——试样在 647 nm 波长下的吸光度值；

　　　A_{630}——试样在 630 nm 波长下的吸光度值；

　　　A_{750}——试样在 750 nm 波长下的吸光度值。

原水样中叶绿素 a 的质量浓度（μg/L），按照以下公式进行计算：

$$\rho = \frac{\rho_1 V_1}{V}$$

式中　ρ——样品中叶绿素 a 的质量浓度（μg/L）；

　　　ρ_1——试样中叶绿素 a 的质量浓度（mg/L）；

　　　V_1——试样的定容体积（mL）；

　　　V——取样体积（L）。

当测定结果小于 100 μg/L 时，保留至整数位；当测定结果大于或等于 100 μg/L 时，保留三位有效数字。

7. 质量控制

（1）空白试验。每批样品应至少做一个实验室空白试验，其测定结果应低于方法检出限。

（2）平行样测定。每批样品应至少测定 10% 的平行双样。样品数量少于 10 个时，应至少测定一个平行双样，测定结果的相对偏差应≤20%。

任务实施

一、操作准备

根据监测方案准备试剂药品、仪器和用具，填写备料清单（表 7-19）。

表 7-19　备料清单

试剂和药品							
序号	名称	规格	数量	序号	名称	规格	数量
仪器和用具							
序号	名称	规格	数量	序号	名称	规格	数量
备注							

二、操作过程

分光光度法测定叶绿素 a 含量步骤见表 7-20，可根据实际情况进行调整，完成任务。

表 7-20　测定步骤

序号	步骤	操作方法	说明
1	采样	到达采样点，润洗有机玻璃采水器后，采集水面下 0.5 m 水样 1 L 装入采样瓶，并在每升样品中加入 1 mL 碳酸镁悬浊液。填写采样记录表	如水样含沉降性固体，应先振摇均匀后倒入 2 L 量筒，避光静置 30 min，取水面下 5 cm 样品
2	过滤	安装玻璃砂芯过滤装置，放入玻璃纤维滤膜，加入少量蒸馏水湿润，打开真空泵抽干蒸馏水使得滤膜紧贴漏斗。 用量筒量取_____ mL 的混合均匀水样，缓缓加入漏斗内过滤，最后用少量蒸馏水冲洗滤器壁。在水样刚好过滤完时立刻结束抽滤，用镊子将滤膜取出，将有样品的一面对折，用滤纸吸干滤膜水分	过滤时负压不超过 50 kPa
3	研磨	将上述滤膜放入研钵，加入 3～4 mL 丙酮溶液，研磨至糊状。补加 3～4 mL 丙酮溶液，继续研磨，并重复 1～2 次。将研磨液转移至玻璃刻度离心管，用丙酮溶液冲洗研钵及研磨杵，一并转入离心管中，定容至 10 mL	保证充分研磨，时间大于 5 min
4	提取	将离心管中的研磨提取液充分振荡混合均匀后，用铝箔包好，放置于 4 ℃ 避光浸泡提取 2 h 以上。在浸泡过程中要颠倒振摇均匀 2～3 次	浸泡时间不超过 24 h
5	离心	将离心管放入离心机，调节转速 3 000～4 000 r/min，离心 10 min	
6	测定	用针式滤器过滤上清液到比色皿中，以丙酮溶液为参比溶液，于波长为 750 nm、664 nm、647 nm、630 nm 处测量吸光度。按照与试样测定相同的步骤进行实验室空白试样的测定。计算叶绿素 a 的含量，并填写试验记录表	750 nm 波长处的吸光度应小于 0.005，否则需重新用针式滤器过滤后测定
7	清洁	清洗器皿，整理实验室	

三、注意事项

（1）空白试验。每批样品应至少做一个实验室空白试验，其测定结果应低于方法检出限。

（2）平行样测定。每批样品应至少测定 10% 的平行双样。样品数量少于 10 个时，应至少测定一个平行双样，测定结果的相对偏差应≤20%。

总结报告

　　水样采样原始记录表，见表 7-21；试验原始记录表，见表 7-22；结果报告表，见表 7-23。

表 7-21　水样采样原始记录表

采样日期：		采样地点：		样品类型：		采样容器：	
气温：		气压：		天气：		水流流速：	
样品编号	点位	采样时间	采样深度/m	采样量/L	样品状态		备注

备注：

样品类型：地表水、地下水、水源水、饮用水、出厂水、管网水、自来水、其他。

容器类型：玻璃容器、塑料容器。

样品状态：颜色气味漂浮物等状况

现场情况及采样点位示意图：

采样人：	校核人：	审核人：

表 7-22　试验原始记录表

样品名称：		样品编号：	
收样日期：	分析日期：	检测项目：	
检测方法：	方法依据：	标准方法名称：	
仪器型号：	仪器编号：	比色皿厚度：	
参比溶液：	皿差： A0：_____ A1：_____ A2：_____		
取样体积 V：_____L	定容体积 V_1：_____mL	空白试验结果：	

编号	吸光度 D ($\lambda630$)	吸光度 D ($\lambda645$)	吸光度 D ($\lambda663$)	吸光度 D ($\lambda750$)	试样浓度 /(mg·L^{-1})	样品浓度 /(μg·L^{-1})

计算公式：

备注

检测人：	校核人：	审核人：

表 7-23　结果报告表

样品来源			
采/送样日期		分析日期	
样品数量			
样品状态			
监测点位		监测频次	
标准方法名称		标准方法编号	

样品编号	测定值	监测结果

备注

报告人：	校核人：	审核人：

结果评价

结果评价表，见表 7-24。

表 7-24　结果评价表

类别	内容	评分要点	配分	评分
职业素养 （30分）	纪律情况 （10分）	不迟到，不早退	2	
		着装符合要求	2	
		实训资料齐备	3	
		遵守试验秩序	3	
	道德素质 （10分）	爱岗敬业，按标准完成实训任务	4	
		实事求是，对数据不弄虚作假	4	
		坚持不懈，不怕失败，认真总结经验	2	
	职业素质 （10分）	团队合作	2	
		认真思考	4	
		沟通顺畅	4	
职业能力 （70分）	任务准备 （10分）	设备准备齐全	5	
		提前预习	5	
	实施过程 （25分）	采样操作规范	2	
		过滤操作规范	2	
		研磨操作规范	3	
		提取操作规范	3	
		离心操作规范	3	
		分光光度计操作规范	3	
		对照试验操作规范	3	
		计算方法正确	3	
		结果表示正确	3	
	任务结束 （10分）	清洁仪器，设备复位	3	
		收拾工作台	3	
		按时完成	4	
	质量评价 （25分）	过滤体积正确	5	
		空白试验正确	5	
		结果报告正确	5	
		报告整洁	5	
		书写规范	5	

任务测验

1. 叶绿素 a 测定中，在水样采集后，最好立即进行样品的_____，如不能立即进行，则应将水样保存在低温(0~4 ℃)避光处，在每升水样中加 1 mL 1‰碳酸镁悬浊液，以防止酸化引起_____溶解。

2. 分光光度法测定叶绿素 a 时，以纯水作空白吸光度测定，对样品在 750 nm、663 nm、645 nm 和 630 nm 波长下的吸光度进行校正。(　　)

3. 采集叶绿素 a 测定水样时，可用(　　)。

A. 25 号浮游生物网

B. 13 号浮游生物网

C. 有机玻璃采水器

4. 什么是水体的初级生产力？如何衡量水体初级生产力？

5. 简述分光光度法测定水体叶绿素 a 的原理、步骤和注意事项。

任务四　斑马鱼法测定水体急性毒性

任务情景

2020 年 9 月 8 日，北京市密云区生态环境局接到群众举报后，在废矿洞内查获 3 名非法开采金矿的工人并扣押作案工具。根据现场情况分析，存在污染环境和破坏矿产资源双重危害。针对污染环境行为，区生态环境局进行现场取样并委托检测机构对废液进行检测。经检测，废液中含总氰化物且浓度范围分布在 51.6~218 mg/L，超过北京市水污染综合排放标准总氰化物排放限值 0.2 mg/L。矿洞废渣能否认定为国家危险废物名录中的危险废物，废液是否属于有毒物质，成为构罪焦点。区生态环境局委托中国政法大学法庭科学技术鉴定研究所作为本案的专业鉴定机构。经取样检测，该废水具有水生生物毒性，急性类别为Ⅰ级，属于有毒物质。该废液冲洗过后形成的废渣属于《国家危险废物名录(2021 年版)》HW33 项的危险废物。由此区生态环境局认定夏某江、王某等人涉嫌构成污染环境罪并移送公安机关。

我国刑法及司法解释对污染环境罪中有毒物质认定有严格限制，这也是司法实践中"洗洞"类污染环境案定罪的难点和关键。本案通过生物毒性检测，明确冲洗废液和废渣属于危险废物，为环境损害司法鉴定提供重要保障。

鱼类对水环境的变化反应十分灵敏。当水体中的污染物达到一定强度时，就会引起鱼类的一系列中毒反应。例如，行为异常、生理功能紊乱、组织病变，直至死亡。在环境保护与毒理学研究中，为了取得适当的数据以便定量地表达受纳水体的污染负荷与生物学效应之间的关系，可以人为地设计一些中毒试验，即在适当控制的条件下，把受试生物放入不同浓度的已知或未知毒物内，观察记录生物的各种反应。这就是毒性试验，它是生物监测的重要组成部分。

任务要求

本任务使用斑马鱼法测定某工厂废水对鱼类急性毒性。

要求：

1. 查找和研读相关标准，以工厂废水为监测对象测定鱼类急性毒性，制订监测方案和实施计划。

2. 采用斑马鱼法测定水样的急性毒性。

3. 按规范填写原始记录表并出具结果报告。

任务目标

知识目标

1. 熟悉鱼类急性毒性的测定原理。

2. 掌握静水式斑马鱼法测定鱼类急性毒性。

3. 掌握鱼类急性毒性的计算与表达方法。

能力目标

1. 能够使用静水式斑马鱼法测定鱼类急性毒性。

2. 能够对鱼类急性毒性进行计算和表达。

素质目标

1. 提升生态文明认知。

2. 强化毒性试验操作技能。

3. 提升综合知识运用能力。

相关知识

物理与化学监测手段虽然能迅速精确地提供水质污染情况，但不能直接给出污染引起的生物效应；而生物学效应恰恰是环境科学最关切的问题。水体污染物往往十分复杂，难以用单一的理化指标表示其污染程度，而通过鱼类的毒性试验并结合其他水生生物监测，能够在一定程度上综合地反映出水体的污染情况和污染物的毒性。

一、鱼类毒性试验的类型

鱼类毒性试验的目的是寻找某种毒物或工业废水对鱼类的半数致死浓度与安全浓度，为制定水质标准和废水排放标准提供科学依据；测试水体的污染程度；检查废水处理的有效程度和水质标准的执行情况；有时鱼类毒性试验也用于一些特殊目的，如比较不同化学物质的毒性高低，测试不同种类的鱼的相对敏感性，测试环境因素对废水毒性的影响等。

(1)根据所用毒物的浓度和作用时间的长短，可将毒物试验分为以下类型。

1)急性试验。急性试验是一种使受试生物在短期内显示死亡或其他反应的毒性试验。其特点是使用的毒物浓度高，持续时间短，一般是 4 d 或 7～10 d，所以也称为短期试验。急性试验的目的是测试某种化学物质或废水对鱼类的致死浓度范围，预测和预防毒物对受纳水体中的鱼类的急性伤害。可用半数致死浓度(LC_{50})来表示，即引起 50% 的受试鱼死亡的受试物浓度。它还可以用于比较化学物质毒性的高低，或不同鱼类敏感的强弱。初步观察化学物质对鱼类重要生理功能的影响，为进一步的毒性试验研究提供必要的资料。

急性试验计算出的半数致死浓度值(LC_{50})，可以表征有毒物质的毒性高低。但水中的某种化合物或废水，即使在 96 h 的试验中没有显示出毒性，也不能作出无毒的结论。由于有些中毒效应有迟发性、累积性，生物在毒液中经受长期持续的暴露后，仍然可能死亡或呈现组织与功能的损害。而且从 LC_{50} 的数值估算出的安全浓度带有很大的人为因素，因此更需要慢性试验来验证。

在天然水体中，由于污染引起的急性中毒死鱼事件毕竟是少数。绝大部分水体中有毒物质的浓度尚不足以引起急性中毒死亡的程度。为了使实验室的结果更接近于自然环境的真实情况，进行慢性试验是必要的。

2)慢性试验。慢性试验是指在实验室条件下进行的低浓度，长时间的中毒试验。其目的是观察毒物与生物反应之间的关系，从中估算安全浓度，或最大容许浓度(MATC)。

安全浓度就是在污染物的持续作用下，鱼类可以正常存活、生长、繁殖的最高毒物浓度。它可以按一种特别的生命过程来确定，如繁殖；也可以根据若干亚致死反应综合确定。

(2)根据使用试验溶液的方式，还可以将试验分为以下三种类型。

1)静水式试验。在试验期间，试验液始终保持于容器之中。这种方法适用于测定和评价相对稳定、挥发性小，且不过量耗氧的物质的毒性测试。它需要的设备简单，毒物及稀释水的耗费少，即使在现场也能进行，但使用这种方法，鱼类的代谢产物会积累在试液中，也会产生适当浓度的 CO_2 和 NH_3。毒物也可能被吸附在沉积物和器壁上，或者被结合于受试生物的黏液和代谢废物上，或进入体内使试验液浓度降低。为了部分地解决这些问题，可以对静水式试验做一些修正。例如，在试验期间，每隔一段时间更换试液。实际上，除非特别说明，一般鱼类静水试验中总是更换试液的。静水试验法一般只用于短期试验。

2)换水式试验。在试验期间每隔固定时间更换一次试验液，一般 8～24 h 更新一次试验液(视试验物质的性质、溶解氧等具体情况而定)，立即将试验鱼转移到其中。转移时从最低浓度开始依次向高浓度过渡，避免因使用抄网造成的各容器间试验物质的明显转移。换水式试验在一定程度上对静水式试验的干扰因素进行了修正，如鱼类代谢产物累积带来的影响。

3)流水式试验。在试验期间连续不断地将容器中的试验液更新，它适用于 BOD 负荷高或不稳定或含挥发性物质的水样。试验液是不断流动更新的，因此溶氧量充足，毒物浓度稳定，可将代谢产物连续排除，实际条件接近于鱼类所习惯的自然生活条件。但这种方法需要较为复杂的设备，耗费的稀释水和受试废水也较多。其适用于中、长期的慢性试验。

二、鱼类毒性测试试验条件的控制

1. 试验鱼的选择

(1)选择原则。在选择试验鱼的种类时，一般要求受试鱼敏感度高，代表性强(经济上、生态上、地理分布上)，取材方便，大小适中，在室内条件下易于饲养。但是任何一种鱼类都很难同时满足上述各种要求，只能根据试验目的和条件择优选用。例如，在制订水质标准的研究中，可采用敏感种类或标准种类。在废水的监测工作中，可采用当地最重要的地方种类。在做基础毒理学研究或比较不同毒物的毒性时，可采用标准种类。在同一试验中，要求试验鱼必须同种、同龄、同一来源。个体应尽可能大小一致。个体以不超过 5～8 cm 为宜，最大个体不可大于最小个体的 50%。在毒性报告中，要使用正式种名。

根据我国的实际情况，下列各种鱼类可供选择。

白鲢(*HyPopHthalmichthys molitrix*)、鳙鱼(*Aristichthys nobilis*)、草鱼(*CtenopHaryngodon idellus*)、鲤鱼(*Cyprinus carpio*)、鲫鱼(*Carassius auratus*)、越南鱼(*Tilapia mossambica*)、金鱼(*Carassius aurafus*)、斑马鱼(*Brachydanio rerio*)、食蚊鱼(*Heterandria formosa*)、虹鳉鱼(*Lebistes reticulatus*)、虎皮鱼(*puntius tetrazona*)、歧尾斗鱼(*Macropodus opercularis*)。

白鲢和草鱼是我国重要的养殖品种，对毒物敏感性强，其鱼卵、鱼苗和鱼种在我国被广泛用于毒性试验，因此选作试验鱼，其结果具有很好的可比性。但家鱼的鱼卵、鱼苗和鱼种的季节性强，生长速度快，室内饲养难度大，试验无法常年进行，只适于做短期试验。金鱼的敏感性也很高，适用于室内饲养，生长速度较慢，常被选作试验用标准种类。

(2)试验鱼的收集。试验鱼最好从正规的养殖场获得，或从自然栖息地采得，但必须保证原栖地水未被污染，而且要记载采集或购买的时间、地点。若是实验室自养的鱼，在报告中要记录其最初来源和品系。

鱼被运进实验室后，应严防水温骤变，尤其从高温到低温的适应很慢，要特别注意，以确保试验鱼的健康。

(3)试验鱼的驯养。收集到的试验鱼必须经过驯养。驯养的一个目的是使鱼类适应实验室的生活环境，如水温、水质、光线等，以便消除这些因素对鱼体的干扰影响；另一个目的是便于对试验鱼进行健康选择。驯养时间为 7～15 d。驯养水必须和试验用水相一致。水温变化在 24 h 之内不超过 3 ℃，驯养时勿使鱼类拥挤，勿使代谢产物和食物残渣在驯养容器内积聚，通常要每天清除一次，保持水中有足够的溶解氧，每天至少更换水

1次。最好采用恒流水来保障上述要求。水流量应为每天约6个容器体积。

驯养期间每天喂食1~2次，投入饵料以10 min之内吃完为限，不要喂饲过度。驯养期间，密切检查鱼类的健康状况，如果发现受伤与体色异常（发黑）、消瘦、离群游泳、行动呆滞和拒食等现象，应及时除去，并作为死亡数进行记录。鱼的死亡率不得大于5%，否则这批鱼不得用于试验。健康鱼的一般表现是行动活泼、体色光亮，鱼鳍完整舒展，逆水性强，食欲好，无病（如白点病、水霉菌病、肠炎及各种寄生虫等），无畸形。

2. 试验材料的准备

(1)试验用水。使用经过严格检验的未有污染的天然水或标准稀释水，也可以使用饮用水（必要时应除氯）。水的总硬度为10~250 mg/L（以$CaCO_3$计），pH值为6.0~8.5。

(2)标准稀释水的制备。配制标准稀释水，所用试剂必须是分析纯，用全玻璃蒸馏水或去离子水配制。

1)氯化钙溶液：将11.76 g $CaCl_2 \cdot 2H_2O$溶解于水中，稀释至1 L。

2)硫酸镁溶液：将4.93 g $MgSO_4 \cdot 7H_2O$溶解于水中，稀释至1 L。

3)碳酸氢钠溶液：将2.59 g $NaHCO_3$溶解于水中，稀释至1 L。

4)氯化钾溶液：将0.23 g KCl溶解于水中，稀释至1 L。

蒸馏水或去离子水的电导率应≤10 μs/cm。将这四种溶液各25 mL加以混合并用水稀释至1 L。溶液中钙离子和镁离子的总和是2.5 mmol/L。Ca∶Mg为4∶1，Na∶K为10∶1。

稀释用水需经曝气直到氧饱和为止，储存备用。使用时不必再曝气。

对于监测某种排放废水的毒性试验：稀释用水最好采自承纳河流，且必须从受试废水排出口的上游河段取水。这种水不能经过任何处理，以免改变水质。并且在试验前尽可能地缩短保存时间。稀释水混浊度不能太大，因为毒物可能会被吸附于颗粒物上。

(3)试验溶液的准备。通常试验溶液由高浓度的母液稀释成不同浓度的试验液，母液用蒸馏水配制。试验溶液最好每天配制一次，配制好后低温存放。试验毒物如为污染源废水，采样后必须密封低温存放（0~4 ℃），样品中充满水样而不留空气。工业废水的稀释液浓度用体积的百分比表示，单纯的化学药品或固体废物的浓度以mg/L表示。

1)将受试物贮备液稀释成一定浓度的受试物溶液。低水溶性物质的储备液可以通过超声分散或其他适合的物理方法配制，必要时可以使用对鱼毒性低的有机溶剂、乳化剂和分散剂来助溶。使用这些物质时应加设助溶剂对照组，其助溶剂含量应为试验组使用助溶剂的最高浓度，且不超过100 mg/L或0.1 mL/L。

2)不需调节试验溶液的pH值。如果加入受试物后水箱内水的pH值有明显变化，建议在加入前调节受试物储备液的pH值，使其接近水箱内水的pH值，调节储备液的pH值时不能使受试物浓度明显改变，或发生化学反应或沉淀，最好使用HCl和NaOH来调节。

(4)试验容器。静水式、换水式试验所用的容器应有足够大的容积，水量一般以鱼的负荷 1 克鱼/升水计算。试验介质与空气间有足够大的界面(每 10 L 介质要有大约 800 cm 的介面积),并备有牢固的密封盖。流水式试验的容器,可用多颈的圆底玻璃烧瓶(容积为 2 L),带有磨口的玻璃接口(图 7-21),或用类似的玻璃仪器。使用多颈圆底烧瓶时,第一个颈上安有标准进口管,第二个安出口管的颈上应安装一个粗孔过滤器。

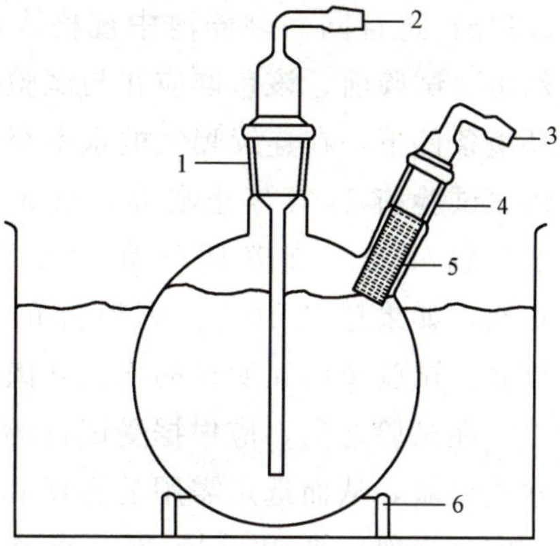

初次使用的试验容器使用前应仔细清洗。试验后,倒空容器,以适当的手段清洗,用水冲去痕量试验物质及清洗剂,干燥后备用。试验容器临用前用稀释水冲洗。

图 7-21　流水式试验所用仪器举例

1—磨口玻璃接口;2—试验液入口;

3—试验液出口;4—磨口玻璃接口;

5—粗孔过滤;6—塑料支撑环

3. 试验条件的控制

(1)水温。试验期间应保持鱼类原来的适应温度,一般来说,温水性鱼类要求水温在 20～28 ℃,冷水鱼类要求水温在 12～18 ℃。

水温对受试物质的毒性有一定影响,温度高可能使毒性变大,或增强鱼体对毒物的吸收。温度太低,则不易显毒性,但也有例外的情况。另外,高的水温容易降低水中溶解氧含量和使试液挥发,影响试验浓度。因此,为了使试验结果可靠,在同一试验中,温度的波动范围不要超过±2 ℃,对于较严格的试验温控为±1 ℃。为保持规定的试验温度,可用电热棒直接控制水温或使实验室得到恒温。

(2)溶解氧。不低于空气饱和值的 60%,曝气时不能使受试物明显受损。溶解氧是鱼类生存的必要条件,试液中氧气不足,会加速受试鱼的中毒,甚至引起死亡。因此,在毒性试验中,自始至终必须使溶氧含量保持在鱼的适应范围之内,以免因缺氧而引起鱼的异常症状及窒息现象。若受试物质本身耗氧量大,则应补充溶氧,以利于区分因缺氧引起的死亡与中毒引起的死亡。充氧时应注意:不得在试验中进行剧烈的人工曝气,也不得使试验液溶解氧超过饱和值。

(3)光照。每天保持 12～16 h 光照,使之与自然状况相近。

(4)pH 值。pH 值应维持在 6.5～8.5。水的 pH 值与水生生物的代谢有密切关系。pH 值过高或过低都会直接影响鱼类的生理状况和正常生存。另外,pH 值可影响某些毒物的离子化,也可能影响金属等的溶解度,对氨和氧化物的影响特别明显。因此,在试验期间 pH 值的波动范围不得超过 0.4 个 pH 单位。

(5)硬度。一般来说,硬水可降低毒性,而软水能增强毒性。因此,必须注意检测试液的硬度值,并在报告中注明。硬度在 10～250 mg/L(以 $CaCO_3$ 计)。

三、斑马鱼急性毒性测试

以斑马鱼为试验生物,在确定的试验条件下测定毒物在 48 h 或 96 h 后引起受试斑马鱼群体中 50% 鱼致死的浓度。这个浓度以 24 h、48 h、72 h 或 96 h LC_{50} 表示。试验鱼种应是斑马担尼鱼(真骨鱼总目,鲤科)(图 7-22),体长为(30±5)mm,体重为(0.3±

0.1)g，选自同一驯养池中规格大小一致的
幼鱼。试验前，该鱼群应在与试验时相同的
环境条件下，在连续曝气的水中至少驯养两
周。试验前 24 h 停止喂养，每天清除粪便
及食物残渣。驯养期间死亡率不得超过
10%，如果超过 10%，则该批鱼不得用作

图 7-22　斑马鱼

试验。试验鱼应无明显的疾病和肉眼可见的畸形。试验前两周内不应对其做疾病处理。

在试验之前，应根据受试物的化学稳定性确定采用的试验方法，即静水、换水和流
水式试验，从而选定需用的容器和装置。试验容器可用玻璃容器，大小视试验鱼的大小
而定，一般以高 30～35 cm、直径 30 cm 的大圆玻璃缸或标本缸为宜，容器的体积应以
鱼的负荷为 1 g/L 水来配置。

1. 预备试验

进行预备试验的目的是用以确定正式试验浓度的大致范围，初步观察试验鱼的中毒
表现和选择观察指标，检验规定的试验条件是否合适。

可选择较大的浓度范围，一般以 10 为公比作为预备试验的浓度间隔。如 1 000、
100、10、1、0.1(mg/L)，每个浓度放入 5 条鱼，可用静水方式进行，设一个空白对照，
不设平行组。将溶液在(23±1)℃恒温。试验持续 24～48 h，每日至少两次记录各容器内
的死鱼数，并及时取出死鱼。

如果采用流水式试验，则应用流水法做预备试验。测定废水样品时，应当首先测定
废水样品的溶解氧含量并了解废水的大致性质。只有废水含有适量的溶解氧时，才能不
经稀释进行毒性试验。

从最高存活浓度和最低全死亡浓度之间选择下一步正式试验的浓度范围。如果一次
预试验结果无法确定正式试验所需的浓度范围，应另选一浓度范围再次进行预试验。

在预备试验中，要注意观察鱼中毒的表现和出现中毒的时间。以便为正式试验的观
察内容和方法提供依据。如有可能，最好做一些化学测定以了解试液的稳定性、pH 值、
溶解氧等的变化情况，便于在正式试验时采取相应的措施。

2. 正式试验

根据预备试验得出的结果，在包括使鱼全部死亡的最低浓度和 24 h 鱼类全部存活的
最高浓度之间，以几何级数做间距，至少选择 5 个浓度为正式试验的浓度。其中范围在
三个依次的几何系列浓度中最好能够测得 20%～80%的死亡率，以估计 LC_{50} 值。

至少取 6 个容器，均加入标准稀释水。其中一个为空白试验即对照试验，其余容器
中加入不同量的储备溶液，以得到所要求的浓度范围。如果用有机溶剂溶解物质，则需
配制第二个"对照"溶液，使标准稀释水中有机溶剂的浓度与试验液中有机溶剂的最高浓
度相当。将试验液温度恒定在(23±1)℃，用尼龙或其他软惰性材料编织的小孔抄网从驯养
鱼群中随机选取 10 尾或更多的试验鱼放入试验容器中。先取要迅速，在鱼转移过程中，因
操作不慎掉下的鱼或其他操作不善的鱼弃去不用。所有的鱼需要在 30 min 内转移完毕。

进行换水式试验时，8～24 h 更新一次试验液(视试验物质的性质，溶解氧等具体情

况而定），立即将试验鱼转移到其中。转移时从最低浓度开始依次向高浓度过渡，避免因使用抄网造成的各容器间试验物质的明显转移。流水式试验时，启动流水装置，更新溶液的速率至少为 25 L/d。如果出口溶液的溶解氧浓度能维持大于 60%ASV（空气饱和值），则更新速率可以低到 12 L/d。可连续更新，也可在短时间内间歇更新。用于更新的试液的温度需控制在(23±1)℃。

随时观察并记录试验鱼的平衡、游动、呼吸、体色变化等中毒症状。试验开始后 3~6 h 要特别注意观察。每天至少记录两次每个容器中的死鱼数目（用玻璃棒轻触鱼的尾部，没有反应即认为已死亡），及时清除死鱼。

试验开始和试验结束时测定试验液及储备液中被测物质的浓度。每天至少测定一次各试验液的溶解氧、pH 值和温度。试验开始和结束时也要测定。

3. 结果表述

(1)直线内插法估算 LC_{50} 值。用简单的图示法估算 LC_{50} 时，可绘制死亡百分率对试验物质浓度的曲线。采用线性刻度的坐标轴时是一条 S 形的关系曲线，从引起 50% 死亡率的内插浓度值得到 LC_{50} 值（图 7-23）。

(2)概率单位图解法估算 LC_{50} 值。将试验浓度下观察到的鱼的死亡数列表（表 7-25）。要计算 24 h、48 h、72 h 和 96 h LC_{50} 值。但一般以 48 h LC_{50} 或 96 h LC_{50} 表示结果。

以浓度对数作为横坐标，死亡概率为纵坐标绘图。百分率与概率单位换算查表《水质　物质对淡水鱼(玫瑰鱼)急性毒性测定方法》(GB/T 13627—1991 附录 D)。由于概率单位尺度达不到 0 和 100，作图时，若需要这样的数值，可以使用箭头以标识这些点的真正位置。

其次，用目测法画一条直线，使它拟合图中的数据点。要特别考虑 16% 和 84% 死亡率之间的数据点，即死亡率 4 和 6 之间的点。力求减少这些点与直线间垂直偏离的总和，如果无法确定如何安排这条直线，可以尽量将它画向水平方向。因为这样便承认了数据中较大的变异性。从定出的直线读出致死 50% 的浓度对数，从而估算出 LC_{50}，如图 7-24 所示。

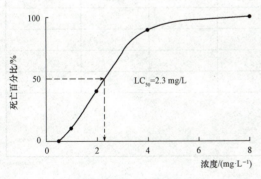

图 7-23　直线内插法估算 LC_{50}

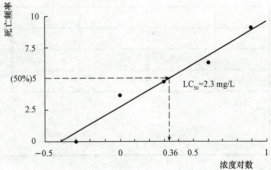

图 7-24　概率单位图解估算 LC_{50}

表 7-25　试验溶液浓度与死亡概论

浓度/ppm	浓度对数	死亡百分比/%	死亡概率/%
0.5	−0.30	0	—

浓度/ppm	浓度对数	死亡百分比/%	死亡概率/%
1	0	10	3.72
2	0.30	40	4.75
4	0.60	90	6.28
8	0.90	100	—

4. 质量控制

空白对照组的死亡率不得超过10％，对照组试验期间鱼的外表及行为不正常或病态鱼不得超过10％；否则需要重新进行试验。

🧰 任务实施

一、操作准备

根据监测方案准备试剂药品、仪器和用具，填写备料清单（表7-26）。

表 7-26　备料清单

试剂和药品							
序号	名称	规格	数量	序号	名称	规格	数量
仪器和用具							
序号	名称	规格	数量	序号	名称	规格	数量
备注							

二、操作过程

采用静态法测定工业废水对斑马鱼急性毒性试验步骤见表7-27，可根据实际情况进行调整，完成任务。

表 7-27　急性毒性测定操作流程

序号	步骤		操作方法	说明
1	配制标准稀释液		标准稀释水：分别配制氯化钙溶液(11.76 g/L)、硫酸镁溶液(4.93 g/L)、碳酸氢钠溶液(2.59 g/L)、氯化钾溶液(0.23 g/L)，各取 25 mL 混合并用蒸馏水稀释至 1 L，pH 值为 7.8±0.2	若稀释水曝气至溶解氧饱和，并将 pH 值稳定在 7.8±0.2。若用氢氧化钠或盐酸调节 pH 值，这样制备的稀释水试验前不需要强制曝气
2	预备试验		(1)向六个鱼缸中加入一定量的标准稀释水，如果需要，进行曝气使溶解氧饱和。向其中五个鱼缸中加入对应量的工业废水，分别稀释成体积百分比 5%、10%、20%、40%、80%，第六个鱼缸作空白对照。 (2)将溶液在(23±1)℃恒温。试验时间为 24～48 h。向每个鱼缸中放 5 尾鱼，每天至少记录两次每个容器中的死鱼数目及溶解氧浓度，并及时将死鱼取出	应当首先测定废水的溶解氧含量并了解废水的大致性质。只有废水中含有适量的溶解氧时，才能不经稀释进行毒性试验
3	正式试验	选择污水浓度	(1)根据预备试验得出的结果，在包括使鱼全部死亡的最低浓度和 24 h 鱼类全部存活的最高浓度之间，以几何级数作间距，至少选择 5 个浓度为正式试验的浓度。其中范围在三个依次的几何系列浓度中最好能够测得 20%～80% 的死亡率，以估计 LC_{50} 值	
4		配制试验溶液	向六个鱼缸中加入一定量的标准稀释水，按照选定的 5 个浓度，向其中 5 个鱼缸中加入对应量的工业废水，一个鱼缸为空白实验。用尼龙或其他软惰性材料编织的小孔抄网从驯养鱼群中随机选取 10 尾试验鱼放入试验容器中	选取要迅速，因操作不慎掉下的鱼或其他操作不善的鱼弃去不用。所有的鱼需要在 30 min 内转移完毕。放鱼顺序从浓度低到高
5		试验条件	试验期间溶液中溶解氧不少于 4 mg/L，每天光照保持 12～16 h，水温恒定在(23±1)℃。每天至少测定一次各试验液的溶解氧、pH 值和温度。试验开始和试验结束时测定试验液及储备液中被测物质的浓度。每天至少测定一次各试验液的溶解氧、pH 值和温度	试验前 24 h 停止给试验鱼喂食，整个试验期间也不喂食
6		观察记录	随时观察并记录试验鱼的平衡、游动、呼吸、体色变化等中毒症状。试验开始后 3～6 h 内要特别注意观察。每天至少记录两次每个容器中的死鱼数目(用玻璃棒轻触鱼的尾部，没有反应即认为已死亡)，及时清除死鱼。连续测定 24 h	空白对照组的死亡率不得超过 10%，对照组试验期间鱼的外表及行为不正常或病态鱼不得超过 10%，否则要重新进行试验
7	结果计算		绘制死亡百分率对试验物质浓度的曲线，使用直线内插法估算 LC_{50} 值。从引起 50% 死亡率的内插浓度值得到 LC_{50} 值	

三、注意事项

(1)应区别鱼类在污染水体中由于缺乏溶解氧引起的死亡与中毒而引起的死亡。许多工业废水具有较高的化学需氧量或生化需氧量，造成水样缺氧。在此种情况下，可用试验溶液人工曝气、稀释水最初充氧、及时更换试验液等办法保持水样中有足够的溶解氧。

(2)如果被测定的物质的废水有很大的挥发性、不稳定性，会造成试验结果的偏差。对于这种情况一般可采用流水式试验以取得更可靠的试验结果。此外，要充分重视废水水样 pH 值的变化引起的毒性变化。可先对原水进行试验取得一定数据后再把水样的 pH 值调到正常范围内进行正式试验。

结果报告

水样采样原始记录表，见表 7-28；预备试验原始记录表，见表 7-29；正式试验原始记录表，见表 7-30；结果报告表，见表 7-31。

表 7-28　水样采样原始记录表

采样日期：		采样地点：		样品类型：		采样容器：	
气温：		气压：		天气：		水流流速：	
样品编号	点位	采样时间	采样深度/m	采样量/L	样品状态	备注	

备注：
样品类型：地表水、地下水、水源水、饮用水、出厂水、管网水、自来水、其他。
容器类型：玻璃容器、塑料容器。
样品状态：颜色气味漂浮物等状况

现场情况及采样点位示意图：

采样人：　　　　　　　　　　　校核人：　　　　　　　　　　　审核人：

表 7-29　预备试验原始记录表

样品名称				样品编号				
方法名称及依据：				设备名称及编号：				
开始日期：				结束日期：				
试验鱼种：				单位试验鱼数量：				
储备液浓度　起始浓度：				结束浓度：				
时间	项目	对照	试验液 1	试验液 2	试验液 3	试验液 4	试验液 5	
	开始浓度（　）							
	结束浓度（　）							
	水温/pH 值/溶解氧							
	中毒症状							
	死亡数							
	水温/pH 值/溶解氧							
	中毒症状							
	死亡数							
鱼类全部死亡的最低浓度：								
鱼类全部存活的最高浓度：								
分析人：		复核人：				审核人：		

表 7-30　正式试验原始记录表

样品名称				样品编号				
方法名称及依据：				设备名称及编号：				
开始日期：				结束日期：				
试验鱼种：				单位试验鱼数量：				
储备液浓度　起始浓度：				结束浓度：				
时间	项目	对照	试验液 1	试验液 2	试验液 3	试验液 4	试验液 5	
	开始浓度（　）							
	结束浓度（　）							
	水温/pH 值/溶解氧							
	中毒症状							
	死亡数							
	水温/pH 值/溶解氧							
	中毒症状							
	死亡数							
	水温/pH 值/溶解氧							
	中毒症状							
	死亡数							
	水温/pH 值/溶解氧							
	中毒症状							
	死亡数							
绘制死亡百分率对试验物质浓度的曲线：								
$LC_{50} =$								
分析人：		复核人：				审核人：		

表 7-31　结果报告表

样品来源		检测项目	
采/送样日期		分析日期	
样品数量			
样品状态			
监测点位		监测频次	
标准方法名称		标准方法编号	

样品编号	测定值	监测结果	备注
备注			

报告人：	校核人：	审核人：

结果评价

结果评价表，见表 7-32。

表 7-32　结果评价表

类别	内容	评分要点	配分	评分
职业素养 （30 分）	纪律情况 （10 分）	不迟到，不早退	2	
		着装符合要求	2	
		实训资料齐备	3	
		遵守试验秩序	3	
	道德素质 （10 分）	爱岗敬业，按标准完成实训任务	4	
		实事求是，对数据不弄虚作假	4	
		坚持不懈，不怕失败，认真总结经验	2	
	职业素质 （10 分）	团队合作	2	
		认真思考	4	
		沟通顺畅	4	
职业能力 （70 分）	任务准备 （10 分）	仪器和用具准备齐全	5	
		试剂和样品准备齐全	5	
	实施过程 （30 分）	规范配制标准稀释液	5	
		正确开展预备试验	5	
		正确选择污水浓度	5	
		正确配制试验溶液	5	
		规范控制试验条件	5	
		及时观察记录现象	5	
	任务结束 （10 分）	收拾工作台，整理仪器	4	
		按时提交报告	6	
	质量评价 （20 分）	空白对照组死亡数不超过 10%	5	
		计算正确	5	
		报告整洁	5	
		书写规范	5	

任务测验

1. 急性毒性试验中空白对照组的死亡率不得超过（　　　），否则要重新进行试验。

A. 5%　　　　　　　B. 10%　　　　　　　C. 15%　　　　　　　D. 20%

2. 急性毒性试验期间应保持鱼类原来的适应温度。　　　　　　　　　　（　　　）

3. 急性毒性试验中在将鱼转移至试验鱼缸的过程中若操作不慎将鱼掉落地面，应迅速将鱼捡起投入试验鱼缸。   （ ）

4. 急性毒性试验中 pH 值的变化不会对结果产生影响。   （ ）

5. 根据所用毒物的浓度和作用时间的长短，可将毒物试验分为_____、_____、_____三种类型。

6. 根据使用试验溶液的方式，还可以将试验分为_____、_____、_____三种类型。

7. 毒性试验的概念是什么？

8. 根据毒物的浓度和作用时间长短，将毒性试验分为哪几类？

9. 什么是安全浓度和半数致死浓度？

10. 半数致死浓度 LC_{50} 与有毒物质的毒性关系是什么？

11. 鱼类急性毒性实验的目的是什么？

12. 鱼类急性毒性试验的控制条件有哪些？各自的具体要求有哪些？

13. 鱼类急性毒性试验的正式实验持续时间是多长？实验过程观察和记录要点有哪些？

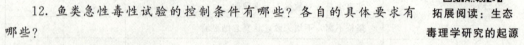

拓展阅读：生态
毒理学研究的起源

任务五　发光细菌法测定水体急性毒性

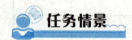 **任务情景**

　　2023 年 2 月，潍坊市启动了饮用水源地水质综合毒性生物预警监测网络体系建设。该技术主要是基于鱼类在遭遇有毒有害污染时活动轨迹、运动活性等会发生变化这一特征，通过大数据模型实时监测鱼类活动情况来判断水质是否受到毒害污染，出现异常后，第一时间发送预警作出响应处置，实现了对水源地水质的及时精准预警，弥补了原有在线监测仅对主要污染物实时监测的不足，进一步提升了水源地水质安全预警水平。

　　生物监测预警技术的最早运用是在欧洲，德国从 1990 年开始就先后将生物监测技术成功地运用于多个河流，并组建了莱茵河监测网络；2001 年的"9·11"恐怖袭击事件及随后的炭疽病菌事件使美国开始注重对生物早期预警系统的研究与应用。现代生物预警技术综合了不同水生生物营养等级的生物和不同的生物响应模式，以及新型传感器技术、图像识别技术和智能分析技术等，发展了一系列在线生物预警设备，包括发光菌发光检测系统、藻类光合作用检测系统和蚤、鱼类行为学分析系统。

　　发光细菌法作为生物毒性监测方法之一，被广泛应用在水污染监测、环境应急监测和环境预警预报中。基于在线发光菌发光等生物图像分析和电信号生理响应的在线综合毒性监测技术设备已经在一些重要水源地与水厂取水口得到实际应用。通过将生物毒性和理化指标监测相结合，更加全面、有效监控水源地水质状况，进一步保障人民用水安全。

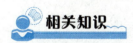

任务要求

本任务使用发光细菌法测定工厂废水的急性毒性。

要求：

1. 查找和研读相关标准，以工厂废水为监测对象，制订监测方案和实施计划。

2. 采用发光细菌法测水样的急性毒性。

3. 按规范填写原始记录表并出具结果报告。

任务目标

知识目标

1. 掌握发光细菌法测定急性毒性的原理。

2. 掌握发光细菌法测定急性毒性的结果计算。

3. 掌握发光细菌法急性毒性的表达方法。

能力目标

1. 能够使用发光细菌法测定纳污水体急性毒性。

2. 能够正确计算和表达急性毒性。

3. 能够对水环境毒性等级进行评价。

素质目标

1. 提升保护环境意识。

2. 强化毒性试验操作技能。

3. 提升综合知识运用能力。

相关知识

一、发光细菌

发光细菌是一类在正常的生理条件下能够发射可见荧光的非致病性普通细菌，在正常条件下经培养后能发出肉眼可见的蓝绿色荧光，这种可见荧光波长在 $450 \sim 490$ nm，在黑暗处肉眼可见。这种发光过程是细菌体内一种新陈代谢反应，是氧化呼吸链上的一个侧支。

发光细菌发光反应途径可简单概述如下：

$$FMNH_2 + O_2 + RCHO \rightarrow 荧光 + FMN + H_2O + RCOOH$$

这个发光现象是呼吸代谢耦合，作为光能被散发。当细菌体为合成萤光酶、荧光素、长链脂肪醛时，在 O_2 的参与下发生生化反应，反应的结果便产生光。

目前，国内常用的 3 种发光细菌为明亮发光杆菌、费氏弧菌、青海弧菌(图 7-25)。

其中以明亮发光杆菌在《水质 急性毒性的测定 发光细菌法》(GB/T 15441—1995)中所使用；费氏弧菌在欧盟的标准中所使用；青海弧菌是在青海湖的鱼体内提取的菌种，属淡水菌，在测试饮用水时有较大优势。

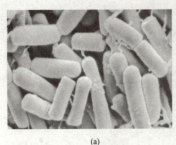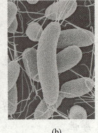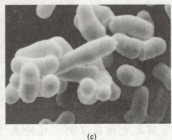
(a) (b) (c)

图 7-25 发光细菌

(a)明亮发光杆菌；(b)费氏弧菌；(c)青海弧菌

二、发光细菌测定急性毒性的原理

发光菌的发光现象是其正常的代谢活动，在一定条件下发光强度是恒定的，与外来受试物(无机、有机毒物，抑菌、杀菌物等)接触后，其发光强度有所改变。变化的大小与受试物的浓度呈负相关关系，同时与该物质的毒性大小有关。因而可以根据发光菌发光强度判断毒物毒性大小，用发光强度表征毒物所在环境的急性毒性。通常认为外来受试物通过下面两个途径抑制细菌发光：一是直接抑制参与发光反应的酶类活性；二是抑制细胞内与发光反应有关的代谢过程(如细胞呼吸等)。

毒物的毒性可以用 EC_{50}(半数有效浓度)表示，即发光菌发光强度降低 50% 时毒物的浓度。试验结果显示，毒物浓度与菌体发光强度呈线性负相关关系。

三、主要试剂与设备

本任务所用试剂除另有说明外，均采用符合现行国家标准的分析纯试剂、蒸馏水或同等纯度的水。

(1)3.0 g/100 mL(2.0 g/100 mL)氯化钠溶液：称取 3.0 g(2.0 g)氯化钠溶于 100 mL 蒸馏水中，置于 2~5 ℃冰箱备用。

(2)2 000 mg/L 氯化汞母液：万分之一分析天平精称密封保存良好的无结晶水氯化汞 0.100 0 g 于 50 mL 容量瓶中，用 3.0 g/100 mL 氯化钠溶液稀释至刻度，置于 2~5 ℃冰箱备用，保存期 6 个月。

(3)2.0 mg/L 氯化汞工作液：用移液管吸取氯化汞(2 000 mg/L)母液 10~1 000 mL 容量瓶，用 3.0 g/100 mL 氯化钠溶液定容至刻度线。再吸取该氯化汞(20 mg/L)溶液 25~250 mL 容量瓶，用 3.0 g/100 mL 氯化钠溶液定容至刻度线。

(4)氯化汞标准系列。分别按照表 7-33 中吸取氯化汞工作液于 20 mL 容量瓶中，用 3.0 g/100 mL 氯化钠溶液稀释至刻度线。配制好的标准系列保存期不超过 24 h。

表 7-33 氯化汞标准系列

氯化汞(2.0 mg/L) 体积/mL	0.5	1.0	1.5	2.0	2.5	3.0	3.5	4.0	4.5	5.0	5.5	6.0
氯化汞浓度/$(mg \cdot L^{-1})$	0.02	0.04	0.06	0.08	0.10	0.12	0.14	0.16	0.18	0.20	0.22	0.24

· 236 ·

（5）明亮发光杆菌。T₃小种（Photobacterium phosphoreum T₃ spp.）冻干粉，安瓿瓶包装，在 2～5 ℃冰箱内有效保存期为 6 个月。新制备的发光细菌休眠细胞（冻干粉）密度不低于每克 800 万个细胞；冻干粉复苏 2 min 后即发光，可在暗室内检验，肉眼可见微光，稀释成工作液后，经稀释平板法测定，每毫升菌液不低于 1.6 万个细胞（5 mL 测试管）或 2 万个细胞（2 mL 测试管）。在毒性测试仪上测出的初始发光量应在 600～1 900 mV，低于 600 mV 允许将倍率调至"×2"档，高于 1 900 mV 允许将倍率调至"×0.5"档。仍达不到标准者，更换冻干粉。

（6）生物发光光度计。配备 2 mL 或 5 mL 测试管。当氯化汞标准液浓度为 0.10 mg/L 时，发光细菌的相对发光度为 50%，其误差不超过 10%。

2 mL 或 5 mL 测试样品管，具标准磨口塞，为制造比色管的玻璃料制作，由专业玻璃仪器厂制造，分别适用于相应型号的生物发光光度计。

四、样品的采集与保存

采样瓶使用聚四氟乙烯衬垫的玻璃瓶，务必清洁、干燥。采集水样时，瓶内应充满水样不留空气。采样后，用塑胶带将瓶口密封。

毒性测定应在采样后 6 h 内进行；否则应在 2～5 ℃下保存样品，但不得超过 24 h。报告中应写明水样采集时间和测定时间。

对于含固体悬浮物的样品须离心或过滤去除，以免干扰测定。

五、试验流程

1. 稀释样品液

（1）样品液测定前稀释的条件。样品液预试验：取事先加氯化钠至 3 g/100 mL 浓度的 2 mL 样品母液装入样品管，并设一支 CK 管（氯化钠 3 g/100 mL 溶液），测定相对发光度。

1）若测得的样品，相对发光度低于 50% 乃至零，欲以 EC_{50} 表达结果，则需要进行稀释。

2）若测得的样品，相对发光度在 1% 以上，欲以与相对发光度相当的氯化汞浓度表达结果，则不需稀释。

（2）样品液的稀释液。样品液的稀释液一律用蒸馏水，在定容前一律按构成氯化钠 3 g/100 mL 的浓度添加氯化钠或浓溶液（母液只能加固体）。

（3）样品液稀释浓度的选择。预试验：按对数系列将样品液稀释成 5 个浓度：100%、10%、1%、0.1%、0.01%（其对数依次为 0、−1、−2、−3、−4），粗测一遍相对发光度，视 1%～100% 相对发光度落在哪一浓度范围而定。

正式试验：在 1%～100% 相对发光度所落在的浓度范围内增配到 6～9 个浓度（例如，若落在 0.1%～10%，则应稀释成 0.1%、0.25%、0.5%、0.75%、1%、2.5%、5%、7.5%、10%；若落在 1%～10%，则应稀释成 1%、2%、4%、6%、8%、10%），再测一遍相对发光度；这 6～9 个浓度，也可通过查对数表，按等对数间距原则自行确定（例如，若落在 1%～10%，则应稀释成 10%、6.31%、3.98%、2.51%、1.58%、1.00% 其对数相应为 1.00、0.80、0.60、0.40、0.20、0.00，对数间距均为 0.2）。

2. 测定条件

(1)温度。室温 $20\sim25\ ℃$。同一批样品在测定过程中要求温度波动不超过 $\pm1\ ℃$，且所有测试器皿及试剂、溶液测前 1 h 均置于控温的测试室内。

(2)pH 值。

1)若需测定包括 pH 值影响在内的急性毒性，不应调节待测样品的 pH 值。

2)若需测定排除 pH 值影响在内的急性毒性，需在测定前将待测样品和 CK(氯化钠 3 g/100 mL)的 pH 值调至下值：主要含 Cu 的水样为 4.5，主要含其他金属的水样为 5.4，主要含有机化合物的水样为 7.0。

(3)溶解氧。本法只能测定包括溶解氧影响在内的急性毒性。

3. 测定步骤

(1)试管的排列。

于塑料或铁质试管架上按以下两种情况排列测试管。

1)样品液预试验中样品母液相对发光度为 1‰ 以上者，按表 7-34 排列。

左侧放参比物氯化汞系列浓度溶液管，右侧放样品管。前排放氯化汞溶液和样品管，后一排放对照(CK)管，后两排放 CK 预试验管。每管氯化汞或样品液均配制一管 CK(氯化钠 3 g/100 mL 蒸馏水溶液)。设三次重复。每测一批样品，均需同时配制测定系列浓度氯化汞标准溶液。

表 7-34　试管在试管架上的排列

管群	氯化汞/(mg·L^{-1})							样品						
前排	CK	CK	CK	CK	CK	CK	…	CK	CK	CK	CK	CK	CK	… CK
后一排	0.02	0.02	0.02	0.04	0.04	0.04	…	0.24	样 1	样 1	样 1	样 2	样 2	样 2 … 样 n
后两排	CK$_{预试验1}$　　CK$_{预试验2}$													

2)样品液预试验中样品母液相对发光度为 50‰ 以下乃至零的，如下排列：左侧仅放氯化汞 0.10 mg/L 溶液管(作为检验发光细菌活性是否正常的参比物浓度，其反应 15 min 后的相对发光度应在 50‰ 左右)，右侧放样品稀释液管(从低浓度到高浓度依次排列)。其他同 1mg·L^{-1}。每测一批样品，均需同时配制测定氯化汞 0.10 mg/L 溶液。

(2)加氯化钠溶液。用 5 mL 的定量加液瓶给每支 CK 管加入 2 mL 或 5 mL 氯化钠 3 g/100 mL(据仪器型号而定)。

(3)加样品液。用 2 mL 或 5 mL 吸管给每支样品管加 2 mL 或 5 mL 样品液[据(2)而定]。每个样品号更换一支吸管。

(4)复苏发光细菌。从冰箱内取出含有 0.5 g 发光细菌冻干粉和氯化钠溶液，置于含有冰块的小号保温瓶中，用 1 mL 注射器吸取 0.5 mL 冷的氯化钠 2.0 g/100 mL 溶液(适用于 5 mL 的测试管)或 1 mL 冷的氯化钠 2.5‰ 溶液(适用于 2 mL 的测试管)注入冻干粉中，充分混合均匀。2 min 后菌即复苏发光，可在暗室观察，肉眼可见微光，备用。

(5)仪器的预热和调零。打开生物发光光度计电源，预热 15 min，调零，备用。

(6)给各测试管加复苏菌液。在发光菌液复苏稳定(约 0.5 h)后，从左到右，按氯化汞或样品管(前)→CK 管(后)→氯化汞或样品管(前)→CK 管(后)……顺序,用 10 μL 微量注射器(勿用定量加液器以减少误差)准确吸取 10 μL 复苏菌液,逐一加入各管,盖上瓶塞,用手颠倒五次,拔去瓶塞,放回原位。每管加菌液间隔时间勿短于 30 s。每管在加菌液的当时务必精确计时,记录到秒,即样品与发光菌反应起始时间。立即将此时间加 15 min,记作各管反应终止(应该读发光量)的时间。

(7)发光细菌与样品反应达到终止时间的读数。按各管原来加菌液的先后顺序,当某管达到记录的反应终止时间,在不加瓶塞的情况下,立即将测试管放入仪器测试舱,读出其发光量(以光信号转化的电信号——电压 mV 表示)。

(8)有色样品测定干扰的校正。

1)拿掉仪器样品舱上的黑色塑料管口;

2)取一支 2 mL 测试管(直径 12 mm),加入氯化钠 3 g/mL 溶液 2 mL,将该管放进一支装有少量氯化钠 3 g/100 mL 溶液的 5 mL 管(直径为 20 mm)内,要使外管与内管的氯化钠 3 g/100 mL 液面平齐,此作 CK 管。

3)另取一支 2 mL 测试管,加入氯化钠 3 g/100 mL 溶液 2 mL,放入另一支装有少量有色待测样品液的 5 mL 管内,要使外管与内管的氯化钠 3 g/100 mL 液面平齐,此作 CKc 管。

4)于 CK 管和 CKc 管的内管中同时加复苏发光菌液 10 μL(**注意:必须是本批样品测定所用同一瓶复苏菌液**),立即计时到秒,待反应满 15 min,迅速放入仪器测试舱,测定两支带有内管的 5 mL 测试管的发光量。分别记录发光量 L_1(CK 管)和 L_2(CKc 管);

5)计算因颜色引起的发光量(mV)校正值 $\Delta L = L_1 - L_2$。

6)按前述常规步骤测试带色样品管及其 CK 管(氯化钠 3 g/100 mL 溶液)的发光量(mV)。所有 CK 管测得的发光量(mV)均须减去校正值 ΔL(mV)后才能作为 CK 发光量(mV)。有色样品溶液测定干扰的校正如图 7-26 所示。

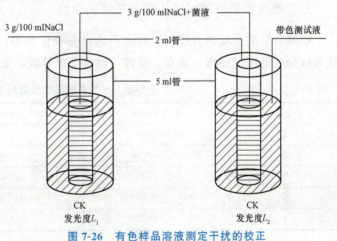

图 7-26 有色样品溶液测定干扰的校正

(a)CK 发光度 L_1;(b)CK 发光度 L_2

六、测定结果的计算

(1)计算样品相对发光度(%),并算出平均值。

$$相对发光度(\%)=\frac{氯化汞管或样品管发光量(mV)}{CK 管发光量(mV)}\times100\%$$

$$相对发光度(\%)平均值=\frac{(重复1/\%)+(重复2/\%)+(重复2/\%)}{3}$$

(2)结果表示。

1)以相对发光度相当的氯化汞浓度表达结果。建立并检验氯化汞浓度(C)与其相对发光度(T)％均值的相关方程 $T=a+bC_{氯化汞}$，也可以绘制关系曲线。求出一元一次线性回归方程的 a（截距）、b（斜率、回归系数）和 r（相关系数）列出方程。

2)以 EC_{50} 表达结果。建立并检验样品稀释浓度(C)与其相对发光度(T)％均值的相关方程，绘制关系曲线。建立相关方程 $T=a+bC_{样}$，并检验相关系数 r 值的显著水平（P 值）。

七、根据测试结果表达样品急性毒性

1. 用氯化汞浓度表达样品毒性

将测得的样品相对发光度，代入相关方程，计算出与样品急性毒性相当的氯化汞浓度（一般用 mg/L 表示）；测试结果报告同时列举样品相对发光度及其相当的氯化汞浓度值。适用于相对发光度在 1％以上，特别是在 50％以上（不可能出现 EC_{50} 值）但低于 100％（仍有中、低水平毒性）。

2. 用 EC_{50} 值表达样品毒性

将 $T=50$ 代入相关方程，计算出样品的 EC_{50} 值。这里的 EC_{50} 值以样品的稀释浓度（一般为百分浓度）表示；测试结果报告列举样品的 EC_{50} 值，适用于相对发光度在 50％以下、特别是零（毒性水平较高或很高）的样品毒性测定。后者无法以相当的氯化汞浓度表达毒性。

八、发光细菌监测水质生物毒性结果评价

中国科学院土壤研究所制定的水质毒性分级标准中，根据相对发光率的大小可将毒性等级分为低毒、中毒、重毒、高毒、剧毒 5 个等级，见表 7-35。

表 7-35　水质急性毒性分级标准

等级	相对发光率	$HgCl_2/(mg \cdot L^{-1})$	毒性等级
I	＞70％	＜0.07	低毒
II	50％～70％	0.07～0.09	中毒
III	30％～50％	0.09～0.12	重毒
IV	0～30％	0.12～0.16	高毒
V	0	＞0.16	剧毒

九、质量控制

(1)每支发光菌的发光强度和稳定性不尽相同，同批样品在测定过程中应使用同一支发光菌，如果需做氯化汞标准曲线，也应与样品使用同一支发光菌。如果一支不够用，可采用同批的两支混合后使用。

(2)国际上一般通用反应时间为 5 min 或 15 min 两种，鉴于我国目前所用发光杆菌的灵敏度和稳定性，采用 15 min。

(3)三次重复测定结果相对偏差确定≤15％。

(4)测定应在采集样品后立即进行，在 6 h 内不能测定应低温保存，但不得超过 24 h。

(5)关于样品如何稀释的问题，一般根据样品毒性大小决定，但是在试验中至少要选择 6 个不同浓度。如果 6 个浓度的相对发光度在 1%～100%，可增配若干个浓度，使之落在 1%～100% 相对发光度范围内，以求相关方程。

(6)如果样品浓度为最高极限浓度(100%)时，其相对发光率都不能使发光强度减少 50%，则对样品的 EC_{50} 值只能示为 >100%。

(7)鉴于发光细菌法试验因素的影响，试验结果具有一定误差。在评价毒物的剂量——效应关系时，应确定 95% 置信区间，即 $T = a + bC \pm 2SE$(SE 为剩余标准差)，以此求出的 EC_{50} 值也有一定的区间，可根据这些结果确定试验结果的准确性和真实性。对于试验结果的重现性，就大多数而言，一般 EC_{50} 值的变异系数在 6%～10%。

(8)检验复苏发光细菌冻干粉质量。取一 2 mL 或 5 mL 空测试管加入 2 mL 或 5 mL 氯化钠 3 g/100 mL，加 10 μL 复发光菌液，盖上瓶塞，用手颠倒 5 次以达到均匀。拔去瓶塞，将该管放入各自型号仪器测试舱内，若发光量立即显示(或经过 5～10 min 上升到 600 mV 以上)，此瓶冻干粉可用于测试，低于者应更换冻干粉。菌液发光量先缓慢上升，持续 5～15 min，后缓慢下降，约持续 4 h。满 4 h 的 CK 发光量应不低于 400 mV，低于者更换冻干粉。

(9)求得线性回归方程后检验相关系数 r 值的显著水平(P 值)，若以相对发光度相当的氯化汞浓度表达结果，应 $P \leqslant 0.01$，且 $EC_{50氯化汞} = (0.010 \pm 0.02)$mg/L；若以 EC_{50} 表达结果，应 $P \leqslant 0.05$；否则方程不成立，须重新测定系列氯化汞浓度或样品稀释系列浓度的发光量。氯化汞溶液配制过夜的，须重新配制后再测定。

🧰 任务实施

一、操作准备

根据监测方案准备试剂药品、仪器和用具，填写备料清单(表 7-36)。

表 7-36　备料清单

试剂和药品							
序号	名称	规格	数量	序号	名称	规格	数量
仪器和用具							
序号	名称	规格	数量	序号	名称	规格	数量
备注							

二、操作过程

采用发光细菌法测定工业废水急性毒性试验参考步骤见表 7-37，可根据实际情况进行调整，完成任务。

表 7-37　发光细菌法测定样品急性毒性测定操作流程

序号	步骤	操作方法	说明
1	配制溶液	配制 3.0 g/100 mL(2.0 g/100 mL 氯化钠溶液)、2 000 mg/L 氯化汞母液、2.0 mg/L 氯化汞工作液。配制氯化汞标准系列	氯化汞有剧毒使用时注意安全防护
2	配制标准系列	吸取氯化汞工作液 0.5、1.0、1.5、2.0、2.5、3.0、3.5、4.0、4.5、5.0、5.5、6.0(mL)到 20 mL 容量瓶中，用 3.0 g/100 mL 氯化钠溶液定容，得到标准曲线系列	每个点配制 3 个平行样
3	稀释样品液	样品液预试验：测定相对发光度，根据发光度和需要表达结果确定是否需要稀释； 样品液稀释浓度：预试验判断发光度所落区间；正式试验在 1%～100% 相对发光度所落在的浓度范围内增配到 6～9 个浓度	样品液的稀释液一律用蒸馏水，在定容前一律按构成氯化钠 3 g/100 mL 的浓度添加氯化钠或浓溶液(母液只能加固体)
4	试管排列及加样	根据稀释样品液的数量，按照要求在试管架上排列标准系列和样品； 定量加入 3 g/100 mL 氯化钠溶液；加样品液	每个样品设置 3 个平行样
5	复苏发光细菌	取 1 mL 冷的氯化钠 2.5% 溶液(适用于 2 mL 的测试管)注入冻干粉中，充分混合均匀。2 min 后菌即复苏发光，可在暗室观察，肉眼可见微光，备用	发光细菌冻干粉检测后符合质量要求则进行下步操作；若不符合要求则需要更换冻干粉
6	发光量测定	按照试管排列及加样顺序要求用 10 μL 微量注射器给各测试管加复苏菌液； 按各管原来加菌液的先后顺序，当某管达到记录的反应终止时间，在不加瓶塞的情况下，立即将测试管放入仪器测试舱，记录发光量(mV)	每管在加菌液的当时务必精确计时，记录到秒，即样品与发光菌反应起始时间
7	结果计算与表达	计算样品相对发光度(%)平均值； 计算氯化汞浓度与相对发光度的回归方程或样品稀释浓度与相对发光度的回归方程； 用氯化汞浓度表达样品毒性或用 EC_{50} 值表达样品毒性	氯化汞浓度表达样品毒性或用 EC_{50} 值表达样品毒性时要注意适用条件

三、注意事项

(1)测定应在采集样品后立即进行，在 6 h 内不能测定应低温保存，但不得超过 24 h。

(2)氯化汞有剧毒，使用时应注意安全。

结果报告

水样采样原始记录表，见表 7-38；发光细菌法测定样品急性毒性原始记录表，见表 7-39；结果报告表，见表 7-40。

表 7-38　水样采样原始记录表

| 采样日期： | | 采样地点： | | 样品类型： | | 采样容器： | |
| 气温： | | 气压： | | 天气： | | 水流流速： | |
样品编号	点位	采样时间	采样深度/m	采样量/L	样品状态	备注

备注：
样品类型：地表水、地下水、水源水、饮用水、出厂水、管网水、自来水、其他。
容器类型：玻璃容器、塑料容器。
样品状态：颜色气味漂浮物等状况

现场情况及采样点位示意图：

采样人：	校核人：	审核人：

表 7-39　发光细菌法测定样品急性毒性原始记录表

样品名称：					样品编号：			
收样日期：					分析日期：			
方法名称及依据：					设备名称及编号：			
实验室温度：					样品液预实验发光度/%：			

预试验

样品稀释系列	100%		10%		1%	0.1%		0.01%
相对发光度/%								

正式试验

稀释编号								
样品稀释系列/%								
相对发光度/%								

结果记录

稀释编号	加菌液时间 （反应开始， 读到秒）	测定时间 （反应＿＿min， 读到秒）	发光量 /mV	相对发光度 L，% （样品/CK×100%）	均值 $\overline{Lx}$	抑制发光率，% $IL = 100 - L$	备注
...							

$T = a + bC$，　　　$a =$　　　　　　$b =$

回归方程：$r =$　　　　　　$P =$

样品急性毒性相当于 ＿＿＿＿＿ mg/L 氯化汞毒性；

急性毒性 $EC_{50} =$ ＿＿＿＿＿

分析人：	复核人：	审核人：

表 7-40　结果报告表

样品来源			检测项目	
采/送样日期			分析日期	
样品数量				
样品状态				
监测点位			监测频次	
标准方法名称			标准方法编号	

样品编号	测定值	监测结果	备注
备注			
报告人：		复核人：	审核人：

结果评价

结果评价表，见表 7-41。

表 7-41　结果评价表

类别	内容	评分要点	配分	评分
职业素养 （30分）	纪律情况 （10分）	不迟到，不早退	2	
		着装符合要求	2	
		实训资料齐备	3	
		遵守试验秩序	3	
	道德素质 （10分）	爱岗敬业，按标准完成实训任务	4	
		实事求是，对数据不弄虚作假	4	
		坚持不懈，不怕失败，认真总结经验	2	
	职业素质 （10分）	团队合作	2	
		认真思考	4	
		沟通顺畅	4	
职业能力 （70分）	任务准备 （10分）	仪器和用具准备齐全	5	
		试剂和样品准备齐全	5	
	实施过程 （30分）	规范配制溶液	4	
		规范配制标准系列	4	
		规范稀释样品液	5	
		规范排列试管及加样	4	
		正确复苏发光菌	4	
		正确测定发光量	5	
		正确表示结果	4	
	任务结束 （10分）	收拾工作台，整理仪器	4	
		按时提交报告	6	
	质量评价 （30分）	正确检验冻干粉质量	6	
		三次重复测定结果相对偏差≤15%	6	
		回归方程 P 值达标	6	
		计算正确	6	
		报告规范整洁	6	

 **任务测验**

1. 毒性测定应在采样后 6 h 内进行。否则应在 2~5 ℃下保存样品，但不得超过（　　）h。

　　A. 12　　　　　　　B. 24　　　　　　　C. 36　　　　　　　D. 48

2. 发光细菌与待测样品一般反应（　　）min。

　　A. 10　　　　　　　B. 15　　　　　　　C. 20　　　　　　　D. 30

3. 发光细菌的发光强度变化的大小与受试物的浓度呈正相关关系。　　　　　（　　）

4. 用 EC_{50} 值表达样品毒性适用于相对发光度在 50% 以下、特别是零（毒性水平较高或很高）的样品毒性测定。　　　　　　　　　　　　　　　　　　　　　　（　　）

5. 目前国内常用的 3 种发光细菌为＿＿＿＿＿＿、＿＿＿＿＿＿、＿＿＿＿＿＿。

6. 什么是发光细菌？

7. 简述发光细菌法测定水体急性毒性的原理、步骤和注意事项。

拓展阅读：生物毒性
在线监测预警技术

项目八 大气污染植物监测

任务一 利用植物伤害症状监测

 **任务情景**

大气中一些污染物在浓度很低时对人体不产生明显的影响,但许多植物的反应往往要敏感得多。大气受到污染时,敏感的植物反应最快,最先发出污染信息,如出现污染症状,生长发育受阻,生理代谢过程发生变化和污染物在体内发生积累等。如唐菖蒲青色品种被 HF 污染叶尖会出现 $1\sim1.5$ cm 伤斑,粉红色花品种出现 $5\sim15$ cm 伤斑;紫花苜蓿在空气中接触 0.5 ppm 的 SO_2,在 $2\sim4$ h 就出现伤害症状。因此,只考虑污染物在大气中的浓度是不足以了解它对人和生物的影响程度的。通过对植物的观察和分析,可以更正确地综合评价大气环境质量。

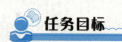 **任务要求**

结合大气污染与植物典型伤害症状的关系,对附近厂区的周边植物进行实地考察,对调查区域的大气状况作出评价,形成一份调查报告。

要求:

1. 查找和研读相关书籍和文献,了解大气污染物与植物伤害症状的关系,制订调查方案。

2. 选择附近厂区,实地调查,统计不同植物伤害症状情况。

3. 对调查地区空气情况作出评价,形成一份调查报告。

任务目标

知识目标

1. 掌握大气污染物对植物的伤害症状。

2. 掌握污染症状监测与评价方法。

能力目标

1. 能够正确识别污染物典型伤害症状。

2. 能够对区域进行污染症状观测。

素质目标

1. 树立建设生态文明大局观。
2. 培养追求真理的科学精神。
3. 提升解决问题的能力。

 **相关知识**

一、植物对大气污染的抗性

大气污染对植物的伤害程度与植物本身对污染物的抵抗力有关。各种植物对污染物的抗污性差异是很大的，如棉花对氟化氢抗性很强，而唐菖蒲对氟化氢却很敏感。同一种植物对不同污染物的抗性也不同，如棉花对氟化氢抗性很强，但对 SO_2 和乙烯却很敏感，因此，在同一地区受大气污染时，往往不是全部植物都会表现出伤害症状，受害植物中也因种类不同而在受害程度上有差别。植物受害程度越严重，说明植物的抗性越差，敏感性越高，通常将植物的抗性分为以下 3 种。

1. 抗性强的植物

抗性强的植物在污染较重的环境中能长期生长，或在一个生长季节内受一两次浓度较高的有害气体的急性危害后，仍能恢复生长，叶片基本上能达到经常全绿或虽出现较重的落叶、落花、芽枯死等现象，但生长能力很强，在短时间内，能再度萌发新芽、新叶，继续生长发育。

2. 抗性中等的植物

抗性中等的植物在污染较重的环境中能生活一段时间，或在一个生长季节内受一两次浓度较高的有害气体的急性危害后，出现较重的伤害症状，叶片上往往伤斑较多，叶形变小，并有落叶现象，树冠发育较差，经常发生枯梢。

3. 敏感性植物

敏感性的植物在污染较重的环境中很难生活，木本植物常在栽植 1~2 年内枯死，幸存者长势弱，最多只能维持 2~3 年，但其叶片变形，伤斑严重。在生长季内，受一次浓度较高的有害气体急性危害后，大量落叶、落花、芽枯死，很难恢复生长。整个植株在短期内枯萎死亡。因此，该类植物可作为指示植物和报警器。

二、大气污染物对植物典型伤害症状

植物很容易受大气污染的伤害，主要有以下三个方面原因。

(1)植物具有庞大的叶面积与空气接触，并进行活跃的气体交换。

(2)植物不像动物一样具有循环系统，可以缓冲外界的影响，为细胞和组织提供比较稳定的内环境。

(3)植物一般固定不动，所以不像动物可以避开污染的伤害。

大气污染对植物引起的生理机能失调，组织结构破坏和外部形态的改变，均为大气

污染对植物的伤害。以伤害的可见程度为依据，可分为可见伤害和不可见伤害。可见伤害是指从外观上可用肉眼识别的伤害，主要表现在外部形态发生明显改变，生理机能也出现程度不同的失调；不可见伤害是指外观上无任何异常，但生理机能已发生改变，使产量降低，品质下降或物候期推迟等。以污染类型为依据，又可分为急性伤害和慢性伤害。急性伤害是指高浓度污染物在短时间内引起植物的伤害，往往可在短时间内使植物器官受损或出现坏死；慢性伤害是指低浓度污染物长期作用于植物体引起的伤害，主要症状是叶片失绿甚至坏死，生理机能异常。此外，还有一次伤害和二次伤害。前者是指大气污染直接引起的伤害；后者是指因大气污染使植物对外界的抵抗能力减弱，继而易遭受病害、虫害、寒害等。污染物可引起植物出现伤害症状的最低浓度称为伤害阈值。污染引起的叶片伤害症状如图 8-1 所示。

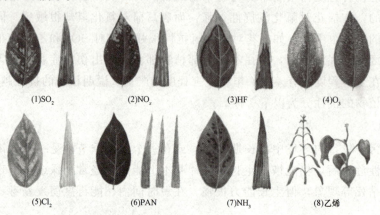

(1)SO_2 (2)NO_x (3)HF (4)O_3

(5)Cl_2 (6)PAN (7)NH_3 (8)乙烯

彩图 8-1

图 8-1　各污染物引起的叶片伤害症状

1. 二氧化硫的伤害

二氧化硫对叶片伤害的典型症状与植物种类、叶龄和二氧化硫的浓度有关。阔叶植物典型的急性症状是叶脉间呈现不规则的坏死斑、点状或块状，严重时为条状和块状，直至全叶枯死。坏死组织与健康组织间的界限明显。坏死组织经风吹雨打，有时会出现腐蚀洞，有些植物边缘受害后失水皱缩为匙状。

单子叶植物叶片受害的典型症状是平行脉间出现点状或条状坏死区。叶尖一般首先受害，呈白色、枯草色或浅褐色，有时也出现失绿。较长叶片中部常折弯，首先受害。

针叶树针叶受害的典型症状是叶尖呈红棕色或褐色，逐渐下延。

一般来说，刚展开的叶片易于受害，而还未完全展开的叶和老叶抗性较强。嫩叶伤区多分布在前端，老叶伤区多分布在中部或基部，较低浓度二氧化硫引起的伤斑多呈点状，较高浓度引起的伤斑呈条状或块状，分布于叶脉间；更高浓度则很快引起萎蔫，叶缘皱缩，然后大片或全叶干枯。

2. 氟化物的伤害

氟化物危害植物的典型症状是在叶尖和叶缘出现伤斑，这是叶片吸收的氟随蒸腾流运转到叶尖和叶缘积累的结果。在受害组织和健康组织间常形成明显界限，有时形成一条红棕色带状区。氟污染很容易使未成熟叶片受害，并因此常使枝梢顶端枯死。

3. 光化学氧化剂

"光化学烟雾"是由大气污染物经光化学反应形成的二次污染物，主要有三种成分为臭氧（O_3）、过氧乙酰硝酸酯（PAN）及各种氮氧化物（NO_x）。其中以臭氧 O_3 为主，占光化学烟雾总量的 90%；其次为过氧乙酰硝酸酯，氮氧化物中有 NO、NO_2 等，以 NO_2 为主。

（1）臭氧的伤害。臭氧是一种强氧化剂，危害植物叶片的典型症状是叶背首先出现水渍斑，然后在叶尖和叶缘出现褪绿，再逐渐下延至脉间，主要危害栅栏组织，叶面上出现密集的细小斑点，严重时表皮呈现出褐、黑红、紫等色素斑，甚至出现漂白斑和坏死斑。

（2）过氧乙酸硝酸酯（PAN）的伤害。PAN 对植物叶片引起的伤害症状，一般表现为叶背呈银灰色或古铜色，叶表不产生受害症状。由于叶表组织正常，随其继续生长叶片会反卷，使叶背呈凹形。敏感植物在叶表面也会出现半透明或古铜色。谷类作物叶片上常出现横向的坏死带。多数植物幼叶易于受害。

（3）氮氧化物的伤害。氮氧化物使植物叶片产生急性伤害的症状是，最初于背腹两面的叶脉间出现水渍状浸蚀斑，然后叶片出现斑纹和坏死皱缩，斑纹呈白色、棕黄色或青铜色，有时侵蚀斑也出现在叶缘或近顶端。

4. 氯的伤害

环境中氯主要来源于化工厂、药厂、农药厂等散发的氯气和氯化氢气体，氯对叶片的伤害症状是叶脉间出现点状或块状伤斑，或失绿黄化，在受害组织与健康组织间无明显界限。伤斑的颜色有黄褐色、黑褐色、朱红色和赤红色等。严重时全叶漂白，叶下表皮及叶面皱缩，网脉凸起，全叶枯卷直至落叶。

5. 乙烯的伤害

乙烯是石油、煤、天然气、植物体和有机垃圾不完全燃烧的产物，是植物的内源激素之一。乙烯对植物的伤害症状很特殊，表现为以下四点：一是叶柄上面生长比下面快使叶片下垂；二是引起叶片、花蕾、花和果实等器官脱落；三是令正在开发的花朵产生不可逆的闭花反应；四是加速叶绿体的分解，使叶片和果实失绿变黄等。

6. 氨的伤害

工业生产中的偶然事故、管道断裂或运输中发生意外，都可能将 NH_3 释放到大气中，泄漏地点附近的植物就可能因此遭受严重的急性伤害，但只有在浓度很高时 NH_3 才伤害植物。

NH_3 对植物的伤害，大多为脉间点状或块状伤斑。中龄叶片似乎对 NH_3 最为敏感，整个叶片会因受 NH_3 的伤害而变成暗绿色，然后变成褐色或黑色，伤斑与正常组织之间界限明显。另外，症状一般出现较早，稳定得快。叶片的 pH 值可能会上升，这大概是叶片颜色发生变化的原因。低浓度的 NH_3 可能使叶片的背面变成釉状，或者呈银白色。这些症状可能与过氧乙酰硝酸酯引起的症状相混淆。人们还注意到，NH_3 可能使苹果皮孔周围变成紫色，进而成为黑色。

三、植物污染症状与干扰因素的区分

在利用植物的伤害症状进行监测时，还应注意排除其他因素的干扰。排除的方法一是掌握污染伤害症状与其他伤害症状的区别；二是现场调查受害植物的分布及受害症状，分析受害原因。

1. 观察植物的受害症状

污染症状与其他伤害症状的区别如下。

(1)干旱和干热风危害的区别。禾本科植物受干旱或干热风的危害症状与 SO_2 的伤害症状很相似，区别是前者的危害从下部老叶开始，而 SO_2 的伤害则是以中部叶最为严重。

(2)与营养缺乏症的区别。矿质元素毒害症与 SO_2 伤害也很相似，它们的区别是 SO_2 危害中部叶重于幼叶和老叶，而前者主要是伤害幼叶和老叶。

(3)与病、虫害的区别。昆虫危害的伤斑有咬嚼痕迹；真菌、细菌危害的病斑多有轮纹、疮痂、白粉、霜霉等特征，有时有明显凸起的孢子囊群，如板栗白粉病与氯气伤害症状相似，但白粉病叶片背面有白色分生孢子或黑色子囊孢子。

2. 观察受害植物及受害部位的分布

在许多情况下，非污染伤害的症状与污染伤害症状很难区分。如小麦和竹类早春遭受冻害后，自叶尖向下发黄萎蔫，阔叶植物遭受冻害后，叶脉间出现点、块状斑，与 SO_2 伤害相似，有时叶缘坏死，又与氟化氢伤害相似；石楠、广玉兰、女贞、桂花和山茶等，发生冻害症状与氯气相仿。又如，干旱引起某些植物叶缘枯焦，并在坏死组织与健康组织之间通常形成一条黄化带，与氟化物的伤害相似；低温伤害所产生的叶缘坏死，病毒引起的葡萄和梨的叶斑病，桃和柑桔缺铁、锰和锌引起的叶缘、叶脉间黄化，有机磷农药对植物引起的伤害及植物自身的自然衰老变黄等，都与氯化物的伤害症状相似。像这样从症状上很难区分的伤害，可以采取现场调查的方法进行判别，应注意以下四个方面。

(1)了解污染源是否存在。了解受害植物地区附近是否有污染源存在，包括工业污染源、交通污染源和农药化肥的使用情况等。如受害地区无污染源的存在，污染伤害即可排除。

了解污染源后，必须掌握有害气体的排放规律及排放浓度，包括正常情况下的浓度和事故性排放时的浓度。在调查中，一方面要注意工厂近来是否发生过气体泄漏事故；另一方面要注意流动性的污染源，如运载化学原料的槽罐车经过或停放的地点，是否有发生泄漏事故。

同时，还应了解是否出现过异常的气候变化。有些气候条件如早春寒流、长期干旱等会直接使植物产生受害症状，有些气候如阴雨、闷热、静风等会阻碍有害气体的扩散而使其浓度升高，从而加剧植物的受害症状。

(2)了解植物的受害程度与污染源距离的关系。如植物受害程度随距污染源距离的增加而减轻，即可能是污染造成的伤害；如果在可阻碍有毒气体扩散的高大建筑物后面的植物，受害明显减轻或未受伤害，则更可判明是污染伤害。如受害程度与距污染源的距离无关，则可能为非污染伤害。

(3)了解受害植物在污染源附近的分布形状。如受害植物呈扇状、带状或片状分布于污染源的常年主导风向的下风向，且只出现在一定范围内，而主导风向的上风向植物的受害程度明显减弱，则多为污染造成的伤害。

(4)了解植物的受害部位及受害症状。如受害植物的伤害症状表现为上部重，下部轻；迎风面重，背风面轻；树冠表面叶片受害重，里面叶片受害轻；对某类污染物敏感的植物种类受害重、抗性强的种类受害轻，则可判断为污染造成的伤害。

四、大气污染指示植物

对大气污染反应灵敏，用来监测和评价大气污染状况的生物称为大气污染指示生物。它包括指示植物和指示动物两大类。其中，指示植物研究较多。

1. 指示植物应具备的条件

(1)对大气污染敏感，受害症状明显。大自然中植物的种类繁多，不同种的植物甚至同种植物的不同品种，对各类大气污染物的反应都不同。同种植物对不同的污染物反应也不同。例如，唐菖蒲雪青色品种被氟化氢熏气 40 d 后，会有 60％的叶片叶尖出现 1～1.5 cm 长的伤斑，吸氟量比对照组增加了 5.25 ppm，而粉红色花品种的唐菖蒲则大部分叶片受伤，叶尖出现 5～15 cm 长的伤斑，吸氟量增加 118.00 ppm。唐菖蒲对氟化物的危害非常敏感，但对 SO_2 的污染则有较强的抗性。因此，选择监测植物时一定要根据需监测的对象，挑选相应的敏感植物。

(2)植株健壮，干扰症状少。如果植株本身长势很弱，叶片上有病斑或有虫害痕迹，就很难说清大气污染的影响效果。选作大气污染的监测植物个体，一定要发育正常、健壮、叶片无斑痕，各植株的长势和大小较为一致。

(3)易于栽培管理，易于繁殖。选用的监测植物最好为常见品种，保证有足够的种子或种苗来源，并在正常栽培条件下容易种植和管理；要求监测植物的生长季节较长，不断发出新叶，保证监测植物有较长的使用期。如北方选用行道树如杨树、悬铃木，南方用水稻来监测污染就很符合这项要求。

(4)尽量选择既有经济价值，又有绿化或观赏价值的植物。国内外常选用唐菖蒲、玉簪来监测氟化物；选秋海棠、石斛等来监测 SO_2；选贴梗海棠、牡丹来监测 O_3；选兰花、玫瑰来监测乙烯；选千日红、大波斯菊来监测氯气污染等，这些植物既可观赏，又可对污染报警。

2. 指示植物的选择

敏感植物与抗性植物对大气污染都具有监测作用。但为了准确、迅速地对大气污染状况进行监测，大多采用敏感植物作为大气污染指示植物。指示植物监测环境污染的关键在于它对各种污染物质的敏感性，因此，需要通过各种途径把敏感的植物选择出来。筛选大气污染指示植物的方法一般有以下四种。

(1)污染区生态调查法。选择污染物比较单一的大气污染源现场，对污染源四周的各类植物进行观察记录，注意植物的受害表现，特别注意叶片上出现的伤害症状特征和受伤面积，然后比较各种植物受害的程度，评比出各植物的抗性和敏感性等级。凡敏感的植物，就可选来作指示植物或监测植物，此法比较简单易行。但在野外条件下，环境因子复杂，选出的植物不一定很理想。

(2)污染区栽培比较法。将初步筛选出的敏感植物栽培在污染地区，进行观察比较，进一步从中选择、确认敏感种类。这样，选出的敏感植物对待测试的地区可能较为符合实际，但也还需经进一步验证。

（3）叶片浸蘸法。把生长的植物叶片直接放在污染物的水溶液中浸泡 1 min，取出后隔 24 h，进行观察比较，受害严重者为敏感种类。这种方法简便易行，效果也较可靠。

（4）人工熏气法。植物人工熏气是研究植物与大气污染物相互作用的一种手段。一方面，它可以探明各种污染物单独或混合作用时，植物所产生的损伤反应特征；另一方面，当污染物类型与损伤反应特征间的关系建立以后，它可以作为一种生物监测器，从而根据熏气室里植物的损伤反应特征来判断大气受污染的状况。因此，植物人工熏气既可以作为选择指示植物的一种方法，又可以作为监测大气污染的一种手段。

人工熏气试验应注意控制下列条件：污染物的浓度和接触时间、接触方式、植物种类、年龄、发育时期、生长状态、熏气时的环境条件，以及熏气前后的生长条件。目前，熏气试验有静式熏气、动式熏气、开顶式熏气 3 种方式。

五、监测方法

1. 现场调查

在调查地区选择敏感植物，调查其伤害症状和伤害面积。按网格布点法或放射状布点法定点调查，再根据各点伤害面积的大小，确定出各点的污染程度，绘制出调查地区的污染分级图，对调查地区作出评价。也可把监测地区划分为若干小区，对各小区内敏感性不同的植物的受害程度进行统计，综合评定各小区的污染等级绘出污染分级图，对监测地区作出评价。调查时主要包括以下三个方面：调查区域生境情况；调查了解调查区内污染源的情况，了解主要大气污染物的种类、浓度和分布扩散规律；观察植物的受害部位及受害症状。

2. 定点监测

进行现场调查时，监测植物的年龄、生长状况等很可能有较大差异，甚至在监测点上还可能缺少选定的植物种类，因而使监测效果受到影响。为避免上述不足，可在未受污染区预先培育监测植物，生长一定时期后再将其移动到各监测地点，进行定期观察记录，并作出评价。

3. 植物群落监测法

在一定地段的自然环境条件下，由一定的植物种类结合在一起，成为一个有规律的组合，每个这样的组合单位称为一个植物群落。群落中的植物与植物间、植物与环境间彼此依存、互相制约，存在着复杂的相互关系。环境条件的变化会直接地影响植物群落的变化。在大气污染的情况下，由于植物群落中各种植物对污染物质敏感性的差异，其反应有着明显的不同。因此，分析植物群落中各种植物的反应（主要是受害症状和程度），可以估测该地区的大气污染程度。

4. 地衣、苔藓监测法

地衣和苔藓两类植物对 SO_2 和 HF 等反应很敏感。当 SO_2 年平均浓度在 0.015～0.105 ppm 时，就可以使地衣绝迹。苔藓的敏感性仅次于地衣，当大气中 SO_2 的浓度超过 0.017 ppm 时，大多数苔藓便不能生存。因此，在 1968 年荷兰瓦格宁根召开的"第一届关于大气污染对于动植物影响"的欧洲会议上，一致推荐用地衣和苔藓为大气污染的指示植物。特别是生长在树干上的附生地苔类植物，作为大气污染的监测植物是最合适的。

5. 年轮监测法

利用树木年轮监测可以取得连续的、历史性的定量资料，能够反映一个地区的污染历史，还可以弥补现在各环境临测站观测资料年代较短的不足。所以，树木年轮分析法是研究环境质量变化和发展趋势的一个科学方法。

六、评价方法

1. 污染程度评价

用伤害症状判断污染程度，主要根据叶片伤害面积的大小。一般可分为五级，即无污染(叶片无明显伤害症状)、轻度污染(叶片受害面积在 25％以下)、中度污染(叶片受害面积在 25％～50％)、较重污染(叶片受害面积在 50％～75％)、严重污染(叶片受害面积 75％以上)。

对污染程度进行判断时，可选择一种分布较为普遍的敏感植物，也可选择两种或多种植物，若选择两种以上植物，最后结果可用下式做相应处理：

$$S = \frac{1}{n} \sum_{i=1}^{n} S_i$$

式中　S——判断污染程度的标准叶面积；

　　　S_i——i 种植物叶片受害面积；

　　　n——选择的植物种类数。

污染程度的分级标准还可视当地具体情况而定。

2. 生长量评价法

利用在污染与清洁环境条件下植物生长量的差异监测和评价环境污染状况，用影响指数(IA)表示，一般指数越大，空气污染越严重。

$$IA = \frac{W_0}{W_m}$$

式中　IA——污染影响指数；

　　　W_0——清洁区植物生长量；

　　　W_m——污染区监测植物生长量。

🧰 任务实施

一、操作准备

主要仪器和用具：采集刀、小铁铲或竹铲、镊子、采集袋、样品袋、塑料瓶、曲别针、修枝剪、具有吸水作用的草纸、瓦楞纸板、全球定位系统(GPS)定位仪、罗盘、长卷尺、钢卷尺、配有微距镜头的数码相机、记录表、标签纸、专业工具书等。

二、操作过程

调研步骤，见表 8-1。

表 8-1 调研步骤

序号	步骤	操作方法	说明
1	制订方案	选定调查区域，确定调查方案	
2	现场考察	实地调查区域内污染源的情况，了解主要大气污染物的种类、浓度和分布扩散规律。观察植物的受害部位及受害症状	
3	调查报告	编写调查报告	

结果报告

生境要素记录表，见表 8-2；植物污染症状记录表，见表 8-3；调查报告，见表 8-4。

表 8-2 生境要素记录表

观测地点：	
观测者：	观测日期：
植被情况：	
主要植物种类：	
植物密度：	植物高度：
光照：	常年风向：
污染源情况：	
备注：	

表 8-3 植物污染症状记录表

观测地点：				
观测者：			观测日期：	
序号	植物名称	生长情况	伤害症状	备注

表 8-4　调查报告

报告标题			
调查人		调查时间	
区域概况			
调查方法			
污染源情况			
植物生长情况			
植物伤害症状			
结果评价			

结果评价

结果评价表，见表 8-5。

表 8-5　结果评价表

类别	内容	评分要点	配分	评分
职业素养 （30分）	纪律情况 （10分）	不迟到，不早退	2	
		着装符合要求	2	
		实训资料齐备	3	
		遵守试验秩序	3	
	道德素质 （10分）	爱岗敬业，按标准完成实训任务	4	
		实事求是，对数据不弄虚作假	4	
		坚持不懈，不怕失败，认真总结经验	2	
	职业素质 （10分）	团队合作	2	
		认真思考	4	
		沟通顺畅	4	
职业能力 （70分）	任务准备 （10分）	设备准备齐全	5	
		提前制订调查方案	5	
	实施过程 （25分）	正确使用调查工具	5	
		区域选择合适	5	
		调查要素齐全	5	
		及时记录现场情况	5	
		正确进行调研总结	5	
	任务结束 （10分）	收拾设施	4	
		按时提交报告	6	
	质量评价 （25分）	污染源调查清晰	5	
		植物伤害症状全面	5	
		依据充实，数据可靠	5	
		报告整洁	5	
		书写规范	5	

1. 利用植物伤害症状监测空气污染时应选用（　　）的植物。

A. 抗性强　　　　　　B. 抗性中等　　　　　　C. 敏感性　　　　　　D. 以上都可以

2. 氟化物危害植物的典型症状是（　　）。

A. 在叶尖和叶缘出现伤斑，受害组织和健康组织间常形成明显界限，有时形成一条红棕色带状区

B. 叶面上出现密集的细小斑点，严重时表皮呈现出褐、黑红、紫等色素斑，甚至出现漂白斑和坏死斑

C. 在叶脉间出现点状或块状伤斑，或失绿黄化，在受害组织与健康组织间无明显界限

D. 使叶片下垂，引起花和果实等器官脱落，令正在开发的花朵产生不可逆的闭花反应

3. 用伤害症状判断污染程度，叶片伤害面积的大小在 35% 左右时，属于（　　）。

A. 轻度污染　　　　B. 中度污染　　　　C. 较重污染　　　　D. 严重污染

4. 区分污染症状与其他伤害症状时，应该注意（　　）。

A. 干旱和干热风危害的区别　　　　　　B. 与营养缺乏症的区别

C. 与病、虫害的区别　　　　　　D. 以上都是

5. 大气污染对植物的伤害以伤害的可见程度为依据可分为（　　）。

拓展阅读：植物对
大气污染的反应

A. 可见伤害和不可见伤害

B. 急性伤害和慢性伤害

C. 一次伤害和二次伤害

D. 外部伤害和内部伤害

6. 什么是大气污染指示生物？大气污染监测的指示植物应具备什么条件？

7. 植物对大气污染的抗性分为哪几种？

8. 如何根据叶片受伤害面积大小判断大气污染程度的依据？

9. SO_2、HF、O_3、Cl_2、NO_x、乙烯等有害气体对植物的典型伤害症状有哪些？

任务二　利用植物含污量监测

生长在污染环境下的植物叶片或组织含污量与空气中污染物浓度密切相关。如日本水稻出现明显被害症状的地区其氟的含量在 100 ppm 以上；在中度污染地区其氟含量为

50 ppm；在水稻未出现可见症状的地区其氟含量为 20～30 ppm。江苏植物研究所分析了唐菖蒲的受害度和含氟量的关系，也得到了同样的结果：受害叶面积为 19.6% 时，该地区氟含量为 23.5～37 ppm；受害叶面积为 28.6% 时，其含氟量为 50～60 ppm。又如植物体内硫的含量在正常情况下一般为 0.1%～0.3%，受二氧化硫污染后，叶片吸收的二氧化硫大部分以无机态的硫酸盐形式积累起来。因此，当叶中检测出较高的含硫量时，便表明空气已受二氧化硫的污染。因此，通过分析叶片中污染物成分的含量，可以判断大气污染的状况，对大气质量作出评价。

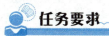 **任务要求**

本任务以叶片中含氟量测定为例，监测植物含污量，并通过植物含污量评价大气污染状况。

要求：

1. 查阅操作手册和标准规范，据工作场景制订监测方案。
2. 正确采集样品，使用分光光度法测定植物叶片含氟量，评价氟污染状况。
3. 按规范填写原始记录表并出具结果报告。

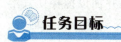 **任务目标**

知识目标

1. 掌握扩散－分光光度法测定植物样品氟含量的原理。
2. 掌握扩散－分光光度法测定植物样品氟含量的方法。

能力目标

1. 能够测定叶片中氟含量。
2. 能够利用污染指数评价大气污染情况。

素质目标

1. 树立大气环境保护意识。
2. 培养尊重自然的环保理念。
3. 提升解决问题的能力。

 **相关知识**

一、扩散－分光光度法测定植物样品氟含量

许多植物对环境污染的反应非常敏感，因此可以根据植物的指示作用，分析和鉴别周围环境的污染程度，同时，还能评价环境质量、判断污染的等级。植物需要通过叶片上的气孔与外界环境进行气体交换，在空气污染情况下，有害气体就在交换过程中经气孔进入叶片，扩散到叶肉组织，然后通过疏导组织运输植物体的其他部位，从而影响到植物的正常生长发育和生理生态特征。根据这一特征可以用树叶叶片来监测环境质量。

本任务以测定叶片中含氟量为例，介绍植物样品含污量测定方法。

1. 原理

试料中氟化物在扩散盒内与酸作用，产生氟化氢气体，经扩散被氢氧化钠吸收。氟离子与镧(Ⅲ)、氟试剂(茜素氨羧络合剂)在适宜 pH 值(pH＝4.2～5.0)下生成蓝色三元络合物，于分光光度计上，在波长为 620 nm 处测量吸光度，其吸光度与氟含量呈正比，与标准系列比较定量。

2. 主要试剂与设备

本任务用水均为不含氟的去离子水，在分析中均使用符合国家标准的分析纯试剂，全部非酸性试剂储存于聚乙烯塑料瓶。

(1)硫酸银－硫酸溶液(20 g/L)：称取 2 g 硫酸银，溶于 100 mL 硫酸(3＋1)中。

(2)氢氧化钠－无水乙醇溶液(40 g/L)：称取 2 g 氢氧化钠，溶于无水乙醇并稀释至 50 mL，4 ℃冰箱中保存。

(3)氟试剂溶液($c＝0.002$ mol/L)：精确称取 0.772 g 茜素络合指示剂(3-茜素甲基胺-N，N-二乙酸)和 70 g 无水乙酸钠置于烧杯中，加少量水低温加热并加以搅拌使其溶解，冷却后加 70 mL 冰乙酸后移至 1 000 mL 棕色容量瓶中加水稀释刻度，混合均匀。低温避光保存。此混合液 pH 值在 4.5 左右。

(4)混合显色剂：取氟试剂溶液，硝酸铜溶液及丙酮，按体积比 1∶1∶3 混合即得，临用时配制。

(5)氟标准储备液[$\rho(F)＝1.0$ mg/mL]：精确称取 0.221 0 g 经 105 ℃干燥 2 h 的优级纯氟化钠，置于 100 mL 塑料烧杯中，加入少量水溶解后，移入 100 mL 容量瓶中，用水稀释至刻度，摇匀。即刻移入洁净的干燥塑料瓶中备用。

(6)氟标准溶液[$\rho(F)＝5.0$ μg/mL]：移取 1.00 mL 氟标准储备液，置于 200 mL 容量瓶中，用水稀释至刻度，振摇均匀。即刻移入洁净的干燥塑料瓶中备用。

(7)塑料扩散盒：内径为 4.5 cm，深为 2 cm，盖内壁顶部光滑，并带有凸起的圈(盛放氢氧化钠吸收液用)，盖紧后不漏气。其他类型塑料盒也可使用。

3. 样品采集

样品要有充分代表性，采样时要避开株体过大或过小，遭受病虫害或机械损伤及田边路旁的植株。牧草试样要求在广泛的地块中选取 3～5 个有代表性的样方采集，留槎高度一致，为 1～3 cm，干样重约为 100 g。

在利用叶片污染物含量对大气污染状况进行监测时，应选择抗性强、吸污力也较强且分布广泛的一种或数种监测植物，分析其叶片中某种或多种污染物的含量；或者把预先在清洁区内经过统一栽培的监测植物放到监测点，若干时间后取样分析叶片含污量。植物叶片的吸污量与植物的种类、叶片的着生部位、叶龄、生理活动强度和季节有关，因此在采集样品时应注意以下三点：植物的种类或品种应一致；叶龄一致，叶片在枝条上的着生位置应接近，叶片成熟度较一致，多年生的植物还应注意采用在年龄相同的枝条上生长的叶片；采样季节一致。

此外，植物对硫、氟等污染物的吸收，不仅可由叶片从大气中直接吸收，其根系也可从土壤中吸取并输送到叶片。所以，对这类污染物进行监测时，还应注意排除土壤污染的干扰。监测方法可采用现场取样或定点栽植，或两者兼用。定点栽植通常采用在清洁区经统一栽培过的监测植物，而且用盆栽的方式，方便移植和排除土壤污染的干扰。

4. 样品制备

先用水漂洗试样，再用 1‰ 的中性无磷洗洁精洗去污物后，用自来水多次洗涤，蒸馏水冲洗干净，擦干后称量，于烘箱 60 ℃ 烘干，称量，计算干湿比，干样用高速破碎机制成粉样，用纸袋外套塑料袋封装保存。

5. 样品测定

（1）试料分解。扩散膜制备：取扩散盒若干个，分别于盒盖中央加入 0.2 mL 氢氧化钠－无水乙醇溶液均匀涂布，于恒温箱中(55±1)℃干燥 0.5 h，在盒盖上形成一层薄膜，将盒盖取出备用。

试料的扩散：将制备后的粉样放入塑料扩散盒内，加入 4 mL 水，使试样均匀分布，不能结块。加入 4 mL 硫酸银－硫酸溶液，立即盖紧，轻轻振摇均匀（切勿将酸溅在盖上）。置塑料盒于恒温箱内(55± 1)℃保温 20 h。

（2）标准溶液配制。取 8 个扩散盒，分别加入 0.00 mL、0.05 mL、0.10 mL、0.20 mL、0.50 mL 、1.00 mL、1.50 mL、2.00 mL 氟标准溶液(5.0 μg/mL)。补加水至 4 mL，各加 4 mL 硫酸银－硫酸溶液，立即盖紧，轻轻振摇均匀（切勿将酸溅在盖上），置塑料盒于恒温箱内在(55±1)℃保温 20 h。

（3）测定。将盒取出，取下盒盖，分别用水，少量多次地将盒盖内氢氧化钠薄膜溶解，转移到 15 mL 带塞比色管中，准确加入 5 mL 混合显色剂，定容至刻度混合均匀，在室温放置 60 min 以上。在分光光度计上，用 2 cm 比色皿，以空白试验溶液作参比，于波长 620 nm 处测量校准溶液和试料溶液的吸光度。

随同试料进行双份空白试验，所用试剂应取自同一瓶，加入同等的量。

以氟量为横坐标，吸光度为纵坐标，绘制校准曲线，从校准曲线上查得相应的氟量。

6. 结果计算

试料中氟的含量以质量分数 $w(F)$ 计，单位以 μg/g 表示，按以下公式计算：

$$w(F) = \frac{m_1 - m_2}{m}$$

式中　m_1——从校准曲线上查得试料溶液中的氟量(μg)；

m_2——从校准曲线上查得空白溶液中的氟量(μg)；

m——试料量(g)。

二、评价方法

1. 含污量指数法

根据监测点位与对照点位含污量的比较，计算出含污量指数，按照指数大小可以进行污染程度的划分，常用的有单项指数法和综合指数法。

(1)单项指数法。用一种污染物的含污量指数来监测评价空气污染，计算公式如下：

$$IP = \frac{C_m}{C_0}$$

式中　　IP——含污量指数；

C_m——各监测点植物叶片含污量的实际监测值；

C_0——对照点植物片含污量。

根据上式计算出各监测点的含污量指数，再根据含污量指数对各监测点的大气污染状况进行评价。评价标准可根据各地具体情况确定，如李正方等对南京燕子矶—栖霞山地区采用此方法进行评价时，确定如下分级标准：

Ⅰ级——清洁　　　　　　　　$IP < 1.20$

Ⅱ级——轻度污染　　　　　　$IP = 1.20 \sim 2.00$

Ⅲ级——中度污染　　　　　　$IP = 2.01 \sim 3.00$

Ⅳ级——严重污染　　　　　　$IP > 3.00$

(2)综合指数法。如果污染物不止一种，要监测空气污染仅用单项指数法就有困难，必须应用综合污染指数，计算公式如下：

$$ICP = \sum_{n=1}^{n} W_i \times IP_i$$

式中　　ICP——综合污染指数；

W_i——某项污染物的权重值；

IP_i——某污染物的含污量指数。

实际监测时，一般先计算出每种污染物的单项污染指数，再根据事先确定的各污染物的权重值，计算综合污染指数 ICP 值，然后将 ICP 值进行污染度分级(其分级标准可与 IP 值相同)，以评定污染程度。目前国内应用综合指数法评价环境质量时，所测定的污染物一般为 4～5 种，多的达十几种。

2. 污染程度相对值法

用污染程度相对值进行评价时，按下式换算出各监测点的污染程度相对值：

$$C = \frac{C_i}{C_{max}} \times 100\%$$

式中　　C——污染程度相对值(%)；

C_i——各监测点植物叶片实测含污量(ppm)；

C_{max}——各监测点中最大的含污量(ppm)。

评价标准一般采用四级，即Ⅰ级——相对清洁，0～25％；Ⅱ级——轻度污染，25％～50％；Ⅲ级——中度污染，50％～75％；Ⅳ级——严重污染，75％～100％。

🧰 任务实施

一、操作准备

根据监测方案准备试剂药品、仪器和用具，填写备料清单(表 8-6)。

表 8-6　备料清单

试剂和药品							
序号	名称	规格	数量	序号	名称	规格	数量
仪器和用具							
序号	名称	规格	数量	序号	名称	规格	数量
备注							

二、操作过程

扩散－分光光度法测定植物样品氟含量的参考步骤见表 8-7，可根据实际情况进行调整，完成任务。

表 8-7　测定步骤

序号	步骤	操作方法	说明
1	采样	选定调查区域，采集叶片样品，干样重约为 100 g	采样时要避开株体过大或过小、遭受病虫害或机械损伤、田边路旁的植株
2	制备样品	先用水漂洗试样，再用 1% 的中性无磷洗洁精漂洗，用自来水多次洗涤，蒸馏水冲洗干净，于烘箱 60 ℃ 烘干，干样用高速破碎机制成粉样，用纸袋外套塑料袋封装保存	
3	样品扩散	扩散膜制备：取扩散盒若干个，分别于盒盖中央加入 0.2 mL 氢氧化钠－无水乙醇溶液均匀涂布，于恒温箱中(55±1)℃干燥 0.5 h，在盒盖上形成一层薄膜，将盒盖取出备用。 扩散：称取_____g 粉样，放入塑料扩散盒内，加入 4 mL 水，使试样均匀分布，不能结块。加入 4 mL 硫酸银－硫酸溶液，立即盖紧，轻轻振摇均匀。置塑料盒于恒温箱内(55±1)℃保温 20 h	1. 振摇均匀时切勿将酸溅在盖上； 2. 一般试料直接称取 0.1 ～ 1.0 g（精确至 0.1 mg)的试料进行扩散
4	配制标准溶液	取 8 个扩散盒，分别加入 0.00 mL、0.05 mL、0.10 mL、0.20 mL、0.50 mL、1.00 mL、1.50 mL、2.00 mL 氟标准溶液。补加水至 4 mL，各加入 4 mL 硫酸银－硫酸溶液，立即盖紧，轻轻振摇均匀，置塑料盒于恒温箱内在(55±1)℃保温 20 h	振摇均匀时切勿将酸溅在盖上
5	测定	将盒取出，取下盒盖，分别用水，少量多次地将盒盖内氢氧化钠薄膜溶解，转移到 15 mL 带塞比色管中，准确加入 5 mL 混合显色剂，定容至刻度混合均匀，在室温放置 60 min 以上。在分光光度计上，用 2 cm 比色皿，以空白试验溶液作参比，于波长为 620 nm 处测量校准溶液和试料溶液的吸光度。同时做双份空白试验	
6	结果计算	以氟量为横坐标，吸光度为纵坐标，绘制校准曲线，从校准曲线上查得相应的氟量，根据公式计算样品中氟的含量	
7	清洁	清洗器皿，整理实验室	

🧰 结果报告

植物样品采集记录表，见表 8-8；试验数据记录表，见表 8-9。

表 8-8　植物样品采集记录表

采样地点：					
采样日期					
样品名称：					
天气：	气温：		风速：		风向：
样品编号	点位	植物名称	采样部位	采样量	备注
现场情况及采样点位示意图：					
采样人：		校核人：		审核人：	

表 8-9　试验数据记录表

样品名称：		分析项目：		检出限：		分析日期：
方法依据：		仪器型号：		仪器编号：		测定波长：
比色皿厚度：		参比溶液：		皿差：		
工作曲线编号：				标准使用液浓度：		空白吸光度：

分析编号	标准使用液加入体积/mL	溶液含氟量（　　）	仪器吸光度 A	校正吸光度 $A-A_0$	备注

回归方程：$y=bx+a$　　$a=$ _____　　$b=$ _____　　相关系数：$r=$ _____

样品空白吸光度：

样品编号	样品质量（　　）	样品吸光度 A	校正吸光度 $A-A_0$	测定值（　　）	样品含量 $w/\%$	备注

报告结果：

检测人：	校核人：	审核人：

结果评价

结果评价表，见表 8-10。

表 8-10　结果评价表

类别	内容	评分要点	配分	评分
职业素养 （30 分）	纪律情况 （10 分）	不迟到，不早退	2	
		着装符合要求	2	
		实训资料齐备	3	
		遵守试验秩序	3	
	道德素质 （10 分）	爱岗敬业，按标准完成实训任务	4	
		实事求是，对数据不弄虚作假	4	
		坚持不懈，不怕失败，认真总结经验	2	
	职业素质 （10 分）	团队合作	2	
		认真思考	4	
		沟通顺畅	4	
职业能力 （70 分）	任务准备 （10 分）	设备准备齐全	5	
		提前预习	5	
	实施过程 （25 分）	采样操作规范	5	
		正确扩散样品	5	
		标准溶液配制操作规范	5	
		分光光度计操作规范	5	
		正确测定空白样品	5	
	任务结束 （10 分）	清洁仪器，设备复位	3	
		收拾工作台	3	
		按时完成	4	
	质量评价 （25 分）	工作曲线梯度正确	5	
		结果计算正确	5	
		结果精密度符合要求	5	
		报告整洁	5	
		书写规范	5	

任务测验

1. 当植物暴露在大气污染的环境中时，植物叶片中污染物质的增加量 ΔG 与大气中污染物质的浓度 C 及暴露时间 T 呈（　　）关系。

A. 正比　　　　　　B. 反比　　　　　　C. 不相关　　　　　　D. 不确定

2. 采用含污量指数进行评价时，$IP=4.0$ 属于（　　）级别。

A. 清洁　　　　　　　B. 轻度污染　　　　　C. 中度污染　　　　　D. 重度污染

3. 测定植物含污量，采样时应注意（　　）。

A. 植物的种类或品种应多种多样

B. 叶片成熟度较一致

C. 多年生的植物还应注意采用在年龄不相同的枝条上生长的叶片

D. 要在不同季节采样

4. 采用扩散—分光光度法测定植物样品氟含量，制备样品时应该用（　　）洗去表面污物。

A. 1％硝酸溶液　　　　　　　　　　　B. 5％碳酸钠溶液

C. 1％的中性无磷洗洁精　　　　　　　D. 5％氯化钠溶液

5. 试料的扩散条件为（　　）。

A. (25 ± 1)℃保温 24 h

B. (55 ± 1)℃保温 12 h

C. (55 ± 1)℃保温 20 h

D. (25 ± 1)℃保温 20 h

拓展阅读：
植物含污量与环
境污染的关系

6. 简述扩散—分光光度法测定植物样品氟含量的原理、步骤和注意事项。

7. 利用植物含污量评价大气污染状况的方法有哪些？

附　录

附录一　常用培养基配方

1. 营养琼脂培养基

蛋白胨 10 g　　　　牛肉膏 3 g　　　　琼脂 15 g　　　　氯化钠 5 g
蒸馏水 1 000 mL

2. 乳糖蛋白胨培养液（多管发酵法）

蛋白胨 10 g　　　　牛肉膏 3 g　　　　乳糖 5 g　　　　氯化钠 5 g
1.6% 溴钾酚紫溶液 1 mL　　　　蒸馏水 1 000 mL

3. 品红亚硫酸钠培养基

蛋白胨 10 g　　　　乳糖 10 g　　　　磷酸氢二钾 3.5 g
琼脂 15～30 g　　　　蒸馏水 1 000 mL　　　　无水亚硫酸钠 5 g 左右
5% 碱性品红乙醇溶液 20 mL

4. 伊红美蓝培养基（EMB 培养基）

蛋白胨 10 g　　　　乳糖 10 g　　　　磷酸氢二钾 2 g　　　　琼脂 20 g
2% 伊红水溶液 20 mL　　0.5% 美蓝水溶液 13 mL　蒸馏水 1 000 mL

5. 品红亚硫酸钠培养基（滤膜法用）

蛋白胨 10 g　　　　乳糖 10 g　　　　酵母浸膏 5 g　　　　牛肉膏 5 g
磷酸氢二钾 3.5 g　　琼脂 20 g　　　　无水亚硫酸钠 5 g 左右
5% 碱性品红乙醇溶液 20 mL　　　　蒸馏水 1 000 mL

6. 乳糖蛋白胨半固体培养基

蛋白胨 10 g　　　　牛肉膏 5 g　　　　乳糖 10 g　　　　琼脂 5 g
酵母浸膏 5 g　　　　蒸馏水 1 000 mL

7. M-远藤氏培养基

胰胨或多胨 10 g　　蛋白胨 10 g　　　　酵母浸膏 1.5 g　　乳糖 12.5 g
氯化钠 5 g　　　　磷酸氢二钾 4.375 g　　磷酸二氢钾 1.375 g
硫酸十二烷基钠 0.050 g　　　　　　去氧胆酸钠 0.10 g
亚硫酸钠 2.1 g　　　　　　　　　　碱性品红 1.05 g

将上述成分置于含有 20 mL 95% 乙醇的 1 000 mL 蒸馏水中，将培养基加热煮沸后，立即从热源移开，并冷却到 4 50 ℃以下，不可用高压蒸汽灭菌。最后 pH 值应在 7.1～7.3，配制好的培养基储存于 2～100 ℃的暗处，如存放超过 96 h 应弃之。

8. LES MF 保存性培养基

胰胨 3 g   M-远藤肉汤 MF3 g   磷酸二氢钾 3.0 g   苯甲酸钠 1 g

磺酰胺 1 g   对氨基苯甲酸 1.2 g   环乙亚胺 0.5 g

将上述成分溶于蒸馏水中，不可加热，最后 pH 值应为 7.1～7.2。

9. LES 远藤氏琼脂培养基

酵母浸膏 1.2 g   酪胨或胰酪胨 3.7 g   硫胨 3.7 g   胰胨 7.5 g

乳糖 9.4 g   磷酸氢二钾 3.3 g   磷酸二氢钾 1.0 g   氯化钠 3.7 g

去氧胆酸钠 0.1 g   硫酸十二烷基钠 0.05 g   亚硫酸钠 1.6 g

琼脂 15 g   碱性品红 0.8 g   蒸馏水 1 000 mL

将上述成分置于含有 20 mL 95％乙醇的 1 000 mL 蒸馏水中，热煮沸后冷却到 45～500 ℃，以 4 mL 的量分装到 60 mm 的培养皿底部。如果使用其他大小的培养皿，则应调节分装的量，使其在皿底所占的厚度不变。平皿应放在 2～100 ℃的暗处，两周后仍未使用应弃之。

10. EC 培养液

胰胨 20 g   乳糖 5 g   胆盐三号 1.5 g   磷酸氢二钾 4 g

磷酸二氢钾 1.0 g   氯化钠 5 g   蒸馏水 1 000 mL

将上述成分加热溶解，然后分装于含有玻璃倒管的试管中，置于高压蒸汽灭菌器中，115 ℃灭菌 20 min，灭菌后的 pH 值应为 6.9。

11. M-FC 培养基

胰胨 10 g   蛋白胨 5 g   酵母浸膏 3.0 g

氯化钠 5 g   乳糖 12.5 g   胆盐三号 1.5 g

蒸馏水 1 000 mL   1％苯胺蓝水溶液 10 mL

1％玫瑰色酸溶液（溶于 0.2 mol/L 氢氧化钠液中）10 mL

将上述成分（除苯胺蓝和玫瑰色酸外）置于蒸馏水中加热溶解，调节 pH 值为 7.4，分装于小烧瓶内，每瓶 100 mL，于 1 150 ℃灭菌 20 min，储存于冰箱中备用。

临用前，按上述配方比例，用灭菌吸管分别加入已煮沸灭菌的 1％苯胺蓝溶液 1 mL 及新配制的 1％玫瑰色酸溶液 1 mL，混合均匀。

加热溶解前，加入 1.2％～1.5％琼脂可配制成固体培养基。如培养物中杂菌不多，则培养基中不加玫瑰色酸也可。

附录二　15 管法最大可能数(MPN)表

附表 2-1　15 管法最大可能数(MPN)表

各接种量阳性份数			MPN/	95％置信限		各接种量阳性份数			MPN/	95％置信限	
10 mL	1 mL	0.1 mL	100 mL	下限	上限	10 mL	1 mL	0.1 mL	100 mL	下限	上限
0	0	0	<2			3	0	0	8	1	19
0	0	1	2	<0.5	7	3	0	1	11	2	25
0	0	2	4	<0.5	7	3	0	2	13	3	31
0	0	3	5			3	0	3	16		
0	0	4	7			3	0	4	20		
0	0	5	9			3	0	5	23		
0	1	0	2	<0.5	7	3	1	0	11	2	25
0	1	1	4	<0.5	11	3	1	1	14	4	34
0	1	2	6	<0.5	15	3	1	2	17	5	46
0	1	3	7			3	1	3	20	6	60
0	1	4	9			3	1	4	23		
0	1	5	11			3	1	5	27		
0	2	0	4	<0.5	11	3	2	0	14	4	34
0	2	1	6	<0.5	15	3	2	1	17	5	46
0	2	2	7			3	2	2	20	6	60
0	2	3	9			3	2	3	24		
0	2	4	11			3	2	4	27		
0	2	5	13			3	2	5	31		
0	3	0	6	<0.5	15	3	3	0	17	5	46
0	3	1	7			3	3	1	21	7	63
0	3	2	9			3	3	2	24		
0	3	3	11			3	3	3	28		
0	3	4	13			3	3	4	32		
0	3	5	15			3	3	5	36		
0	4	0	8			3	4	0	21	7	63
0	4	1	9			3	4	1	24	8	72
0	4	2	11			3	4	2	28		
0	4	3	13			3	4	3	32		
0	4	4	15			3	4	4	36		
0	4	5	17			3	4	5	40		
0	5	0	9			3	5	0	25	8	75
0	5	1	11			3	5	1	29		
0	5	2	13			3	5	2	32		
0	5	3	15			3	5	3	37		
0	5	4	17			3	5	4	41		
0	5	5	19			3	5	5	45		

各接种量阳性份数			MPN/	95%置信限		各接种量阳性份数			MPN/	95%置信限	
10 mL	1 mL	0.1 mL	100 mL	下限	上限	10 mL	1 mL	0.1 mL	100 mL	下限	上限
1	0	0	2	<0.5	7	4	0	0	13	3	31
1	0	1	4	<0.5	11	4	0	1	17	5	46
1	0	2	6	<0.5	15	4	0	2	21	7	63
1	0	3	8	1	19	4	0	3	25	8	75
1	0	4	10			4	0	4	30		
1	0	5	12			4	0	5	36		
1	1	0	4	<0.5	11	4	1	0	17	5	46
1	1	1	6	<0.5	15	4	1	1	21	7	63
1	1	2	8	1	19	4	1	2	26	9	78
1	1	3	10			4	1	3	31		
1	1	4	12			4	1	4	36		
1	1	5	14			4	1	5	42		
1	2	0	6	<0.5	15	4	2	0	22	7	67
1	2	1	8	1	19	4	2	1	26	9	78
1	2	2	10	2	23	4	2	2	32	11	91
1	2	3	12			4	2	3	38		
1	2	4	15			4	2	4	44		
1	2	5	17			4	2	5	50		
1	3	0	8	1	19	4	3	0	27	9	80
1	3	1	10	2	23	4	3	1	33	11	93
1	3	2	12			4	3	2	39	13	110
1	3	3	15			4	3	3	45		
1	3	4	17			4	3	4	52		
1	3	5	19			4	3	5	59		
1	4	0	11	2	25	4	4	0	34	12	93
1	4	1	13			4	4	1	40	14	110
1	4	2	15			4	4	2	47		
1	4	3	17			4	4	3	54		
1	4	4	19			4	4	4	62		
1	4	5	22			4	4	5	69		
1	5	0	13			4	5	0	41	16	120
1	5	1	15			4	5	1	48		
1	5	2	17			4	5	2	56		
1	5	3	19			4	5	3	64		
1	5	4	22			4	5	4	72		
1	5	5	24			4	5	5	81		
2	0	0	5	<0.5	13	5	0	0	23	7	70
2	0	1	7	1	17	5	0	1	31	11	89
2	0	2	9	2	21	5	0	2	43	15	110
2	0	3	12	3	28	5	0	3	58	19	140

各接种量阳性份数			MPN/	95％置信限		各接种量阳性份数			MPN/	95％置信限	
10 mL	1 mL	0.1 mL	100 mL	下限	上限	10 mL	1 mL	0.1 mL	100 mL	下限	上限
2	0	4	14			5	0	4	76	24	180
2	0	5	16			5	0	5	95		
2	1	0	7	1	17	5	1	0	33	11	93
2	1	1	9	2	21	5	1	1	46	16	120
2	1	2	12	3	28	5	1	2	63	21	150
2	1	3	14			5	1	3	84	26	200
2	1	4	17			5	1	4	110		
2	1	5	19			5	1	5	130		
2	2	0	9	2	21	5	2	0	49	17	130
2	2	1	12	3	28	5	2	1	70	23	170
2	2	2	14	4	34	5	2	2	94	28	220
2	2	3	17			5	2	3	120	33	280
2	2	4	19			5	2	4	150	38	370
2	2	5	22			5	2	5	180	44	520
2	3	0	12	3	28	5	3	0	79	25	190
2	3	1	14	4	34	5	3	1	110	31	250
2	3	2	17			5	3	2	140	37	340
2	3	3	20			5	3	3	180	44	500
2	3	4	22			5	3	4	210	53	670
2	3	5	25			5	3	5	250	77	790
2	4	0	15	4	37	5	4	0	130	35	300
2	4	1	17			5	4	1	170	43	490
2	4	2	20			5	4	2	220	57	700
2	4	3	23			5	4	3	280	90	850
2	4	4	25			5	4	4	350	120	1 000
2	4	5	28			5	4	5	430	150	1 200
2	5	0	17			5	5	0	240	68	750
2	5	1	20			5	5	1	350	120	1 000
2	5	2	23			5	5	2	540	180	1 400
2	5	3	26			5	5	3	920	300	3 200
2	5	4	29			5	5	4	1 600	640	5 800
2	5	5	32			5	5	5	≥2 400	800	

注：1. 接种 5 份 10 mL 样品、5 份 1 mL 样品、5 份 0.1 mL 样品。

2. 如果有超过三个的稀释度用于检验，在一系列的十进稀释当中，计算 MPN 时，只需要用其中依次三个的稀释度，取其阳性组合。选择的标准是先选出 5 支试管全部为阳性的最大稀释（小于它的稀释度也全部为阳性试管），然后加上依次相连的两个更高的稀释。用这三个稀释度的结果数据来计算 MPN 值

附录三 97 孔定量盘法 MPN 表

97 孔定量盘法 MPN 表（MPN/100 mL）

大孔阳性格数	小孔阳性格数											
	0	1	2	3	4	5	6	7	8	9	10	11
0	<1.0	1.0	2.0	3.0	4.0	5.0	6.0	7.0	8.0	9.0	10.0	11.0
1	1.0	2.0	3.0	4.0	5.0	6.0	7.1	8.1	9.1	10.1	11.1	12.1
2	2.0	3.0	4.1	5.1	6.1	7.1	8.1	9.2	10.2	11.2	12.2	13.3
3	3.1	4.1	5.1	6.1	7.2	8.2	9.2	10.3	11.3	12.4	13.4	14.5
4	4.1	5.2	6.2	7.2	8.3	9.3	10.4	11.4	12.5	13.5	14.6	15.6
5	5.2	6.3	7.3	8.4	9.4	10.5	11.5	12.6	13.7	14.7	15.8	16.9
6	6.3	7.4	8.4	9.5	10.6	11.6	12.7	13.8	14.9	16.0	17.0	18.1
7	7.5	8.5	9.6	10.7	11.8	12.8	13.9	15.0	16.1	17.2	18.3	19.4
8	8.6	9.7	10.8	11.9	13.0	14.1	15.2	16.3	17.4	18.5	19.6	20.7
9	9.8	10.9	12.0	13.1	14.2	15.3	16.4	17.6	18.7	19.8	20.9	22.0
10	11.0	12.1	13.2	14.4	15.5	16.6	17.7	18.9	20.0	21.1	22.3	23.4
11	12.2	13.4	14.5	15.6	16.8	17.9	19.1	20.2	21.4	22.5	23.7	24.8
12	13.5	14.6	15.8	16.9	18.1	19.3	20.4	21.6	22.8	23.9	25.1	26.3
13	14.8	16.0	17.1	18.3	19.5	20.6	21.8	23.0	24.2	25.4	26.6	27.8
14	16.1	17.3	18.5	19.7	20.9	22.1	23.3	24.5	25.7	26.9	28.1	29.3
15	17.5	18.7	19.9	21.1	22.3	23.5	24.7	25.9	27.2	28.4	29.6	30.9
16	18.9	20.1	21.3	22.6	23.8	25.0	26.2	27.5	28.7	30.0	31.2	32.5
17	20.3	21.6	22.8	24.1	25.3	26.6	27.8	29.1	30.3	31.6	32.9	34.1
18	21.8	23.1	24.3	25.6	26.9	28.1	29.4	30.7	32.0	33.3	34.6	35.9
19	23.3	24.6	25.9	27.2	28.5	29.8	31.1	32.4	33.7	35.0	36.3	37.6
20	24.9	26.2	27.5	28.8	30.1	31.5	32.8	34.1	35.4	36.8	38.1	39.5
21	26.5	27.9	29.2	30.5	31.8	33.2	34.5	35.9	37.3	38.6	40.0	41.4
22	28.2	29.5	309	32.3	33.6	35.0	36.4	37.7	39.1	40.5	41.9	43.3
23	29.9	31.3	32.7	34.1	35.5	36.9	38.3	39.7	41.1	42.5	43.9	45.4
24	31.7	33.1	34.5	35.9	37.3	38.8	40.2	41.7	43.1	44.6	46.0	47.5
25	33.6	35.0	36.4	37.9	39.3	40.8	42.2	43.7	45.2	46.7	48.2	49.7
26	35.5	36.9	38.4	39.9	41.4	42.8	44.3	45.9	47.4	48.9	50.4	52.0
27	37.4	38.9	40.4	42.0	43.5	45.0	46.5	48.1	49.6	51.2	52.8	54.4
28	39.5	41.0	42.6	44.1	45.7	47.3	48.8	50.4	52.0	53.6	55.2	56.9
29	41.7	43.2	44.8	46.4	48.0	49.6	51.2	52.8	54.5	56.1	57.8	59.5
30	43.9	45.5	47.1	48.7	50.4	52.0	53.7	55.4	57.1	58.8	60.5	62.2
31	46.2	47.9	49.5	51.2	52.9	54.6	56.3	58.1	59.8	61.6	63.3	65.1
32	48.7	50.4	52.1	53.8	55.6	57.3	59.1	60.9	62.7	64.5	66.3	68.2

大孔阳性格数	小孔阳性格数											
	0	1	2	3	4	5	6	7	8	9	10	11
33	51.2	53.0	54.8	56.5	58.3	60.2	62.0	63.8	65.7	67.6	69.5	71.4
34	53.9	55.7	57.6	59.4	61.3	63.1	65.0	67.0	68.9	70.8	72.8	74.8
35	56.8	58.6	60.5	62.4	64.4	66.3	68.3	70.3	72.3	74.3	76.3	78.4
36	59.8	61.7	63.7	65.7	67.7	69.7	71.7	73.8	75.9	78.0	80.1	82.3
37	62.9	65.0	67.0	69.1	71.2	73.3	75.4	77.6	79.8	82.0	84.2	86.5
38	66.3	68.4	70.6	72.7	74.9	77.1	79.4	81.6	83.9	86.2	88.6	91.0
39	70.0	72.2	74.4	76.7	78.9	81.3	83.6	86.0	88.4	90.9	93.4	95.9
40	73.8	76.2	78.5	80.9	83.3	85.7	88.2	90.8	93.3	95.9	98.5	101.2
41	78.0	80.5	83.0	85.5	88.0	90.6	93.3	95.9	98.7	101.4	104.3	107.1
42	82.6	85.2	87.8	90.5	93.2	96.0	98.8	101.7	104.6	107.6	110.6	113.7
43	87.6	90.4	93.2	96.0	99.0	101.9	105.0	108.1	111.2	114.5	117.8	121.1
44	93.1	96.1	99.1	102.2	105.4	108.6	111.9	115.3	118.7	122.3	125.9	129.6
45	99.3	102.5	105.8	109.2	112.6	116.2	119.8	123.6	127.4	131.4	135.4	139.6
46	106.3	109.8	113.4	117.2	121.0	125.0	129.1	133.3	137.6	142.1	146.7	151.5
47	114.3	118.3	122.4	126.6	130.9	135.4	140.1	145.0	150.0	155.3	160.7	166.4
48	123.9	128.4	133.1	137.9	143.0	148.5	153.9	159.7	165.8	172.2	178.9	186.0
49	135.5	140.8	146.4	152.3	158.5	165.0	172.0	179.3	187.2	195.6	204.6	214.3

大孔阳性格数	小孔阳性格数											
	12	13	14	15	16	17	18	19	20	21	22	23
0	12.0	13.0	14.1	15.1	16.1	17.1	18.1	19.1	20.2	21.2	22.2	23.3
1	13.2	14.2	15.2	16.2	17.3	18.3	19.3	20.4	21.4	22.4	23.5	24.5
2	14.3	15.4	16.4	17.4	18.5	19.5	20.6	21.6	22.7	23.7	24.8	25.8
3	15.5	16.5	17.6	18.6	19.7	20.8	21.8	22.9	23.9	25.0	26.1	27.1
4	16.7	17.8	18.8	19.9	21.0	22.0	23.1	24.2	25.3	26.3	27.4	28.5
5	17.9	19.0	20.1	21.2	22.2	23.3	24.4	25.5	26.6	27.7	28.8	29.9
6	19.2	20.3	21.4	22.5	23.6	24.7	25.8	26.9	28.0	29.1	30.2	31.3
7	20.5	21.6	22.7	23.8	24.9	26.0	27.1	28.3	29.4	30.5	31.6	32.8
8	21.8	22.9	24.1	25.2	26.3	27.4	28.6	29.7	30.8	32.0	33.1	34.3
9	23.2	24.3	25.4	26.6	27.7	28.9	30.0	31.2	32.3	33.5	34.6	35.8
10	24.6	25.7	26.9	28.0	29.2	30.3	31.5	32.7	33.8	35.0	36.2	37.4
11	26.0	27.2	28.3	29.5	30.7	31.9	33.0	34.2	35.4	36.6	37.8	39.0
12	27.5	28.6	29.8	31.0	32.2	33.4	34.6	35.8	37.0	38.2	39.5	40.7
13	29.0	30.2	31.4	32.6	33.8	35.0	36.2	37.5	38.7	39.9	41.2	42.4
14	30.5	31.7	33.0	34.2	35.4	36.7	37.9	39.1	40.4	41.6	42.9	44.2

大孔阳性格数	小孔阳性格数											
	12	13	14	15	16	17	18	19	20	21	22	23
15	32.1	33.3	34.6	35.8	37.1	38.4	39.6	40.9	42.2	43.4	44.7	46.0
16	33.7	35.0	36.3	37.5	38.8	40.1	41.4	42.7	44.0	45.3	46.6	47.9
17	35.4	36.7	38.0	39.3	40.6	41.9	43.2	44.5	45.9	47.2	48.5	49.8
18	37.2	38.5	39.8	41.1	42.4	43.8	45.1	46.5	47.8	49.2	50.5	51.9
19	39.0	40.3	41.6	43.0	44.3	45.7	47.1	48.4	49.8	51.2	52.6	54.0
20	40.8	42.2	43.6	44.9	46.3	47.7	49.1	50.5	51.9	53.3	54.7	56.1
21	42.8	44.1	45.5	46.9	48.4	49.8	51.2	52.6	54.1	55.5	56.9	58.4
22	44.8	46.2	47.6	49.0	50.5	51.9	53.4	54.8	56.3	57.8	59.3	60.8
23	46.8	48.3	49.7	51.2	52.7	54.2	55.6	57.1	58.6	60.2	61.7	63.2
24	49.0	50.5	52.0	53.5	55.0	56.5	58.0	59.5	61.1	62.6	64.2	65.8
25	51.2	52.7	54.3	55.8	57.3	58.9	60.5	62.0	63.6	65.2	66.8	68.4
26	53.5	55.1	56.7	58.2	59.8	61.4	63.0	64.7	66.3	67.9	69.6	71.2
27	56.0	57.6	59.2	60.8	62.4	64.1	65.7	67.4	69.1	70.8	72.5	74.2
28	58.5	60.2	61.8	63.5	65.2	66.9	68.6	70.3	72.0	73.7	75.5	77.3
29	61.2	62.9	64.6	66.3	68.0	69.8	71.5	73.3	75.1	76.9	78.7	80.5
30	64.0	65.7	67.5	69.3	71.0	72.9	74.7	76.5	78.3	80.2	82.1	84.0
31	66.9	68.7	70.5	72.4	74.2	76.1	78.0	79.9	81.8	83.7	85.7	87.6
32	70.0	71.9	73.8	75.7	77.6	79.5	81.5	83.5	85.4	87.5	89.5	91.5
33	73.3	75.2	77.2	79.2	81.2	83.2	85.2	87.3	89.3	91.4	93.6	95.7
34	76.8	78.8	80.8	82.9	85.0	87.1	89.2	91.4	93.5	95.7	97.9	100.2
35	80.5	82.6	84.7	86.9	89.1	91.3	93.5	95.7	98.0	100.3	102.6	105.0
36	84.5	86.7	88.9	91.2	93.5	95.8	98.1	100.5	102.9	105.3	107.7	110.2
37	88.8	91.1	93.4	95.8	98.2	100.6	103.1	105.6	108.1	110.7	113.3	115.9
38	93.4	95.8	98.3	100.8	103.4	105.9	108.6	111.2	113.9	116.6	119.4	122.2
39	98.4	101.0	103.6	106.3	109.0	111.8	114.6	117.4	120.3	123.2	126.1	129.2
40	103.9	106.7	109.5	112.4	115.3	118.2	121.2	124.3	127.4	130.5	133.7	137.0
41	110.0	113.0	116.0	119.1	122.2	125.4	128.7	132.0	135.4	138.8	142.3	145.9
42	116.9	120.1	123.4	126.7	130.1	133.6	137.2	140.8	144.5	148.3	152.2	156.1
43	124.6	128.1	131.7	135.4	139.1	143.0	147.0	151.0	155.2	159.4	163.8	168.2
44	133.4	137.4	141.4	145.5	149.7	154.1	158.5	163.1	167.9	172.7	177.7	182.9
45	143.9	148.3	152.9	157.6	162.4	167.4	172.6	178.0	183.5	189.2	195.1	201.2
46	156.5	161.6	167.0	172.5	178.2	184.2	190.4	196.8	203.5	210.5	217.8	225.4
47	172.3	178.5	185.0	191.8	198.9	206.4	214.2	222.4	231.0	240.0	249.5	259.5
48	193.5	201.4	209.8	218.7	228.2	238.2	248.9	260.3	272.3	285.1	2987	313.0
49	224.7	235.9	248.1	261.3	275.5	290.9	307.6	325.5	344.8	365.4	387.3	410.6

大孔阳性格数	小孔阳性格数											
	24	25	26	27	28	29	30	31	32	33	34	35
0	24.3	25.3	26.4	27.4	28.4	29.5	30.5	31.5	32.6	33.6	34.7	35.7
1	25.6	26.6	27.7	28.7	29.8	30.8	31.9	32.9	34.0	35.0	36.1	37.2
2	26.9	27.9	29.0	30.0	31.1	32.2	33.2	34.3	35.4	36.5	37.5	38.6
3	28.2	29.3	30.4	31.4	32.5	33.6	34.7	35.8	36.8	37.9	39.0	40.1
4	29.6	30.7	31.8	32.8	33.9	35.0	36.1	37.2	38.3	39.4	40.5	41.6
5	31.0	32.1	33.2	34.3	35.4	36.5	37.6	38.7	39.9	41.0	42.1	43.2
6	32.4	33.5	34.7	35.8	36.9	38.0	39.2	40.3	41.4	42.6	43.7	44.8
7	33.9	35.0	36.2	37.3	38.4	39.6	40.7	41.9	43.0	44.2	45.3	46.5
8	35.4	36.6	37.7	38.9	40.0	41.2	42.3	43.5	44.7	45.9	47.0	48.2
9	37.0	38.1	39.3	40.5	41.6	42.8	44.0	45.2	46.4	47.6	48.8	50.0.
10	38.6	39.7	40.9	42.1	43.3	44.5	45.7	46.9	48.1	49.3	50.6	51.8
11	40.2	41.4	42.6	43.8	45.0	46.3	47.5	48.7	49.9	51.2	52.4	53.7
12	41.9	43.1	44.3	45.6	46.8	48.1	49.3	50.6	51.8	53.1	54.3	55.6
13	43.6	44.9	46.1	47.4	48.6	49.9	51.2	52.5	53.7	55.0	56.3	57.6
14	45.4	46.7	48.0	49.3	50.5	51.8	53.1	54.4	55.7	57.0	58.3	59.6
15	47.3	48.6	49.9	51.2	52.5	53.8	55.1	56.4	57.8	59.1	60.4	61.8
16	49.2	50.5	51.8	53.2	54.5	55.8	57.2	58.5	59.9	61.2	62.6	64.0
17	51.2	52.5	53.9	55.2	56.6	58.0	59.3	60.7	62.1	63.5	64.9	66.3
18	53.2	54.6	56.0	57.4	58.8	60.2	61.6	63.0	64.4	65.8	67.2	68.6
19	55.4	56.8	58.2	59.6	61.0	62.4	63.9	65.3	66.8	68.2	69.7	71.1
20	57.6	59.0	60.4	61.9	63.3	64.8	66.3	67.7	69.2	70.7	72.2	73.7
21	59.9	61.3	62.8	64.3	65.8	67.3	68.8	70.3	71.8	73.3	74.9	76.4
22	62.3	63.8	65.3	66.8	68.3	69.8	71.4	72.9	74.5	76.1	77.6	79.2
23	64.7	66.3	67.8	69.4	71.0	72.5	74.1	75.7	77.3	78.9	80.5	82.2
24	67.3	68.9	70.5	72.1	73.7	75.3	77.0	78.6	80.3	81.9	83.6	85.2
25	70.0	71.7	73.3	75.0	76.6	78.3	80.0	81.7	83.3	85.1	86.8	88.5
26	72.9	74.6	76.3	78.0	79.7	81.4	83.1	84.8	86.6	88.4	90.1	91.9
27	75.9	77.6	79.4	81.1	82.9	84.6	86.4	88.2	90.0	91.9	93.7	95.5
28	79.0	80.8	82.6	84.4	86.3	88.1	89.9	91.8	93.7	95.6	97.5	99.4
29	82.4	84.2	86.1	87.9	89.8	91.7	93.7	95.6	97.5	99.5	101.5	103.5
30	85.9	87.8	89.7	91.7	93.6	95.6	97.6	99.6	101.6	103.7	105.7	107.8
31	89.6	91.6	93.6	95.6	97.7	99.7	101.8	103.9	106.0	108.2	110.3	112.5
32	93.6	95.7	97.8	99.9	102.0	104.2	106.3	108.5	110.7	113.0	115.2	117.5
33	97.8	100.0	102.2	104.4	106.6	108.9	111.2	113.5	115.8	118.2	120.5	122.9
34	102.4	104.7	107.0	109.3	111.7	114.0	116.4	118.9	121.3	123.8	126.3	128.8
35	107.3	109.7	112.2	114.6	117.1	119.6	122.2	124.7	127.3	129.9	132.6	135.3

大孔阳性格数	小孔阳性格数											
	24	25	26	27	28	29	30	31	32	33	34	35
36	112.7	115.2	117.8	120.4	123.0	125.7	128.4	131.1	133.9	136.7	139.5	142.4
37	118.6	121.3	124.0	126.8	129.6	132.4	135.3	138.2	141.2	144.2	147.3	150.3
38	125.0	127.9	130.8	133.8	136.8	139.9	143.0	146.2	149.4	152.6	155.9	159.2
39	132.2	135.3	138.5	141.7	145.0	148.3	151.7	155.1	158.6	162.1	165.7	169.4
40	140.3	143.7	147.1	150.6	154.2	157.8	161.5	165.3	169.1	173.0	177.0	181.1
41	149.5	153.2	157.0	160.9	164.8	168.9	173.0	177.2	181.5	185.8	190.3	194.8
42	160.2	164.3	168.6	172.9	177.3	181.9	186.5	191.3	196.1	201.1	206.2	211.4
43	172.8	177.5	182.3	187.3	192.4	197.6	202.9	208.4	214.0	219.8	225.8	231.8
44	188.2	193.6	199.3	205.1	211.0	217.2	223.5	230.0	236.7	243.6	250.8	258.1
45	207.5	214.1	220.9	227.9	235.2	242.7	250.4	258.4	266.7	275.3	284.1	293.3
46	233.3	241.5	250.0	258.9	268.2	277.8	287.8	298.1	308.8	319.9	331.4	343.3
47	270.0	280.9	292.4	304.4	316.9	330.0	343.6	357.8	372.5	387.7	403.4	419.8
48	328.2	344.1	360.9	378.4	396.8	416.0	436.0	456.9	478.6	501.2	524.7	549.3
49	435.2	461.1	488.4	517.2	547.5	579.4	613.1	648.8	686.7	727.0	770.	816.4

大孔阳性格数	小孔阳性格数												
	36	37	38	39	40	41	42	43	44	45	46	47	48
0	36.8	37.8	38.9	40.0	41.0	42.1	43.1	44.2	45.3	46.3	47.4	48.5	49.5
1	38.2	39.3	40.4	41.4	42.5	43.6	44.7	45.7	46.8	47.9	49.0	50.1	51.2
2	39.7	40.8	41.9	43.0	44.0	45.1	46.2	47.3	48.4	49.5	50.6	51.7	52.8
3	41.2	42.3	43.4	44.5	45.6	46.7	47.8	48.9	50.0	51.2	52.3	53.4	54.5
4	42.8	43.9	45.0	46.1	47.2	48.3	49.5	50.6	51.7	52.9	54.0	55.1	56.3
5	44.4	45.5	46.6	47.7	48.9	50.0	51.2	52.3	53.5	54.6	55.8	56.9	58.1
6	46.0	47.1	48.3	49.4	50.6	51.7	52.9	54.1	55.2	56.4	57.6	58.7	59.9
7	47.7	48.8	50.0	51.2	52.3	53.5	54.7	55.9	57.1	58.3	59.4	60.6	61.8
8	49.4	50.6	51.8	53.0	54.1	55.3	56.5	57.7	59.0	60.2	61.4	62.6	63.8
9	51.2	52.4	53.6	54.8	56.0	57.2	58.4	59.7	60.9	62.1	63.4	64.6	65.8
10	53.0	54.2	55.5	56.7	57.9	59.2	60.4	61.7	62.9	64.2	65.4	66.7	67.9
11	54.9	56.1	57.4	58.6	59.9	61.2	62.4	63.7	65.0	66.3	67.5	68.8	70.1
12	56.8	58.1	59.4	60.7	62.0	63.2	64.5	65.8	67.1	68.4	69.7	71.0	72.4
13	58.9	60.2	61.5	62.8	64.1	65.4	66.7	68.0	69.3	70.7	72.0	73.3	74.7
14	60.9	62.3	63.6	64.9	66.3	67.6	68.9	70.3	71.6	73.0	74.4	75.7	77.1
15	63.1	64.5	65.8	67.2	68.5	69.9	71.3	72.6	74.0	75.4	76.8	78.2	79.6
16	65.3	66.7	68.1	69.5	70.9	72.3	73.7	75.1	76.5	77.9	79.3	80.8	82.2
17	67.7	69.1	70.5	71.9	73.3	74.8	76.2	77.6	79.1	80.5	82.0	83.5	84.9
18	70.1	71.5	73.0	74.4	75.9	77.3	78.8	80.3	81.8	83.3	84.8	86.3	87.8
19	72.6	74.1	75.5	77.0	78.5	80.0	81.5	83.1	84.6	86.1	87.6	89.2	90.7

大孔阳性格数	小孔阳性格数												
	36	37	38	39	40	41	42	43	44	45	46	47	48
20	75.2	76.7	78.2	79.8	81.3	82.8	84.4	85.9	87.5	89.1	90.7	92.2	93.8
21	77.9	79.5	81.1	82.6	84.2	85.8	87.4	89.0	90.6	92.2	93.8	95.4	97.1
22	80.8	82.4	84.0	85.6	87.2	88.9	90.5	92.1	93.8	95.5	97.1	98.8	100.5
23	83.8	85.4	87.1	88.7	90.4	92.1	93.8	95.5	97.2	98.9	100.6	102.4	104.1
24	86.9	88.6	90.3	92.0	93.8	95.5	97.2	99.0	100.7	102.5	104.3	106.1	107.9
25	90.2	92.0	93.7	95.5	97.3	99.1	100.9	102.7	104.5	106.3	108.2	110.0	111.9
26	93.7	95.5	97.3	99.2	101.0	102.9	104.7	106.6	108.5	110.4	112.3	114.2	116.2
27	97.4	99.3	101.2	103.1	105.0	106.9	108.8	110.8	112.7	114.7	116.7	118.7	120.7
28	101.3	103.3	105.2	107.2	109.2	111.2	113.2	115.2	117.3	119.3	121.4	123.5	125.6
29	105.5	107.5	109.5	111.6	113.7	115.7	117.8	120.0	122.1	124.2	126.4	128.6	130.8
30	109.9	112.0	114.2	116.3	118.5	120.6	122.8	125.1	127.3	129.5	131.8	134.1	136.4
31	114.7	116.9	119.1	121.4	123.6	125.9	128.2	130.5	132.9	135.3	137.7	140.1	142.5
32	119.8	122.1	124.5	1268	129.2	131.6	134.0	136.5	139.0	141.5	144.0	146.6	149.1
33	125.4	127.8	130.3	132.8	135.3	137.8	140.4	143.0	145.6	148.3	150.9	153.7	156.4
34	131.4	134.0	136.6	139.2	141.9	144.6	147.4	150.1	152.9	155.7	158.6	161.5	164.4
35	138.0	140.8	143.6	146.4	149.2	152.1	155.0	158.0	161.0	164.0	167.1	170.2	173.3
36	145.3	148.3	151.3	154.3	157.3	160.5	163.6	166.8	170.0	173.3	176.6	179.9	183.3
37	153.5	156.7	159.9	163.1	166.5	169.8	173.2	176.7	180.2	183.7	187.3	191.0	194.7
38	162.6	166.1	169.6	173.2	176.8	180.4	184.2	188.0	191.8	195.7	199.7	203.7	207.7
39	173.1	176.9	180.7	184.7	188.7	192.7	196.8	201.0	205.3	209.6	214.0	218.5	223.0
40	185.2	189.4	193.7	198.1	202.5	207.1	211.7	216.4	221.1	226.0	231.0	236.0	241.1
41	199.5	204.2	209.1	214.0	219.1	224.2	229.4	234.8	240.2	245.8	251.5	257.2	263.1
42	216.7	222.2	227.7	233.4	239.2	245.2	251.3	257.5	263.8	2703	276.9	283.6	290.5
43	238.1	244.5	251.0	257.7	264.6	271.7	278.9	286.3	293.8	301.5	309.4	317.4	325.7
44	265.6	273.3	281.2	289.4	297.8	306.3	315.1	324.1	333.3	342.8	352.4	362.3	372.4
45	302.6	312.3	322.3	332.5	343.0	353.8	364.9	376.2	387.9	399.8	412.0	424.5	437.4
46	355.5	368.1	381.1	394.5	408.3	422.5	437.1	452.0	467.4	483.3	499.6	516.3	533.5
47	436.6	454.1	472.1	490.7	509.9	529.8	550.4	571.7	593.8	616.7	640.5	665.3	691.0
48	574.8	601.5	629.4	658.6	689.3	721.5	755.6	791.5	829.7	870.4	913.9	960.6	1 011.2
49	866.4	920.8	980.4	1 046.2	1 119.9	1 203.3	1 299.7	1 413.6	1 553.1	1 732.9	1 986.3	2 419.6	>2 419.6

参考文献

[1] 中华人民共和国国家市场监督管理总局：中国国家标准化管理委员会 . GB/T 18204.3—2013 公共场所卫生检验方法 第 3 部分：空气微生物[S]. 北京：中国标准出版社，2013.

[2] 中华人民共和国国家市场监督管理总局：中国国家标准化管理委员会 . GB/T 5750.12—2023 生活饮用水标准检验方法：第 12 部分 微生物指标[S]：北京：中国标准出版社，2023.

[3] 中华人民共和国国家质量监督管理总局，中国国家标准化管理委员会 . GB/T 18204.5—2013 公共场所卫生检验方法 第 5 部分：集中空调通风系统[S]：北京：中国标准出版社，2013.

[4] 生态环境部 . GB/T 13267—1991 水质 物质对淡水鱼（斑马鱼）急性毒性测定方法[S]. 北京：中国标准出版社，1991.

[5] 国家生态环境局 国家技术监督局 . GB/T 15441—1995 水质 急性毒性的测定 发光细菌法[S]. 北京：中国标准出版社，1995.

[6] 生态环境部 . HJ 347.1—2018 水质 粪大肠菌群的测定 滤膜法[S]. 北京：中国环境出版社，2018.

[7] 生态环境部 . HJ 347.2—2018 水质 粪大肠菌群的测定 多管发酵法[S]. 北京：中国环境出版社，2018.

[8] 中华人民共和国生态环境部 . HJ 755—2015 水质 总大肠菌群和粪大肠菌群的测定 纸片快速法[S]. 北京：中国环境出版社，2015.

[9] 中华人民共和国生态环境部 . HJ 897—2017 水质 叶绿素 a 的测定 分光光度法[S]. 北京：中国环境出版社，2017.

[10] 生态环境部 . HJ 1000—2018 水质 细菌总数的测定 平皿计数法[S]. 北京：中国环境出版社，2018.

[11] 生态环境部 . HJ 1001—2018 水质 总大肠菌群、粪大肠菌群和 大肠埃希氏菌的测定 酶底物法[S]. 北京：中国环境科学出版社，2018.

[12] 中华人民共和国生态环境部 . HJ 1216—2021 水质 浮游植物的测定 0.1 mL 计数框—显微镜计数法[S]. 北京：中华人民共和国生态环境部，2012.

[13] 中华人民共和国生态环境部 . HJ 91.1—2019 污水监测技术规范[S]. 中华人民共和国生态环境部，2019.

[14] 国家环境保护总局《水和废水监测分析方法》编委会 . 水和废水监测分析方法[M]. 4 版 . 北京：中国环境科学出版社，2002.

[15]中国环境监测总站，国家环境保护环境监测质量控制重点实验室．环境监测方法标准手册[M]．北京：中国环境出版社，2013.

[16]沈惠麒，顾祖维，吴宜群．生物监测和生物标志物：理论基础及应用[M]．2版．北京：北京大学医学出版社，2006.

[17]J.凯恩斯．水污染的生物监测[M]．曹凤中，于亚平，译．北京：中国环境科学出版社，1989.

[18]沈惠麒，顾祖维，吴宜群．生物监测理论基础及应用[M]．北京：北京医科大学、中国协和医科大学联合出版社，1996.

[19]张志杰．环境生物监测[M]．北京：冶金工业出版社，1990.

[20]张志杰，张维平．环境污染生物监测与评价[M]．北京：中国环境科学出版社，1991.

[21]余叔文，汪嘉熙．大气污染伤害植物症状图谱[M]．上海：上海科学技术出版社，1981.

[22]周凤霞．生物监测[M]．3版．北京：化学工业出版社，2021.

[23]美国公共卫生协会．水和废水标准检验法[M]．13版．张曾谭，译．北京：中国建筑工业出版社，1978.

[24]生态环境部．HJ 91.2—2022 地表水环境质量监测技术规范[S]．北京：中国环境出版社，2022.

[25]生态环境部．HJ630—2011 环境监测质量管理技术导则[S]．北京：中国环境出版社，2011.

[26]广东省市场监督管理局．DB44/T 2261—2020 水华程度分级与监测技术规程[S]．广东省生态环境厅，2020.

[27]国家生态环境局．GB 3838—2022 地表水环境质量标准[S]．北京：中国环境出版社，2019.

[28]国家卫生健康委员会．GB 4789.28—2024 食品安全国家标准食品微生物学检验培养基和试剂的质量要求[S]．中国标准出版社，2024.